**图形图像处理（Photoshop平台）**

# Photoshop 7.0/CS 试题解答

## （图像制作员级）

**2011年修订版**

徐 津 杨爱弟 马 双 编写

北京希望电子出版社
Beijing Hope Electronic Press
www.bhp.com.cn

## 内 容 简 介

本书是图形图像处理（Photoshop 平台）Photoshop 7.0/CS 图像制作员级试题库全部试题的解答，所有解答图文并茂，操作步骤清晰正确，突出关键，使读者易读易懂，通过解答步骤的学习掌握常用的操作技巧。

本书供考评员和培训教师在组织培训、操作练习和学员自学提高等方面使用，还可供广大读者学习图形图像处理技能使用，也可作为大中专院校、技校、中高职、职高、高校和社会相关领域培训班进行 Photoshop 图形图像处理技能培训与测评的首选教材。

为方便考生练习，全部的题库素材将在北京希望电子出版社微信公众号、微博，以及北京希望电子出版社网站（www.bhp.com.cn）上提供。


**图书在版编目（CIP）数据**

图形图像处理（Photoshop 平台）Photoshop 7.0/CS 试题解答 ：图像制作员级 / 徐津，杨爱弟，马双编写. 一北京 ：北京希望电子出版社，2017.7

ISBN 978-7-83002-454-3

Ⅰ. ①图… Ⅱ. ①徐… ②杨… ③马… Ⅲ. ①图象处理软件一技术培训一题解 Ⅳ. ①TP391.41-44

中国版本图书馆 CIP 数据核字(2017)第 133856 号

出版：北京希望电子出版社
地址：北京市海淀区中关村大街 22 号
中科大厦 A 座 10 层
邮编：100190
网址：www.bhp.com.cn
电话：010-82620818（总机）转发行部
010-82626237（邮购）
传真：010-62543892
经销：各地新华书店

封面：张 洁
编辑：石文涛 刘 霞
校对：全 卫
开本：787mm×1092mm 1/16
印张：20
字数：474 千字
印刷：北京市密东印刷有限公司
版次：2021 年 7 月 1 版 4 次印刷

**定价：49.80 元**

# 国家职业技能鉴定专家委员会

## 计算机专业委员会名单

# 出 版 说 明

本书是图形图像处理（Photoshop 平台）Photoshop 7.0/CS 图像制作员级试题库的全部试题解答。全部解答根据试题特点，重点突出，详略得当，使读者尽快掌握 Photoshop 的基本绘图工具、路径的运用、选定技巧、图层的运用、色彩修饰、滤镜效果制作、文字效果制作、综合编辑图形技法等的操作技能。

本书以培训教材和试题汇编为依据，试题解答正确清晰，不但能够满足培训考试的需要，而且也是要掌握图形图像处理 Photoshop 技术的广大读者学习 Photoshop 软件的优秀参考书。

本书也能为社会各界组织计算机应用考试、检测图形图像制作能力提供考试支持，为各级各类学校组织计算机教学与考试提供题源，为自学者提供学习的主要侧重点和实际达到能力的检测手段。

本书是《图形图像处理（Photoshop 平台）Photoshop 7.0 试题解答（图像制作员级）》（CX-4981）一书的修订版。本次修订工作主要是对书和素材中发现的错误进行了改正，有些叙述不清楚、不准确、不妥当的地方也加以处理。我们力求使本书达到尽善尽美，相信我们的努力会给广大使用者带来更大的方便。

本书执笔人为徐津、杨爱弟、马双、闻金川、张增华、李大伟、付磊、徐志飞、靳梅、张霄、李哲、王为、郭萌、白海波、张稳、强斌、黄智晶、王大印等。

关于本书的不足之处，敬请批评指正。

# 目 录

# 第 1 单元　点阵绘图

## 1.1　第 1 题解答

1. 建立文件

第 1 步：建立一个新文件：16×12 cm、72 pixels/inch、RGB 模式，然后按 Ctrl+Delete 组合键填充背景色为紫色。

第 2 步：新建图层命名为图层 1，建立矩形选区，填充颜色为深蓝色，如图 1-01a 所示。

图 1-01a

2. 修改变换

第 3 步：在图层面板，复制图层 1，重新命名为图层 2，再执行“编辑”＞“变换”＞“缩放”命令，缩小左右距离，执行“编辑”＞“变换”＞“斜切”命令，调整斜度以符合透视规律，然后填充颜色为浅蓝色，如图 1-01b 所示。

第 4 步：在图层面板，复制图层 1，重新命名为图层 3，执行“编辑”＞“变换”＞“缩放”命令缩小上下的距离，再执行“编辑”＞“变换”＞“斜切”命令，调整斜度以符合透视规律。然后填充颜色为蓝色，立方体的效果如图 1-01c 所示。

第 5 步：在图层面板建立图层 4，建立正圆形选区，如图 1-01d 所示。

图 1-01b

图 1-01c

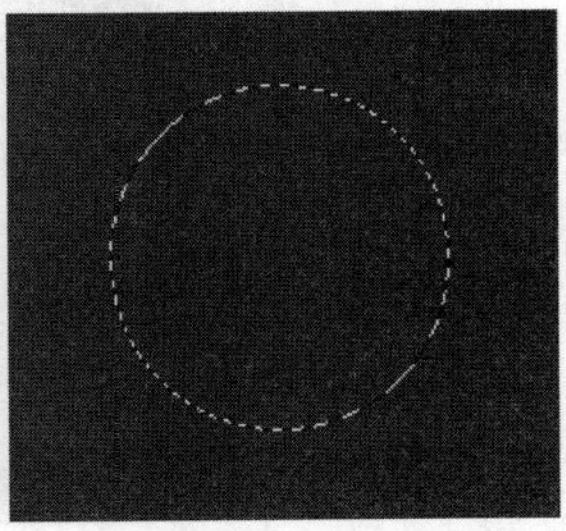

图 1-01d

3. 编辑调整

第 6 步：选择径向渐变工具，渐变色设置如图 1-01e 所示。

第 7 步：在圆的高光部位斜向下方拖拉渐变，并取消浮动选区，效果如图 1-01f 所示。

第 8 步：新建图层 5，建立正圆形选区，填充黑白渐变色，如图 1-01g 所示。

第 9 步：复制图层 5，命名为图层 6，执行“编辑”＞“变换”＞“缩放”命令，再执行“编辑”＞“变换”＞“水平翻转”命令，接下来将图层 6 的小圆精确地移到大圆中心；也可链接图层 5 和图层 6，选择移动工具，然后在选项栏中单击“垂直中齐”和“水平中齐”按钮。按钮的最终效果如图 1-01h 所示。

图 1-01e

图 1-01f

图 1-01g

图 1-01h

第 10 步：正立方体、圆球和按钮的最终效果如图 1-01i 所示。

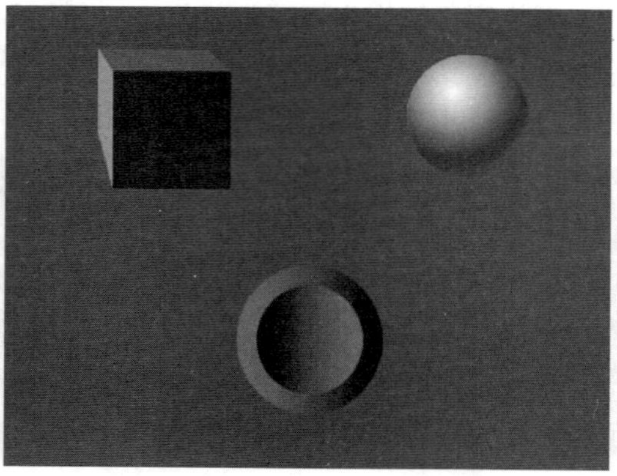

图 1-01i

4. 保存文件

第 11 步：将最终效果以 Xps1-01.tif 为文件名保存在考生文件夹下。

## 1.2　第 2 题解答

### 1. 建立文件

第 1 步：打开 C:\2003PS7\Yps1-02.tif 文件，如图 1-02a 所示。

第 2 步：建立一个新文件：16×12 cm、72 pixels/inch、RGB 模式。将图 1-02a 复制到新文件中，命名为图层 1。

图 1-02a

### 2. 修改变换

第 3 步：对图层 1 执行“图像”＞“调整”＞“色彩平衡”命令，在弹出的“色彩平衡”对话框中按如图 1-02b 所示设置；执行“图像”＞“调整”＞“亮度/对比度”命令，在弹出的“亮度/对比度”对话框中设置，如图 1-02c 所示；执行“图像”＞“调整”＞“色相/饱和度”命令，在弹出的“色相/饱和度”对话框中按如图 1-02d 所示设置。图像最终效果如图 1-02e 所示。

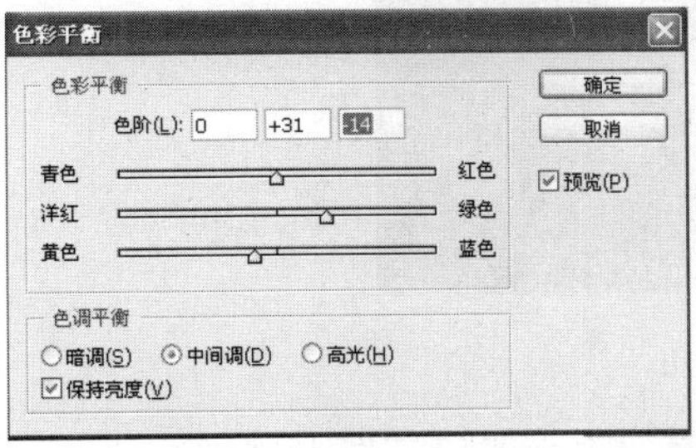


图 1-02b

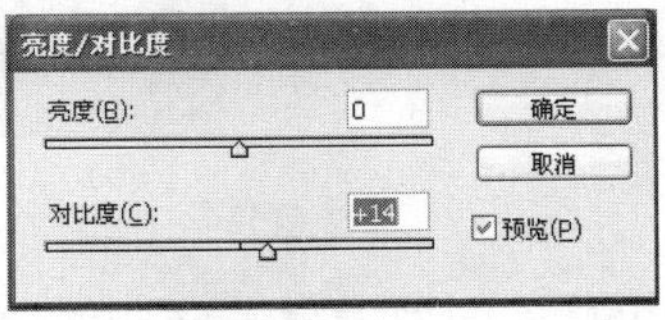


图 1-02c

图 1-02d

图 1-02e

### 3. 编辑调整

第 4 步：在图层面板里新建图层 2，用椭圆工具画出椭圆选区，执行“编辑”＞“描边”命令，设置“宽度”为 1 像素，“颜色”为白色，如图 1-02f 所示。

第 5 步：在图层面板中复制图层 2 为图层 3，对图层 3 执行“编辑”＞“变换”>“缩放”命令，按 Shift 键把图层 3 的椭圆成比例缩小，在图层面板里链接图层 1 和图层 2，执行“图层”＞“对齐链接图层”>“垂直居中（水平居中）”命令，如图 1-02g 所示。

图 1-02f

图 1-02g

第 6 步：取消链接，在图层面板里点击图层 1，执行“编辑”＞“变换”>“缩放”命令，调整椭圆两侧，效果如图 1-02h 所示。

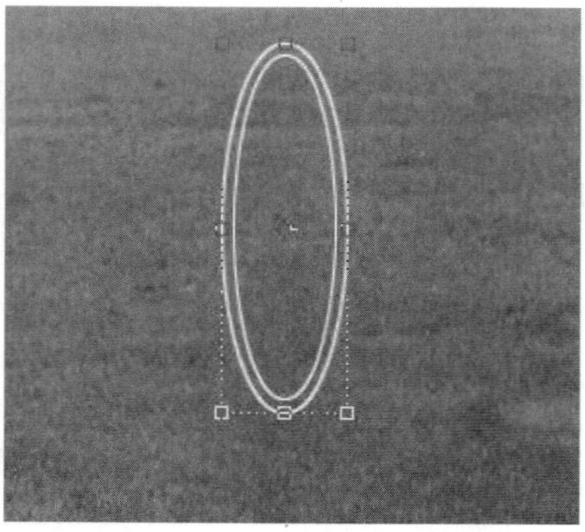

图 1-02h

第 7 步：在图层面板中链接图层 1 和图层 2，点击图层面板右侧的按钮，在下拉菜单中选择“合并链接图层”选项，把图层 1 和图层 2 合并成图层 1，复制图层 1 为图层 2，对图层 2 执行“编辑”＞“变换”>“旋转”命令，设置如图 1-02i 所示，效果如图 1-02j 所示。再复制图层 2 为图层 3，对图层 3 执行“编辑”＞“变换”>“旋转”命令，设置如图 1-02i 所示，效果如图 1-02k 所示。

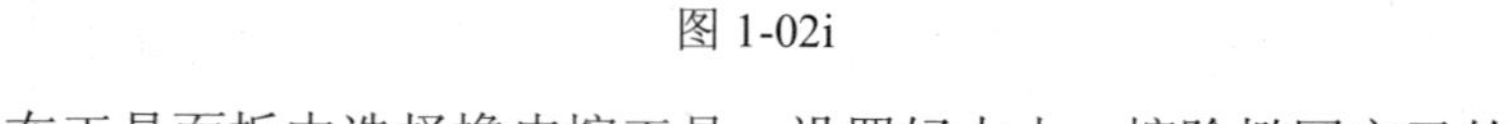


图 1-02i

第 8 步：在工具面板中选择橡皮擦工具，设置好大小，擦除椭圆交叉的地方，效果如图 1-02l 所示。

第 9 步：建立图层 4，选中椭圆选框工具并按 Shift 键画一个正圆，执行“编辑”＞“描边”命令，设置“宽度”为 1 像素，“颜色”为白色，其他为默认设置，效果如图 1-02m 所示。

图 1-02j

图 1-02k

图 1-02l

图 1-02m

第 10 步：选中文字工具，输入“green”，颜色为白色，字体设为“华文中宋”，大小为“60 点”（字体及大小可自行设定）。单击左上角按钮，弹出对话框，设置如图 1-02n 所示。

第 11 步：复制字体图层为副本，在图层面板里把字体图层移至字体副本图层上面，选中字体副本，把字体填充为黑色，按键盘上的移动箭头，右移 3 下，下移 2 下，最终效果如图 1-02o 所示。

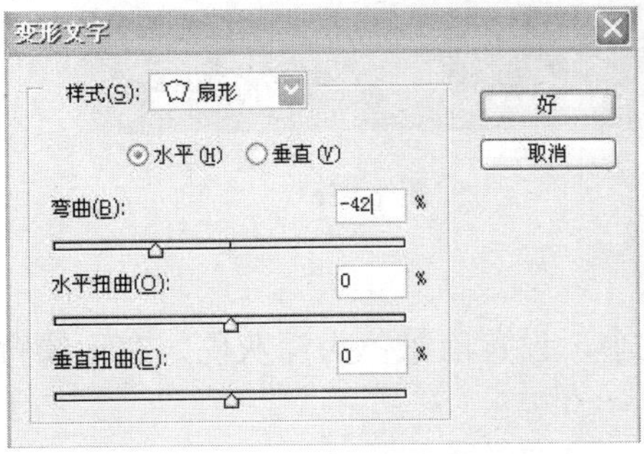


图 1-02n

图 1-02o

4. 保存文件

第 12 步：将最终效果以 Xps1-02.tif 为文件名保存在考生文件夹下。

# 1.3 第 3 题解答

1. 建立文件

第 1 步：建立一个新文件：16×12 cm、72 pixels/inch、RGB 模式、背景填充为淡蓝色。

第 2 步：新建图层 1，选择椭圆选框工具，按住 Shift 键，建立一个正圆选区，然后填充为纯绿色，效果如图 1-03a 所示。

图 1-03a

2. 修改变换

第 3 步：用椭圆选框工具画出一个小的正圆选区，执行“图层”＞“与选区对齐”＞“垂直居中”命令，再执行“图层”＞“与选区对齐”＞“水平居中”命令，这时小圆选区和大圆居中对齐，按 Delete 键删除小圆选区，效果如图 1-03b 所示。

第 4 步：在图层面板单击图层 1 同时按 Ctrl 键，把图层 1 载入选区，如图 1-03c 所示。

图 1-03b

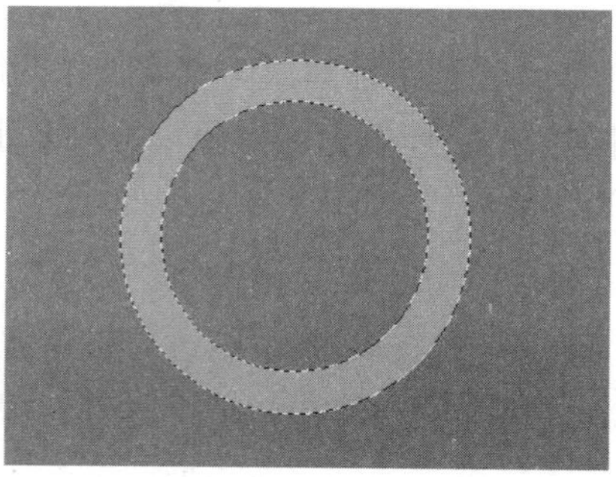

图 1-03c

3. 编辑调整

第 5 步：然后选择画笔工具，设定适当的大小，设置前景色为深灰色，在玉镯背光处擦出暗部，如图 1-03d 所示。

第 6 步：再选择画笔工具，设定适当的大小，设置前景色为淡黄色，在玉镯受光处擦出高光，最终效果如图 1-03e 所示。

第 7 步：将最终效果以 Xps1-03.tif 为文件名保存在考生文件夹下。

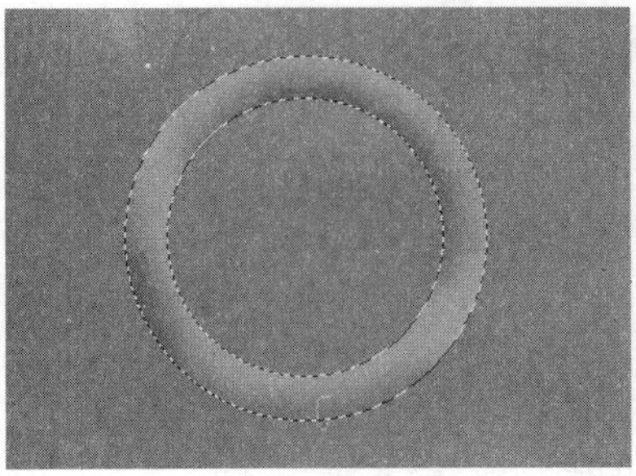

图 1-03d

图 1-03e

## 1.4　第 4 题解答

1．建立文件

第 1 步：建立一个新文件：120×40 像素、72 pixels/inch、RGB 模式。

2．修改变换

第 2 步：输入英文字“BLUE”，字体为“华文彩云”，大小为 24，在字体面板上单击图标，弹出下拉菜单，选择“样式”下的“旗帜”，弯曲度设为 30，如图 1-04a 所示，字体的效果如图 1-04b 所示。

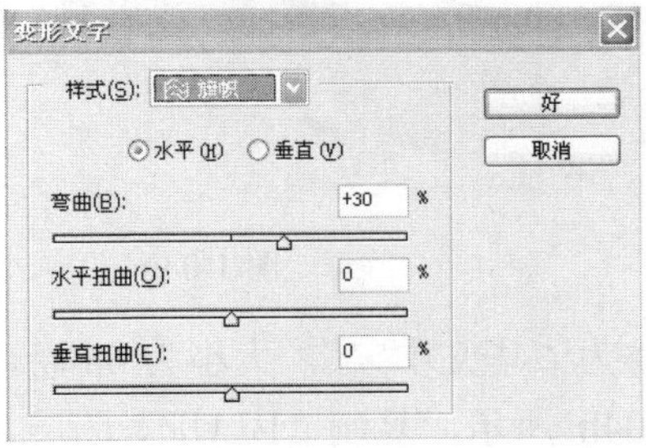


图 1-04a

图 1-04b

第 3 步：复制一个字体图层，调整到适当的位置，合并两个字体图层，在“图像”>“画布大小”里调整画布，设置如图 1-04c 所示。

第 4 步：在图层面板里，关闭背景层眼睛图标，效果如图 1-04d 所示。

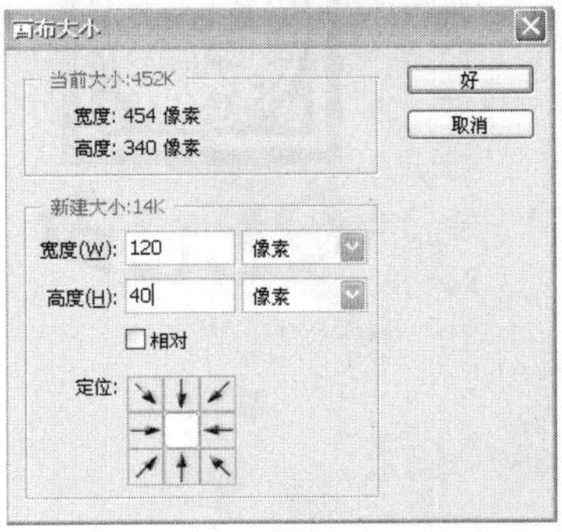


图 1-04c

图 1-04d

第 5 步：执行“编辑”>“定义图案”命令，弹出图案名称对话框，定义图案名称，如图 1-04e 所示。

图 1-04e

3. 编辑调整

第 6 步：再建立一个新文件：16×12 cm、72 pixels/inch、RGB 模式。执行“编辑”>“填充”命令，效果如图 1-04f 所示。新建一个图层，在基本路径中选择一个形状置入，填充为黑色，用魔棒工具选择图中圆形，按 Delete 键删除，执行“编辑”>“描边”命令，宽度设为 2 像素，如图 1-04g 所示。

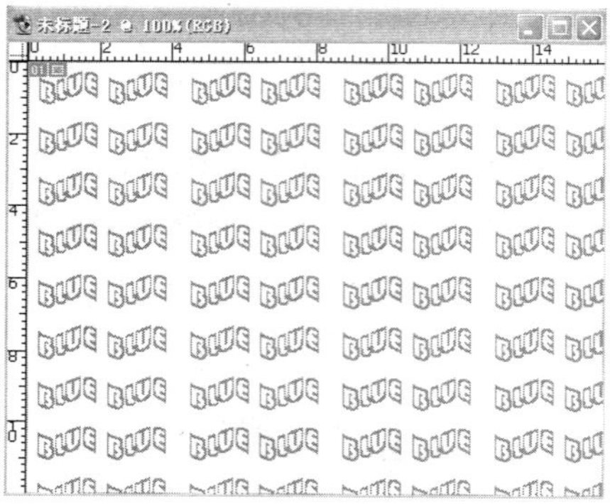

图 1-04f

图 1-04g

第 7 步：输入英文字母“BLUE”，字体为“华文中宋”，大小为 68 磅，在字体面板上单击 图标，弹出下拉菜单，设置如图 1-04h 所示，复制“BLUE”图层为副本，然后在图层面板把“BLUE”副本放置在“BLUE”下方，单击“BLUE”副本图层同时按 Alt 键载入选区，填充颜色为黑色，按方向键右移 3 下，下移 3 下。最终效果如图 1-04i 所示。

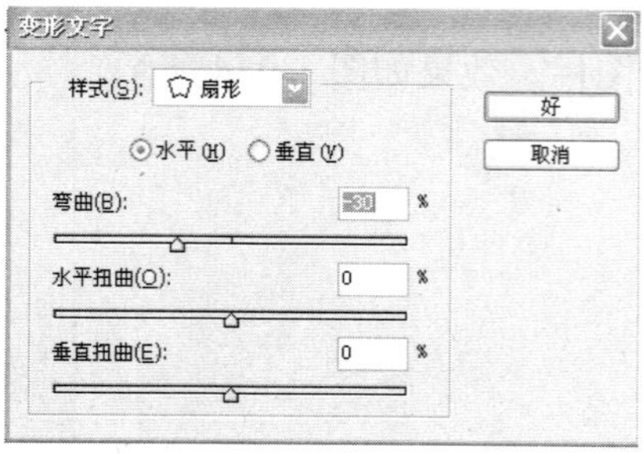


图 1-04h

图 1-04i

4. 保存文件

第 8 步：将最终效果以 Xps1-04.tif 为文件名保存在考生文件夹下。

## 1.5　第 5 题解答

1. 打开文件

第 1 步：打开文件 C:\2003PS7\Yps1-05.tif，选择魔棒工具，改变容差值为 40，在“消除锯齿”前打勾，点击图像以外的区域，按 Alt 键减选人物头像，执行“选择”>“反选”命令，效果如图 1-05a 所示。

2. 编辑调整

第 2 步：执行“图像”>“调整”>“去色”命令，如图 1-05b 所示。

图 1-05a

图 1-05b

第 3 步：执行“图像”>“调整”>“色彩平衡”命令，设置如图 1-05c 所示，效果如图 1-05d 所示。

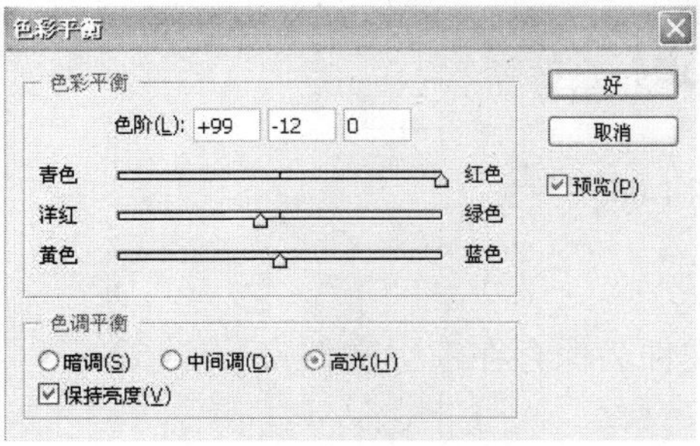


图 1-05c

图 1-05d

3. 保存文件

第 4 步：将最终效果以 Xps1-05.tif 为文件名保存在考生文件夹下。

## 1.6　第 6 题解答

1. 建立文件

第 1 步：建立一个新文件：16×12 cm、72 pixels/inch、RGB 模式、背景色为白色。

2．编辑调整

第 2 步：新建图层 1，用选框工具建立正圆选区，填充红色；再建立一个小圆选区，将小圆选区精确的移到大圆的中心，或者执行菜单命令，“图层”＞“与选区对齐”＞“垂直居中”对齐后，再执行“图层”＞“与选区对齐”＞“水平居中”命令后，这时小圆已经在大圆的中心了，按 Delete 键删除小圆，取消选区，如图 1-06a 所示。

第 3 步：新建图层 2，用矩形选框工具建立一个矩形选区，填充红色，执行“编辑”＞“变换”＞“旋转”命令，然后调整到合适的位置，效果如图 1-06b 所示。

图 1-06a

图 1-06b

第 4 步：用文字工具输入“禁止...”，字体为“华文行楷”，颜色为红色。最终效果如图 1-06c 所示。

图 1-06c

3．保存文件

第 5 步：将最终效果以 Xps1-06.tif 为文件名保存在考生文件夹下。

## 1.7　第 7 题解答

1．建立文件

第 1 步：建立一个新文件：16×12 cm、72 pixels/inch、RGB 模式、背景色为白色。

2．编辑调整

第 2 步：建立图层 1，选择椭圆选框工具，按 Shift 键画正圆，填充为红色；建立图层 2，用椭圆选框工具，画一个和图层 1 一样高度的椭圆，填充为白色，或者复制图层 1 为图层 2，载入选区，填充为白色，取消选区，在图层面板中把图层 2 置于最上面，然后执行“编辑”＞“变换”＞“缩放”命令，左右缩放，或者按快捷键 Ctrl+T；在图层面板中锁定图层 1 和图层 2，选择中心对齐，如图 1-07a 所示。

第 3 步：建立图层 3，选择椭圆选框工具，按 Shift 键画一个小的正圆，填充为蓝色；建立图层 4，选择椭圆选框工具，按 Shift 键画一个更小的正圆，填充为白色，在图层面板链接图层 3 和图层 4，选择移动工具，在选项栏中先选择右对齐，然后选择垂直中齐和水平中齐，如图 1-07b 所示。

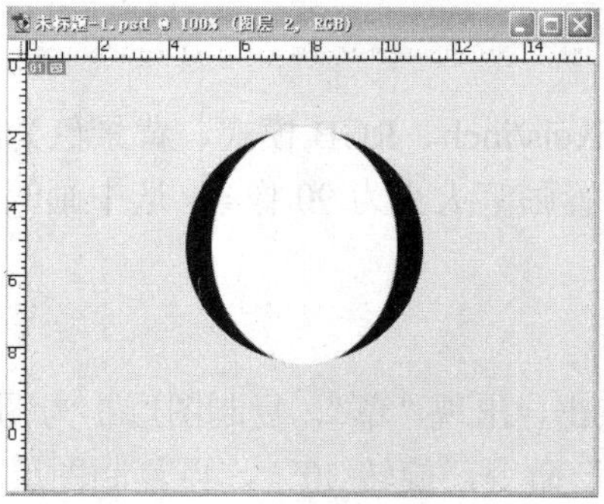

图 1-07a

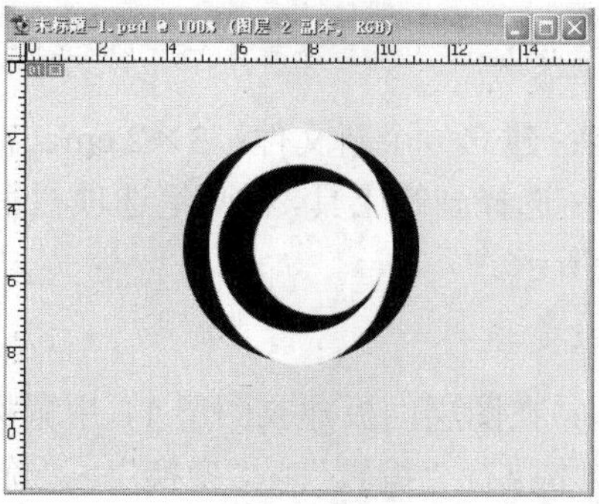

图 1-07b

第 4 步：建立图层 5，选择矩形选框工具，画一个矩形，填充为红色，放置在大圆的左边；建立图层 6，用矩形选框工具，画一个短一点的矩形，填充为红色，放置在大圆的右上边；锁定图层 5 和图层 6，选择上对齐；建立图层 7，用矩形选框工具，画一个矩形，填充为蓝色，放置在小圆的中心，效果如图 1-07c 所示。

图 1-07c

第 5 步：用文字工具输入“江西省科学院计算机培训学院”，字体为“华文行楷”，大小自行设定，颜色为黑色，设置图层样式为外发光。最终效果如图 1-07d 所示。

图 1-07d

3. 保存文件

第 6 步：将最终效果以 Xps1-07.tif 为文件名保存在考生文件夹下。

## 1.8　第 8 题解答

1. 建立文件

第 1 步：建立一个新文件：3×2 cm、72 pixels/inch、RGB 模式、背景色为白色。

第 2 步：选择画笔工具，在画笔选项栏里设置画笔大小为 90 像素，选中画笔中的“草”，如图 1-08a 所示。

2. 修改变换

第 3 步：在图层面板建立图层 1，用鼠标点击，出现“草”，复制图层 1 为图层 1 副本，对图层 1 副本执行“编辑”>“变换”>“旋转”命令，旋转 30°，再复制图层 1 为图层 1 副本 2，对图层 1 副本 2 执行“编辑”>“变换”>“旋转”命令，旋转 70°，单击面板中背景层前面的眼睛图标，效果如图 1-08b 所示。

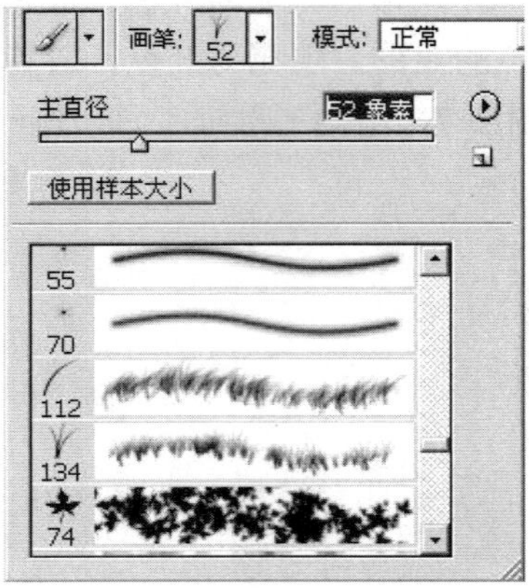


图 1-08a

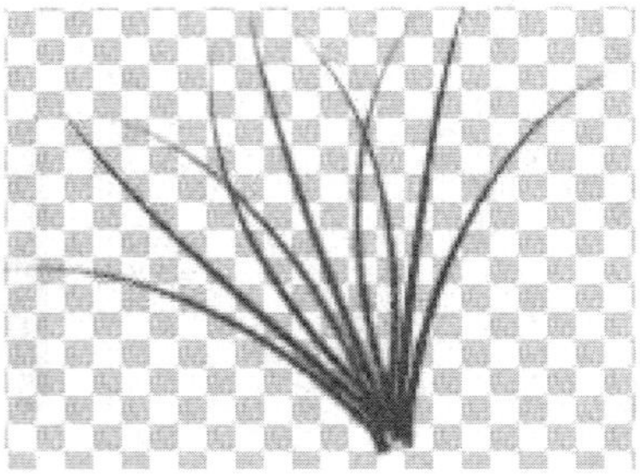

图 1-08b

第 4 步：链接除背景层以外的所有图层，合并链接图层为图层 1，执行“编辑”>“定义图案”命令，在弹出的对话框中命名，然后单击“确定”按钮。

3. 编辑调整

第 5 步：建立一个新文件：16×12 cm、72 pixels/inch、RGB 模式，填充背景色为绿—白—绿的线性渐变色，并设置相应的透明度，如图 1-08c 所示。

图 1-08c

第 6 步：执行“编辑”＞“填充”命令，在弹出的填充对话框中找到刚才定义的图案，单击“确定”按钮，如图 1-08d 所示。

第 7 步：选择橡皮擦工具，在橡皮擦工具选项栏里设置大小为 312 像素，在图层 1 中点击两次，效果如图 1-08e 所示。

第 8 步：选择文字工具输入“XIA”，字体为“Arial”，大小为 100 点，如图 1-08f 所示。

图 1-08d

图 1-08e

第 9 步：对字体层执行“图层”>“栅格化”>“文字”命令，在图层面板点击文字层并按 Ctrl 键，把文字层载入选区，按 Delete 键删除，执行“编辑”>“描边”命令，在弹出的对话框中，设置宽度为 4 像素，颜色为绿色，其他为默认，单击“好”按钮。

第 10 步：对文字层执行“滤镜”>“模糊”>“高斯模糊”命令，设置如图 1-08g 所示；再执行“滤镜”>“模糊”>“动感模糊”命令，设置如图 1-08h 所示。然后取消选区，效果如图 1-08i 所示。

图 1-08f

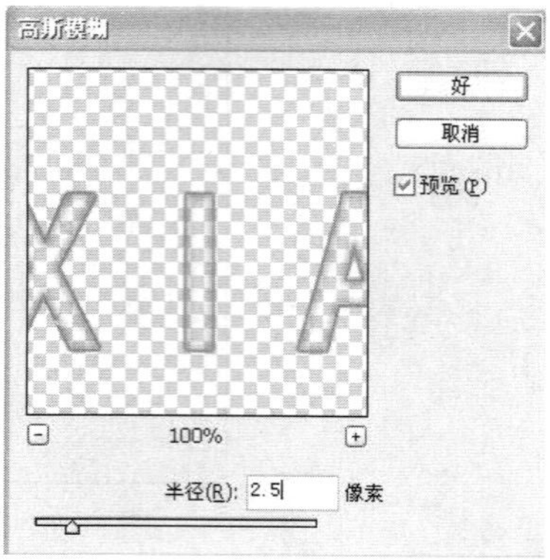


图 1-08g

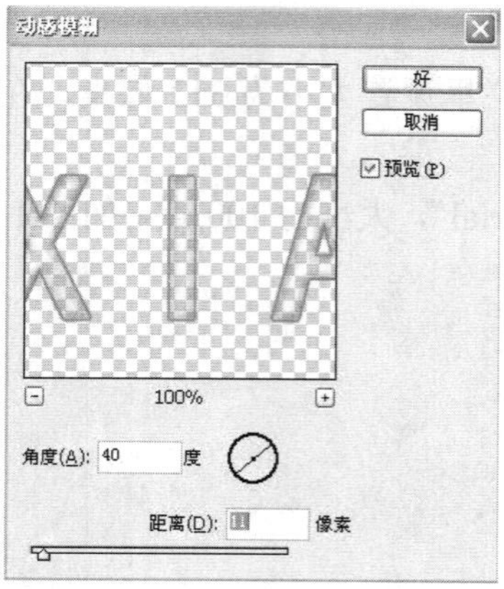


图 1-08h

图 1-08i

第 11 步：选择自定义形状工具，在自定义形状工具选项栏中找到蝴蝶图形，如图 1-08j 所示。在图层 1 中拉出蝴蝶形状，在图层面板下单击“将路径作为选区载入”按钮，执行“编辑”>“描边”命令，在弹出的对话框中，设置宽度为 3 像素，颜色为灰色，如图 1-08k 所示。

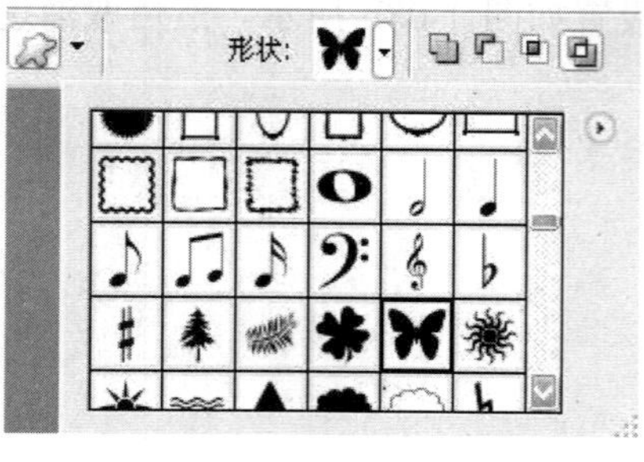


图 1-08j

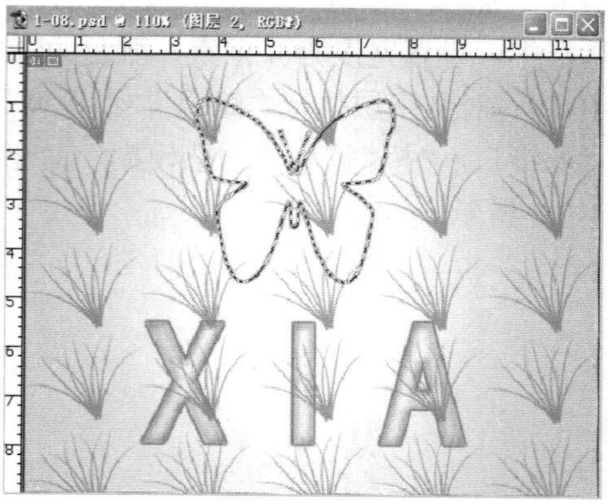


图 1-08k

第 12 步：选择模糊工具和选择加深工具，分别在蝴蝶选区中涂抹，达到自己想要的效果，如图 1-08l 所示。

图 1-081

4. 保存文件

第 13 步：将最终效果以 Xps1-08.tif 为文件名保存在考生文件夹下。

## 1.9　第 9 题解答

1. 打开文件

第 1 步：打开 C:\2003PS7\Yps1-09.tif 文件，如图 1-09a 所示。

第 2 步：在工具箱中选择矩形选框工具，选取图 1-09a 中的玫瑰花，如图 1-09b 所示。

第 3 步：建立一个新文件：16×12 cm、72 pixels/inch、RGB 模式、背景色为白色。选择移动工具把图 1-09a 矩形选区的玫瑰花移入新文件中，生成图层 1。

第 4 步：复制图层 1 为图层 1 副本，在图层面板中用鼠标点击图层 1 副本同时按 Ctrl 键，把图层 1 副本载入选区，填充为淡灰绿色，图层面板如图 1-09c 所示。

图 1-09a

图 1-09b

图 1-09c

2. 修改变换

第 5 步：对图层 1 副本执行“选择”>“修改”>“平滑”命令，设置取样半径为 1 像素，单击“确定”按钮。

第 6 步：再执行“选择”>“反选”命令，然后按 Delete 键删除。

第 7 步：在图层面板中把图层 1 副本移到图层 1 下面，对图层 1 执行“编辑”>“变换”>“缩放”命令，按 Shift 键成比例缩小，链接图层 1 和图层 1 副本，切换到移动工具，在选项栏中单击“垂直中齐”和“水平中齐”，如图 1-09d 所示；效果如图 1-09e 所示。

第 8 步：复制图层 1 副本为图层 1 副本 2，把图层 1 副本 2 载入选区，填充为白色，按 Shift 键成比例缩小，链接图层 1 和图层 1 副本，切换到移动工具，在选项栏中单击“垂直中齐”和“水平中齐”，效果如图 1-09f 所示。

图 1-09d

图 1-09e

图 1-09f

第 9 步：新建图层 2，选择矩形选框工具，按 Shift 键画出正方形选区，填充为黑色，然后复制 10 个正方形，就是 10 个图层，全部链接，点击左对齐和垂直居中分布，合并所有黑色正方形的图层为图层 3，如图 1-09g 所示。

第 10 步：复制图层 3 为图层 3 副本，按 Shift 键并移动图层 3 副本的正方形至玫瑰花的右边，如图 1-09h 所示。

图 1-09g

图 1-09h

第 11 步：用同样的方法做出玫瑰花的上下两边，如图 1-09i 所示。

3. 定义图案

第 12 步：新建一个文件：140×95 像素、72 pixels/inch、RGB 模式、背景色为透明色。

第 13 步：输入“Computer”，颜色为蓝色，字体为“华文行楷”，执行“编辑”>“变换”>“旋转”命令，旋转一定的角度，复制为 4 个图层，移动到合适的位置，然后合并所有图层，如图 1-09j 所示。

图 1-09i

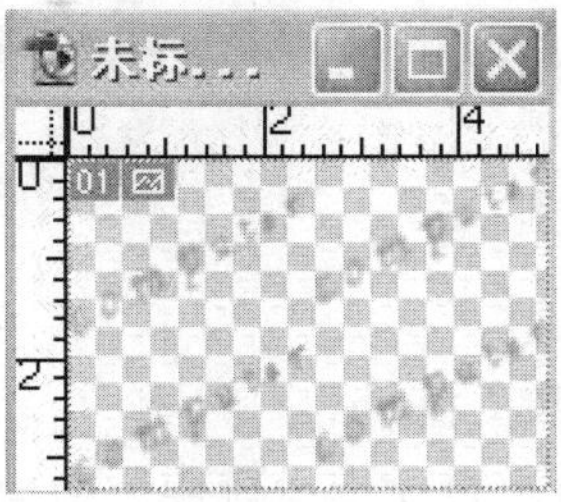


图 1-09j

第 14 步：执行“编辑”>“定义图案”命令，在弹出的对话框中任意命名。

4. 编辑调整

第 15 步：然后回到当前文件中，在图层面板中双击背景层，激活背景层为图层 0，对图层 0 执行“编辑”>“填充”命令，在弹出的对话框中选择“自定图案”，在“自定图案”下拉框中选择刚才定义的图案，如图 1-09k 所示；最终效果如图 1-09l 所示。

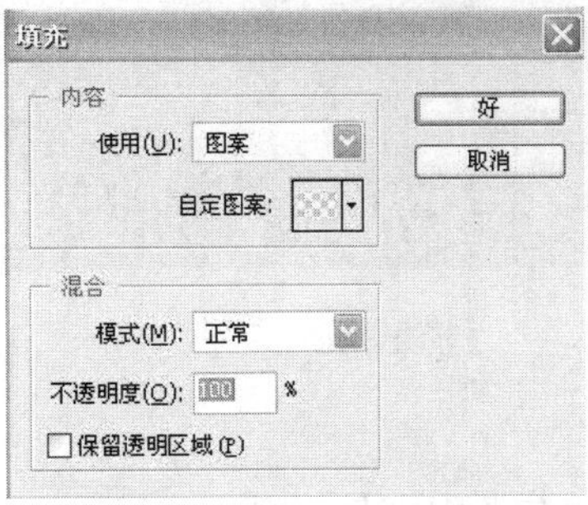


图 1-09k

图 1-09l

5. 保存文件

第 16 步：将最终效果以 Xps1-09.tif 为文件名保存在考生文件夹下。

## 1.10　第 10 题解答

1. 建立文件

第 1 步：建立一个新文件：16×12 cm、72 pixels/inch、RGB 模式；背景填充为淡蓝色。

第 2 步：用矩形选框工具，建立矩形选区，绘制两条线段，填充为深蓝色。用文字工具输入文字“上机证”，移动字符使下半部分放入深蓝色矩形内，如图 1-10a 所示。

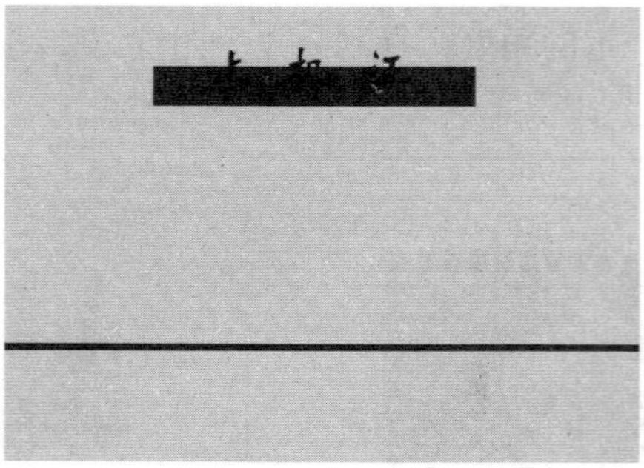

图 1-10a

2. 修改变换

第 3 步：对文字层执行“图层”>“栅格化”>“文字”命令，使文字图层转为普通图层，按 Ctrl＋D 组合键取消选区。

第 4 步：用矩形选框工具，选择深蓝色矩形，执行“图像”>“调整”>“反相”命令，使文字上半部分出现反相，形成阴阳字，如图 1-10b 所示。

第 5 步：用文字工具输入“姓名：”、“专业：”、“上机时间：”、“机号：”等相应的字符。最终结果如图 1-10c 所示。

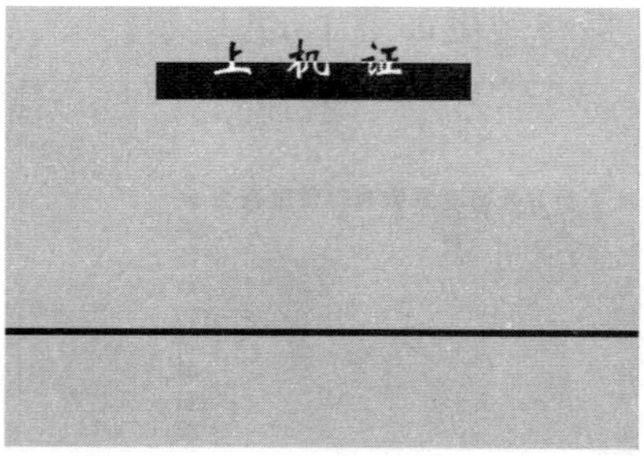


图 1-10b

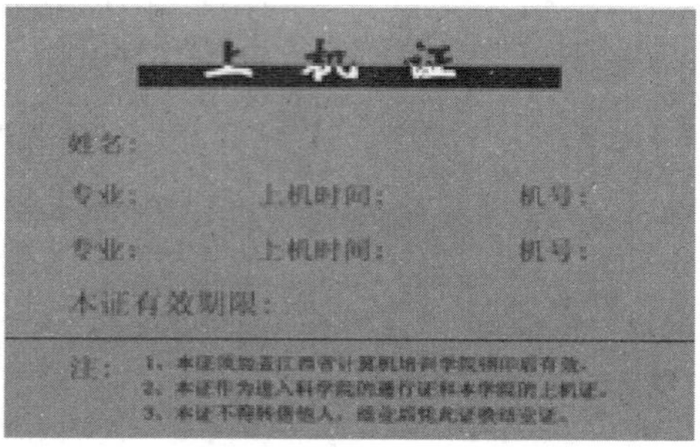


图 1-10c

3. 保存文件

第 6 步：将最终效果以 Xps1-10.tif 为文件名保存在考生文件夹下。

## 1.11　第 11 题解答

1. 建立文件

第 1 步：建立一个新文件：16×12 cm、72 pixels/inch、RGB 模式、背景填充为灰绿色。

2. 编辑调整

第 2 步：建立图层 1，选择工具箱里的单行选框工具，画出一条横线选区，执行“编辑”>“描边”命令，在弹出的对话框中设置“颜色”为白色，如图 1-11a 所示；建立图层 2，选择工具箱里的单列选框工具，画出一条竖线选区，执行“编辑”>“描边”命令，设置“颜色”为白色，如图 1-11a 所示；效果如图 1-11b 所示。

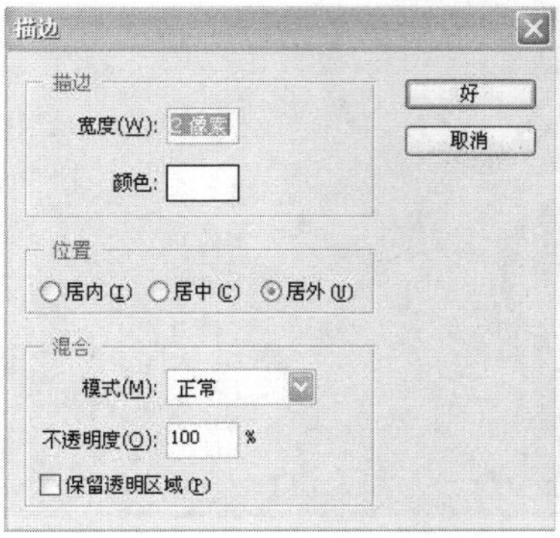


图 1-11a

图 1-11b

第 3 步：选择工具箱里的字体工具，输入“美”，字体为“华文行楷”，大小为 150 点，执行“图层”>“栅格化”>“图层”命令。在图层面板中把字体“美”字图层拖至图标上复制字体图层为“美”字副本，如图 1-11c 所示。

第 4 步：在图层面板点击“美”图层并按 Ctrl 键，把“美”字图层载入选区，再按 Delete 键删除，然后执行“编辑”>“描边”命令，在弹出的对话框中设置“宽度”为 2，“颜色”为淡蓝色，“位置”选择居外，“模式”为正常，单击“好”按钮。

第 5 步：在图层面板点击“美”字副本图层同时按 Ctrl 键，把“美”字副本图层载入选区，再按 Delete 键删除；然后执行“编辑”>“描边”命令，在弹出的对话框中设置“宽度”为 2，“颜色”为黑色，“位置”选择居外，“模式”为正常，点击“好”，取消选区，把“美”字副本图层放置在“美”字图层下方，用移动工具轻移黑边的“美”，或者按键盘上的方向键，右移 3 下，左移 2 下，如图 1-11d 所示。

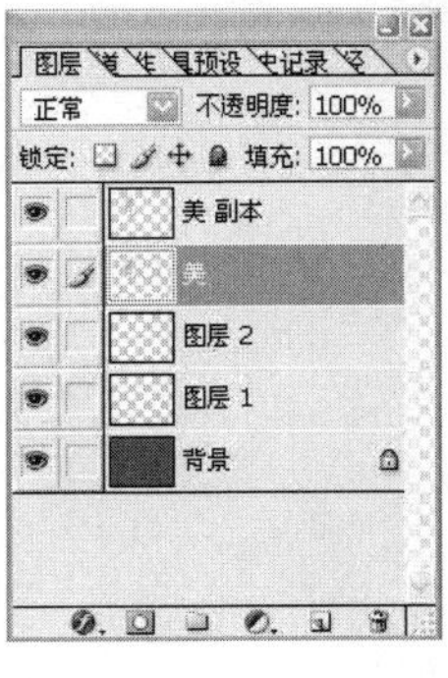


图 1-11c

图 1-11d

第 6 步：建立图层 3，选择工具箱中自定义形状工具，找到“花形饰件 1”，如图 1-11e 所示。按 Shift 键拖出“花形饰件 1”，执行“图层”>“栅格化”>“图层”命令。在图层面板点击图层 3 并按 Ctrl 键，把图层 3 载入选区，再按 Delete 键删除，然后执行“编辑”>“描边”命令，在弹出的对话框中设置“宽度”为 1，“颜色”为浅灰色，“位置”选择居外，“模式”为正常，单击“好”按钮。最终效果如图 1-11f 所示。

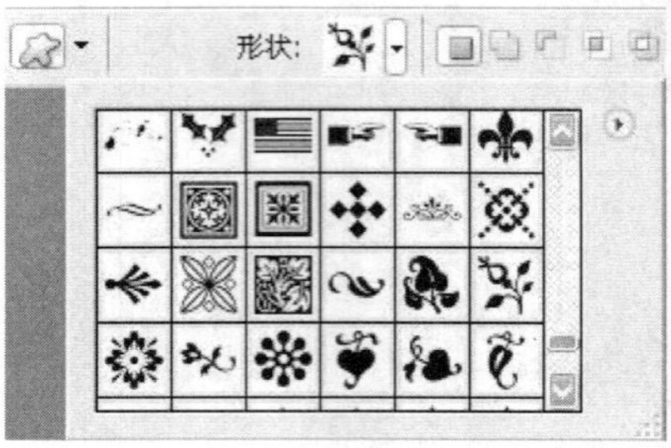


图 1-11e

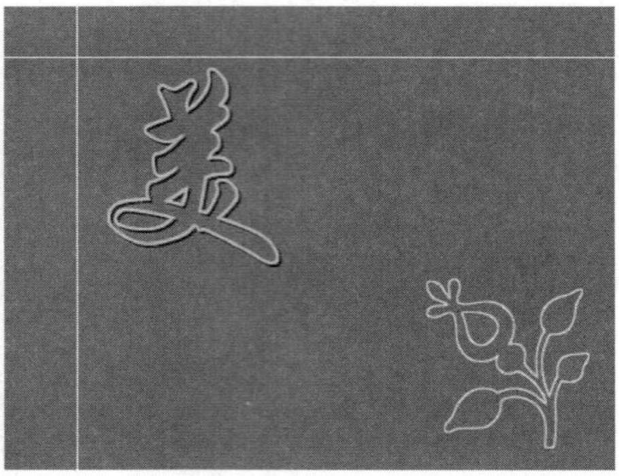


图 1-11f

3. 保存文件

第 7 步：将最终效果以 Xps1-11.tif 为文件名保存在考生文件夹下。

## 1.12　第 12 题解答

1. 建立文件

第 1 步：建立一个新文件：16×12 cm、72 pixels/inch、RGB 模式、背景色为白色。

第 2 步：用矩形选框工具，建立矩形选区，将上半部分填充为黑色，下半部分填充为白色。用文字工具输入字符“白加黑”，字体为“宋体”，移动字符使上半部分在黑色矩形内，如图 1-12a 所示。

图 1-12a

2. 编辑调整

第 3 步：对文字执行“图层”>“栅格化”>“图层”命令，使文字图层转为普通图层，按 Ctrl＋D 组合键取消选区。

第 4 步：用矩形选框工具，选择上半部分黑色，执行“图像”>“调整”>“反相”命令，使文字上半部分出现反相，形成阴阳字，如图 1-12b 所示。

图 1-12b

3. 保存文件

第 5 步：将最终效果以 Xps1-12.tif 为文件名保存在考生文件夹下。

## 1.13　第 13 题解答

1. 建立文件

第 1 步：建立一个新文件：16×12 cm、72 pixels/inch、RGB 模式、背景填充为黑色。

2. 编辑调整

第 2 步：建立图层 1，选择矩形选框工具建立一矩形选区，设置背景色为白色，按 Ctrl+Delete 组合键填充矩形选区；复制图层 1 为图层 2，执行“编辑”>“变换”>“缩小”命令，设置背景色为浅灰色，在图层面板点击图层 2 并按 Ctrl 键，把图层 2 载入选区，按 Ctrl+Delete 组合键填充矩形选区，作为信封的封口；再执行“编辑”>“变换”>“斜切”命令，如图 1-13a 所示。

第 3 步：建立图层 3，选择矩形选框工具同时按 Shift 键在信封的左上角建立一个小正方形选区，执行“编辑”>“描边”命令，设置“宽度”为 1 像素，“颜色”为红色，其他为默认；复制图层 3，按键盘上的右移键，移动适当距离；用同样的方法做出信封写邮编的 6 个正方形，如图 1-13b 所示。

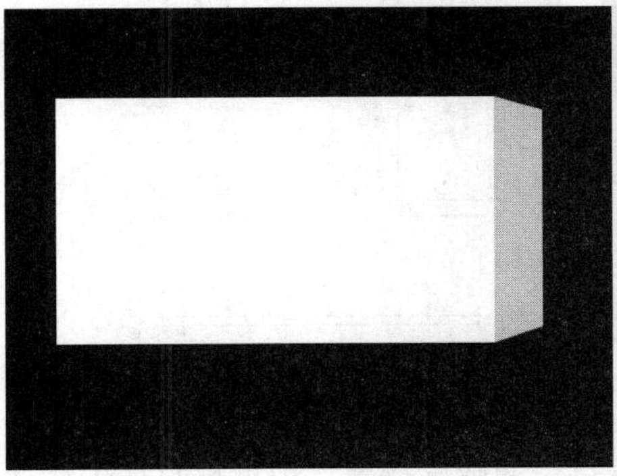

图 1-13a

图 1-13b

第 4 步：建立图层 4，选择工具箱里的直线工具，在选项栏里设置直线的“粗细”为 1 像素，“颜色”为红色，如图 1-13c 所示。然后按住 Shift 键用鼠标画出长短合适的直线；

选择“视图”>“标尺”，拉出参考线，复制图层 4，按键盘上的下移建，根据标尺移动到合适的位置；用同样的方法出第三条线，如图 1-13d 所示。

第 5 步：选择文字工具，在信封的右下角输入“邮政编码:”，字体为“宋体”，大小为 14 点，颜色为红色，如图 1-13e 所示。

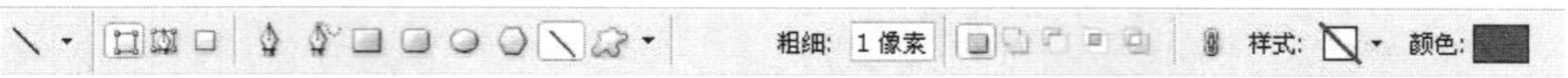


图 1-13c

图 1-13d

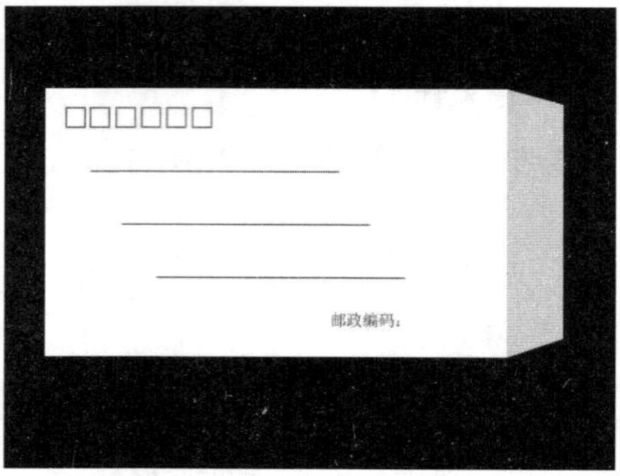


图 1-13e

第 6 步：建立图层 5，在信封的右上角建立正方形选区，执行“编辑”>“描边”命令，设置“宽度”为 1 像素，“颜色”为红色，其他为默认；选择字体工具输入“贴邮票处”，字体为“宋体”，大小为 14 点，颜色为红色。调整位置，中心对齐，如图 1-13f 所示。

第 7 步：建立图层 6，在工具箱里选择画笔工具，在选项栏里选择“切换画笔调板”，弹出对话框，如图 1-13g 所示。

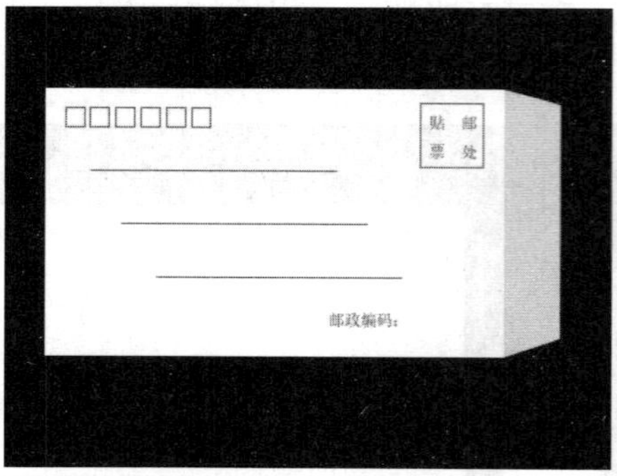


图 1-13f

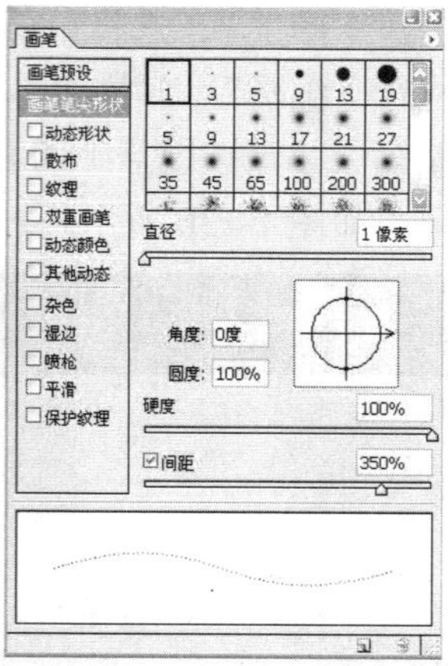


图 1-13g

第 8 步：为了更标准，拉出横向和纵向的标尺，调整好位置，根据标尺位置按住 Shift 键用画笔在信封的右上角画出虚线的正方形，如图 1-13h 所示。

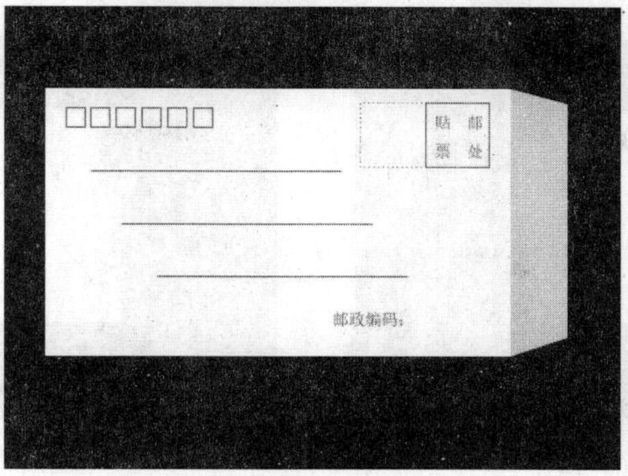


图 1-13h

3. 保存文件

第 9 步：将最终效果以 Xps1-13.tif 为文件名保存在考生文件夹下。

## 1.14　第 14 题解答

1. 建立文件

第 1 步：建立一个新文件：16×12 cm、72 pixels/inch、RGB 模式、背景填充为黑色。

2. 编辑调整

第 2 步：建立图层 1，选择矩形选框工具建立一矩形选区，设置背景色为白色，按 Ctrl+Delete 组合键填充矩形选区。执行“编辑”>“变换”>“斜切”命令，效果如图 1-14a 所示。

第 3 步：复制图层 1 为图层 2，在图层面板用鼠标点击图层 2 同时按 Ctrl 键，把图层 2 载入选区，设置背景色为浅灰色，按 Ctrl+Delete 组合键填充为浅灰色，移动到适当的位置，如图 1-14b 所示。

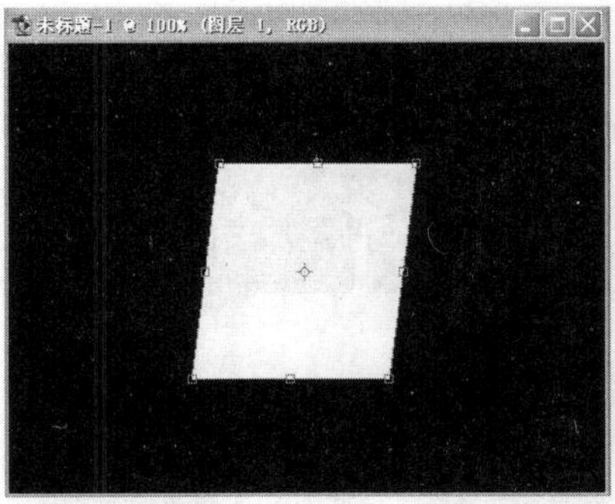


图 1-14a

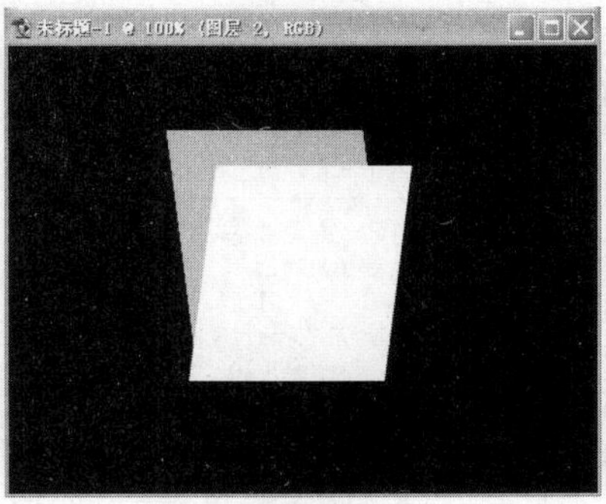


图 1-14b

第 4 步：建立图层 3，用矩形选框工具建立一矩形选区，设置背景色为灰色，按 Ctrl+Delete 组合键填充矩形选区。执行“编辑”>“变换”>“斜切”命令，调整效果如图 1-14c 所示。建立图层 4，用同样的方法做出笔盒的右侧，如图 1-14d 所示。

图 1-14c

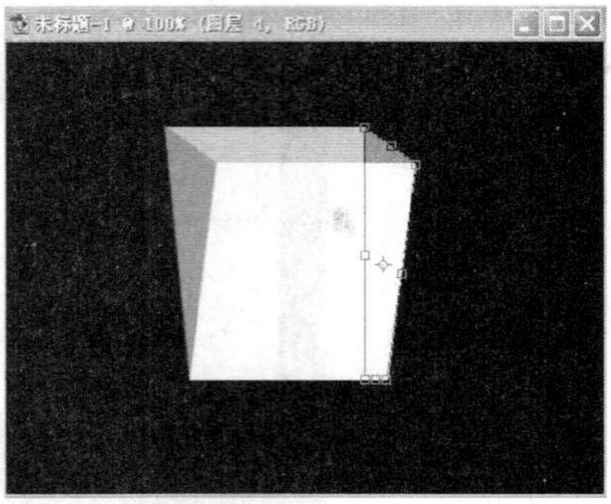

图 1-14d

第 5 步：建立图层 5，选择“视图”>“标尺”，如图 1-14e 所示。在图的左侧拖出三条参考线，如图 1-14f 所示。用钢笔工具画出铅笔的形状，点击路径面板最下方的“将路径转化为选区”按钮，填充“黄—白—黄”的渐变色，设置如图 1-14g 所示，效果如图 1-14h 所示。

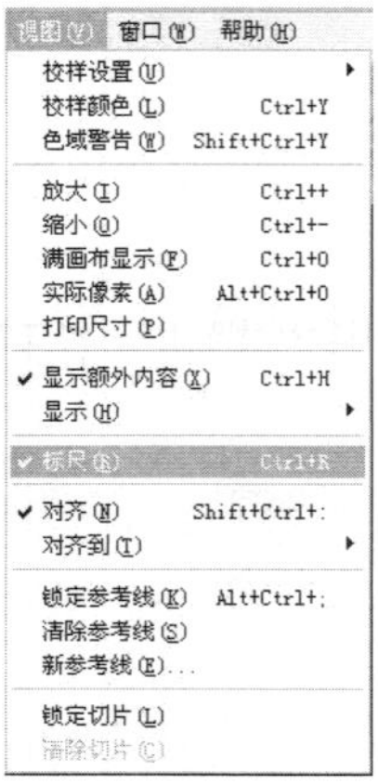


图 1-14e

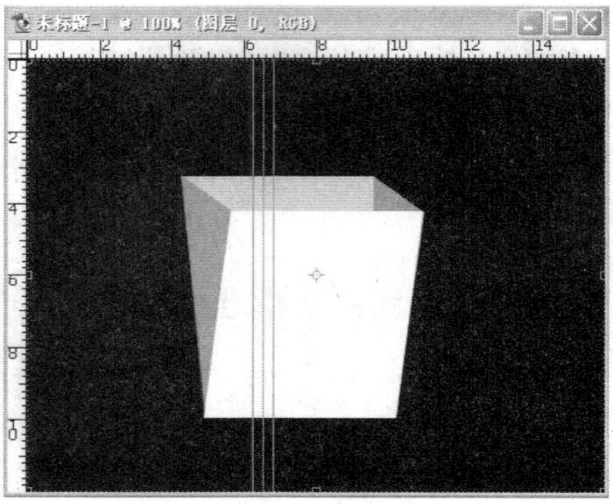

图 1-14f

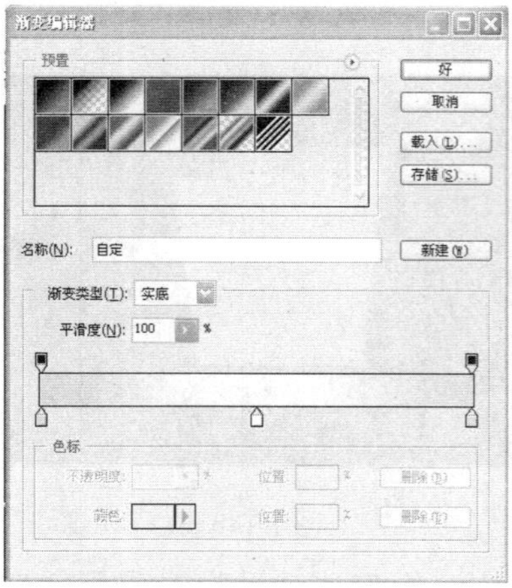


图 1-14g

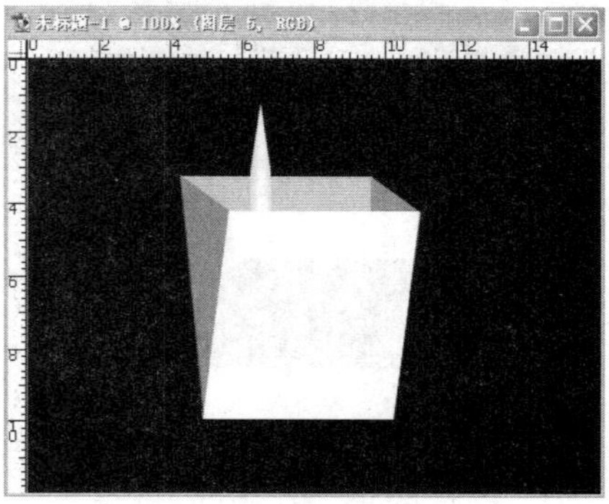

图 1-14h

第 6 步：复制图层 5 为图层 6，按键盘上的箭头右移 5 下，单击图层面板上的图层 6

同时按 Ctrl 键，把图层 6 载入选区，填充为“绿—白—绿”的渐变色，如图 1-14i 所示。

第 7 步：重复步骤 6 做出剩下的两支铅笔，最终效果如图 1-14j 所示。

图 1-14i

图 1-14j

3. 保存文件

第 8 步：将最终效果以 Xps1-14.tif 为文件名保存在考生文件夹下。

## 1.15　第 15 题解答

1. 建立文件

第 1 步：建立一个新文件：16×12 cm、72 pixels/inch、RGB 模式、背景色为白色。

2. 编辑调整

第 2 步：执行“编辑”>“填充”命令，在弹出的填充对话框中，选择自定义图案下的木纹图案，如图 1-15a 所示。

第 3 步：显示标尺，拉出中心标尺，如图 1-15b 所示。

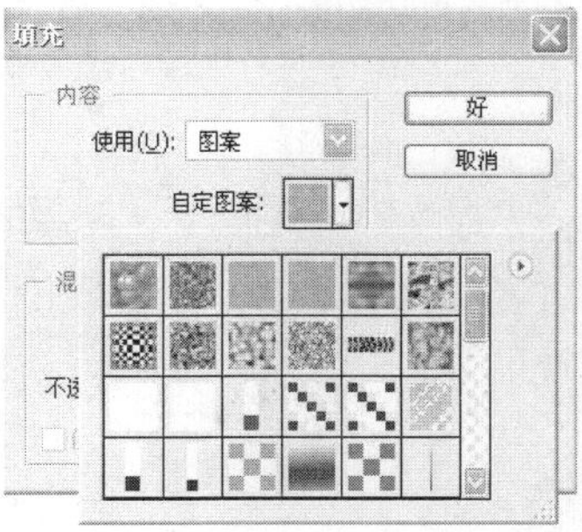

图 1-15a

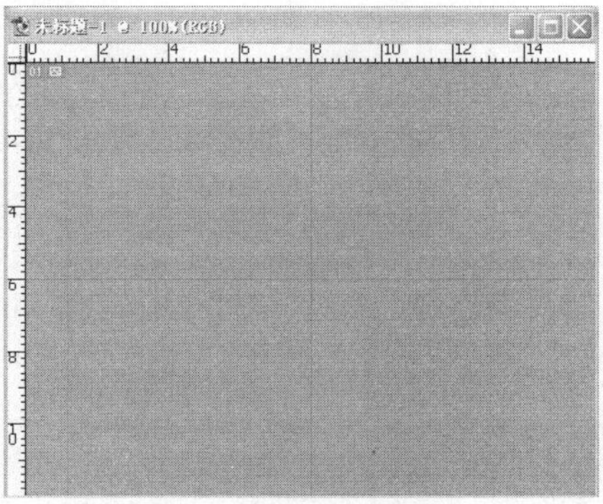
图 1-15b

第 4 步：在图层面板建立图层 1，然后在工具箱中选择单行选框工具，按照标尺刻度，拉出选区，执行“编辑”>“描边”命令，在描边对话框中设置宽度为 1 像素，颜色为白色，依次拉出等比例的单行选区，描边。双击取消选区，如图 1-15c 所示。

第 5 步：在图层面板建立图层 2，然后在工具箱中选择单列选框工具，按照标尺刻度，拉出等比例的单列选区，描边，双击取消选区，如图 1-15d 所示。

图 1-15c

图 1-15d

3. 图层样式

第 6 步：合并图层 1 和图层 2 为图层 1，对其做出投影，在图层面板下方点击按钮，在弹出的图层样式对话框中设置，如图 1-15e 所示，单击“好”按钮，效果如图 1-15f 所示。

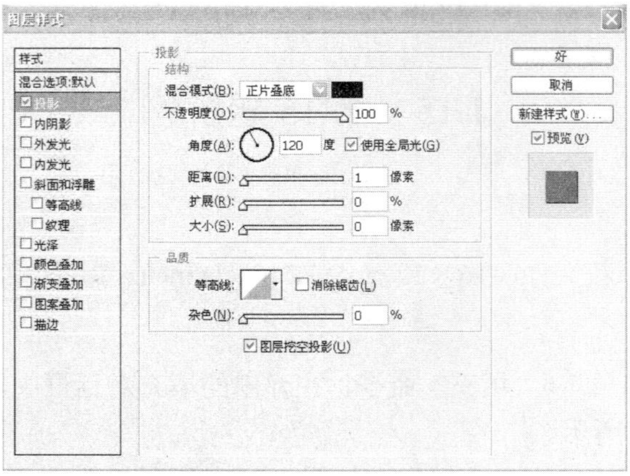


图 1-15e

第 7 步：新建图层 2，选择矩形选框工具在方格中建立矩形选区填充为深红色，在图层面板调整不透明度为 58%，如图 1-15g 所示。

图 1-15f

图 1-15g

第 8 步：用同样的方法建立矩形选区，填充，调整不透明度，效果如图 1-15h 所示。

第 9 步：新建图层 3，用同样的方法建立矩形选区，填充为（R251、G214、B151），调整不透明度为 58%，如图 1-15i 所示。

图 1-15h

图 1-15i

第 10 步：新建图层 4，用同样的方法建立矩形选区，填充为（R255、G144、B0），调整不透明度为 58%，如图 1-15j 所示。

第 11 步：新建图层 5，用同样的方法建立矩形选区，填充为（R170、G170、B170），调整不透明度为 80%，最终效果如图 1-15k 所示。

图 1-15j

图 1-15k

4. 保存文件

第 12 步：将最终效果以 Xps1-15.tif 为文件名保存在考生文件夹下。

## 1.16　第 16 题解答

1. 建立文件

第 1 步：建立一个新文件：16×12 cm、72 pixels/inch、RGB 模式、背景填充为黑色。

2. 编辑调整

第 2 步：新建图层 1，选择矩形选框工具建立一矩形选区，填充白色，取消选区，如图 1-16a 所示。用字体工具输入“由此前进”，字体为“华文新魏”，大小为 20，如图 1-16b 所示。

图 1-16a

图 1-16b

第 3 步：新建图层 2，在图案工具里找到箭头，如图 1-16c 所示。在路径面板里单击“将路径作为选区载入”按钮，然后填充为深红色，取消选区，如图 1-16d 所示。

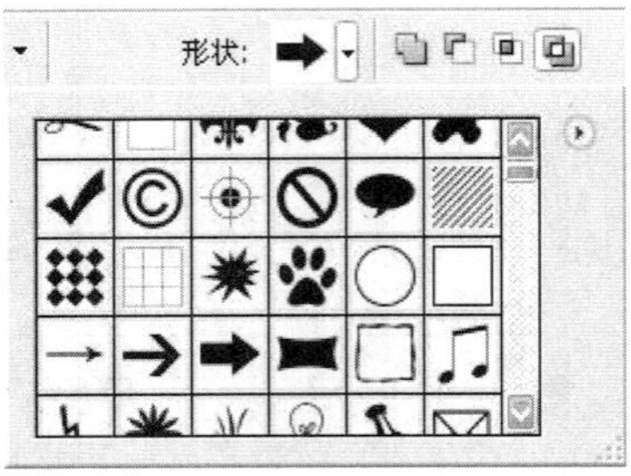


图 1-16c

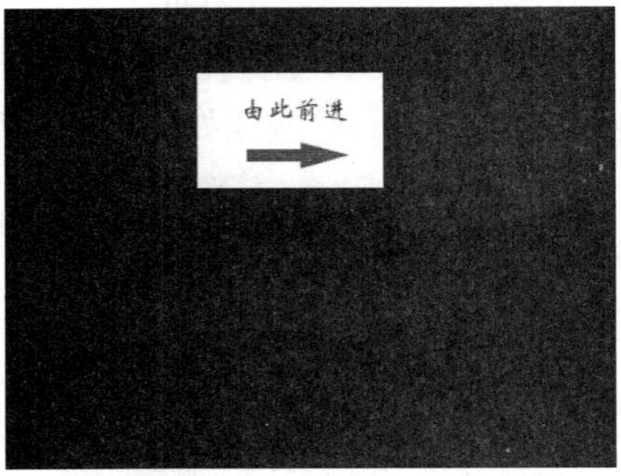


图 1-16d

第 4 步：新建图层 3，用矩形选框工具建立一矩形选区，设置渐变色为“蓝—白—蓝”，然后填充矩形选区，取消选区，移动到适当的位置，如图 1-16e 所示。

第 5 步：新建图层 4，用矩形选框工具建立一矩形选区，设置渐变色为“蓝—浅蓝”，然后填充矩形选区，取消选区，执行“编辑”>“变换”>“斜切”命令，按回车键应用此命令，移动到适当的位置，如图 1-16f 所示。复制图层 4 为图层 4 副本，移动到右边，执行“编辑”>“变换”>“水平翻转”命令，如图 1-16g 所示。

第 6 步：用同样的方法做出上下两个边框，最终效果如图 1-16h 所示。

图 1-16e

图 1-16f

图 1-16g

图 1-16h

3. 保存文件

第 7 步：将最终效果以 Xps1-16.tif 为文件名保存在考生文件夹下。

## 1.17　第 17 题解答

1. 建立文件

第 1 步：打开 C:\2003PS7\Yps1-17.tif，如图 1-17a 所示。

第 2 步：建立一个新文件：16×12 cm、72 pixels/inch、RGB 模式、背景色为白色。

2. 定义路径

第 3 步：选择矩形工具，建立矩形选区，在图层面板建立图层 1，在路径面板建立工作路径，如图 1-17b 所示。

图 1-17a

图 1-17b

第 4 步：选择画笔工具，在画笔选项栏中设置，如图 1-17c 所示。效果如图 1-17d 所示。

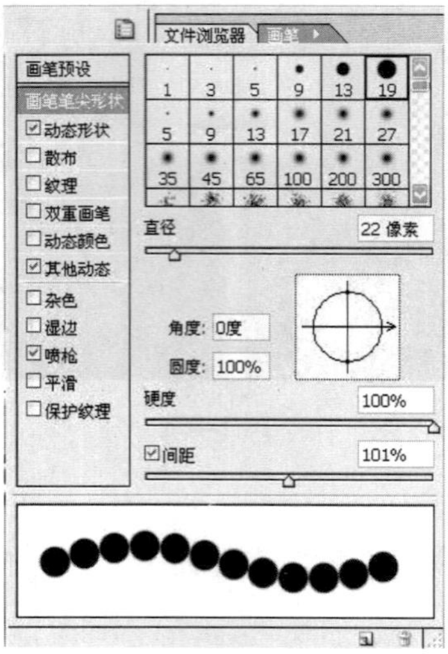


图 1-17c

图 1-17d

第 5 步：将工作路径载入选区，按 Delete 键删除，取消选区，如图 1-17e 所示。

第 6 步：然后将其移入 1-17a 中，生成图层 1，载入选区，选择矩形工具按 Shift 键加选选区中的大厦，如图 1-17f 所示。

图 1-17e

图 1-17f

3. 编辑变换

第 7 步：建立一个新文件：13×10 cm、72 pixels/inch、RGB 模式、背景色为白色。

第 8 步：在图 1-17a 中的背景层为当前图层，选择移动工具，将选区移入新文件中，生成图层 1，如图 1-17g 所示。

第 9 步：复制图层 1 为图层 2、图层 3，把图层 2 填充为淡紫色，把图层 3 填充为深紫色，在图层面板调整图层的顺序，如图 1-17h 所示。

第 10 步：轻移图层 2 和图层 3。

第 11 步：用文字工具输入“夜”，字体及大小自行设定，颜色为黑色，设置图层样式为白色投影。将该文字图层挪至右上角，最终效果如图 1-17i 所示。

图 1-17g

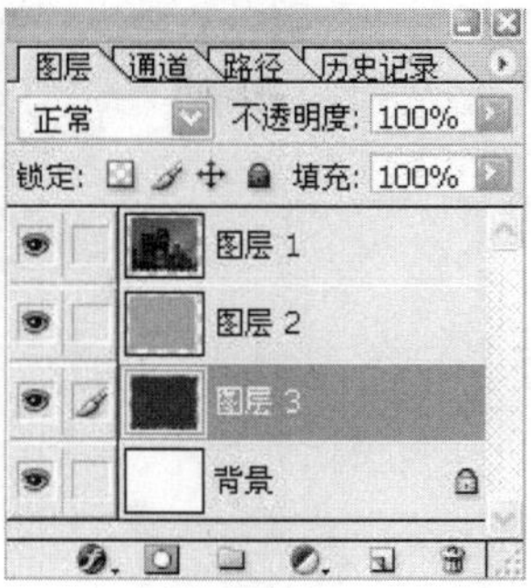


图 1-17h

图 1-17i

4. 保存文件

第 11 步：将最终效果以 Xps1-17.tif 为文件名保存在考生文件夹下。

## 1.18　第 18 题解答

1. 建立文件

第 1 步：打开 C:\2003PS7\Yps1-18.tif，如图 1-18a 所示。

第 2 步：建立一个新文件：16×12 cm、72 pixels/inch、RGB 模式、背景填充为黑色。

第 3 步：选择矩形选框工具在图 1-18a 建立一矩形区域，然后将其移动到新文件里，生成图层 1，如图 1-18b 所示。

2. 修改变换

第 4 步：在工具箱里选择图章工具，修改图像，按住 Alt 键单击白色区域，然后松开 Alt 键，在要修改的地方点击鼠标，如此重复，直至把残字和花瓶的阴影修饰干净；建立图层 2，选择矩形选框工具建立一矩形区域，填充为白色，如图 1-18c 所示。合并图层 1 和图层 2 为图层 1。

图 1-18a

图 1-18b

图 1-18c

第 5 步：在路径调板上单击“从选区生成工作路径”按钮 ，将选区转换为路径。

第 6 步：选择橡皮擦工具，在选项栏中设置绘画模式为铅笔，在画笔调板中设置直径为 14，间距为 130%。如图 1-18d 所示。

第 7 步：点按路径调板底部的“描边路径”按钮 ，出现如图 1-18e 所示的效果。

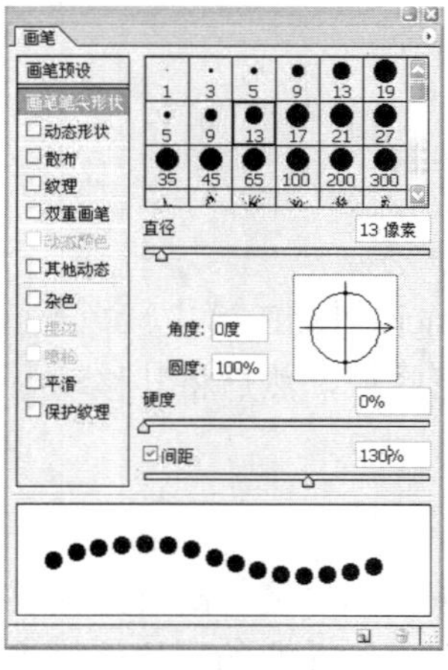


图 1-18d

图 1-18e

3. 编辑调整

第 8 步：建立图层 2，建立矩形选区，执行“编辑”>“描边”命令，设置“宽度”为

1 像素，“颜色”为黑色，其他为默认，如图 1-18f 所示。

第 9 步：选择字体工具在邮票的左上角输入大写“CHINA”，字体为“Arial”，大小为 12 点；在邮票的左下角先输入“50”，字体为“华文新魏”，大小为 36 点；再输入“分”，字体为“华文新魏”，大小为 24 点，把“分”移动到“50”的右上角，如图 1-18g 所示。

图 1-18f

图 1-18g

第 10 步：在邮票的右上角用文字工具输入“腊梅香自苦寒来”，字体为“华文新魏”，大小为 22 点，在选项栏里点击 更改文字方向；在邮票的右下方输入“中国邮政”，字体为“华文中宋”，大小为 18 点，如图 1-18h 所示。

图 1-18h

4. 保存文件

第 11 步：将最终效果以 Xps1-18.tif 为文件名保存在考生文件夹下。

## 1.19　第 19 题解答

1. 打开文件

第 1 步：打开 C:\2003PS7\Yps1-19.tif，如图 1-19a 所示。

第 2 步：在图层面板双击背景层，弹出“新图层”对话框，单击“好”按钮。背景层设置为图层 0。

第 3 步：选择仿制图章工具，设置画笔大小为 200，在图层 0 里按住 Alt 键同时单击鼠标复制怀表，建立图层 1，在图的左上角，单击鼠标两下，效果如图 1-19b 所示。

2．编辑调整

第 4 步：执行“图像”>“调整”>“去色”命令，如图 1-19c 所示。

第 5 步：在图层 0 里按住 Alt 键同时单击鼠标复制怀表，再建立图层 2，在图的右上角，击鼠标两下，再复制一个怀表，执行“图像”>“调整”>“可选颜色”命令，设置如图 1-19d 所示，调整色彩，最终效果如图 1-19e 所示。

图 1-19a

图 1-19b

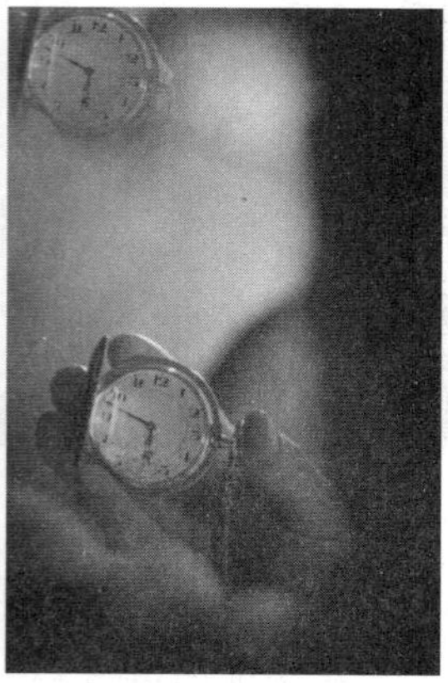

图 1-19c

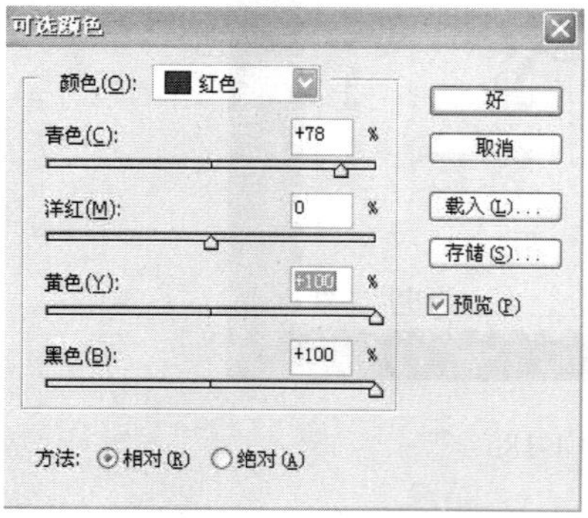


图 1-19d

图 1-19e

4．保存文件

第 11 步：将最终效果以 Xps1-19.tif 为文件名保存在考生文件夹下。

## 1.20　第 20 题解答

1．打开文件

第 1 步：打开 C:\2003PS7\Yps1-20.tif，如图 1-20a 所示。

2．编辑调整

第 2 步：选择魔棒工具，在选项栏里设置容差值为 42，用魔棒点击花朵，同时按 Shift

键进行加选，直至花朵整个被选中；或者选择钢笔工具，建立路径，载入选区，如图 1-20b 所示。

图 1-20a

图 1-20b

第 3 步：按 Ctrl+C 组合键复制花朵，然后在图层面板里建立图层 1，在图层 1 里按 Ctrl+V 组合键粘贴；再建立图层 2，复制粘贴花朵，调整三朵花的位置，如图 1-20c 所示。

第 4 步：对左下的花进行“图像”>“调整”>“色相/饱和度”命令，弹出对话框，设置如图 1-20d 所示。同样操作对右上的花进行处理，最终效果如图 1-20e 所示。

图 1-20c

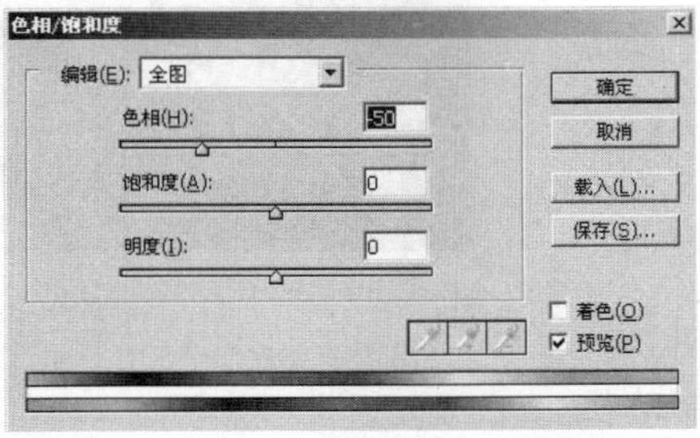


图 1-20d

图 1-20e

4. 保存文件

第 5 步：将最终效果以 Xps1-20.tif 为文件名保存在考生文件夹下。

# 第 2 单元　路径的运用

## 2.1　第 1 题解答

1．建立文件

第 1 步：建立一个新文件：640×480 Pixels、72 Pixels/inch、RGB 模式、背景色为白色。

2．打开文件

第 2 步：打开 C:\2003PS7\Yps2-01.tif 文件，如图 2-01a 所示。

图 2-01a

3．绘制路径

第 3 步：使用工具箱中的钢笔工具将小鸟的外轮廓勾勒出一个封闭的路径图形（小鸟的腿部和爪部不用绘制），如图 2-01b 所示。

4．编辑路径

第 4 步：将小鸟的路径图形复制粘贴到新文件的图层 1 中，在路径面板中单击“将路径作为选区载入”按钮将路径载入选区，如图 2-01c 所示。

图 2-01b

图 2-01c

5．绘画填充

第 5 步：将前景色设置成纯蓝色，按 Alt+Delete 组合键将左侧轮廓填充为纯蓝色，如图 2-01d 所示。

第 6 步：建立图层 2，再复制另一个独立的路径图形，在路径面板中单击“将路径作为选区载入”按钮将路径载入选区，填充纯黄色，将它们分别放置在左、右两侧。

第 7 步：用椭圆选框工具按 Shift 键画正圆作为鸟的眼睛，填充为白色，如图 2-01e 所示。

图 2-01d

图 2-01e

第 8 步：选择喷笔工具用纯红色将右侧的鸟四周喷成红色，做出立体效果，如图 2-01f 所示。再使用椭圆选框工具按住 Shift 键画正圆作为鸟的眼睛，填充为红色，如图 2-01g 所示。

图 2-01f

图 2-01g

第 9 步：保留选区，执行“选择”>“羽化”命令，设置数值为 5，将选区羽化。建立图层 3，用黑色填充为阴影。在图层面板中将阴影图层透明度设为 50%，如图 2-01h 所示。最终效果如图 2-01i 所示。

图 2-01h

图 2-01i

6. 保存文件

第 10 步：将最终结果以 Xps2-01.tif 为文件名保存在考生文件夹下。

## 2.2　第 2 题解答

1. 建立文件

第 1 步：建立一个新文件：640×480 Pixels、72 Pixels/inch、RGB 模式、背景色为白色。

2. 打开文件

第 2 步：打开 C:\2003PS7\Yps2-02.tif 文件，如图 2-02a 所示。

3. 绘制路径

第 3 步：使用工具箱中的钢笔工具将企鹅的外轮廓绘制成一个封闭的路径图形，如图 2-02b 所示。

图 2-02a

图 2-01b

4. 编辑路径

第 4 步：在新文件中建立图层 1，将企鹅路径图形复制粘贴到图层 1 中，再复制出一个独立的路径，将它们分别放置在左、右两侧如图 2-02c 所示。单击路径面板上的“将路径变成选区载入”按钮，将路径载入选区。

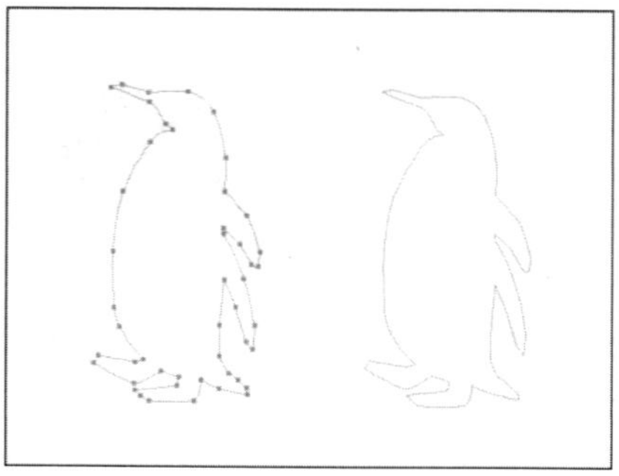

图 2-02c

5. 绘画填充

第 5 步：使用工具箱中的喷笔工具将两个企鹅的背部、翅膀、脚喷成黑色，腹部喷成白色，选择椭圆选框工具按住 Shift 键画正圆作为企鹅的眼睛，并填充为黄色，如图 2-02d 所示。

第 6 步：执行“编辑”>“变换”>“水平翻转”命令，将右侧的企鹅水平翻转，使两个企鹅面对面，如图 2-02e 所示。

第 7 步：建立图层 3，将工具箱中前景色变成纯蓝色，按 Alt+Delete 组合键填充图层 3 为纯蓝色。再将此图层移到最后一层，执行“滤镜”>“渲染”>“云彩”命令，做出云彩效果，如图 2-02f 所示。

图 2-02d

图 2-02e

图 2-02f

6. 保存文件

第 8 步：将最终结果以 Xps2-02.tif 为文件名保存在考生文件夹下。

## 2.3 第 3 题解答

1. 建立文件

第 1 步：建立一个新文件：640×480 Pixels、72 Pixels/inch、RGB 模式、背景色为白色。

2. 打开文件

第 2 步：打开文件 C:\2003PS7\Yps2-03.tif，如图 2-03a 所示。

3. 绘制路径

第 3 步：使用工具箱中的钢笔工具沿树袋鼠的外轮廓绘制一个封闭的路径，如图 2-03b 所示。

图 2-03a

图 2-03b

4. 编辑路径

第 4 步：在新文件中建立图层 1，将路径复制到图层 1 中，单击路径面板上的“将路径变成选区载入”按钮，将路径载入选区。

5. 绘画填充

第 5 步：将前景色设置为纯黄色，填充上面的树袋鼠的选区，再用工具箱中的喷笔工具喷出少许黑色边缘线，如图 2-03c 所示。

第 6 步：选择工具箱中的椭圆选框工具画出一个小圆形选区并将其填充为黑色作为眼睛，如图 2-03d 所示。用同样的方法做一个纯红色圆点作为鼻子，如图 2-03e 所示。

第 7 步：建立图层 2，再复制一个独立的树袋鼠路径，单击路径面板上的“将路径变成选区载入”按钮，将路径载入选区。将树袋鼠的形状用工具箱中的喷笔沿边缘喷为纯黑色，然后将它们分别放置在上、下，如图 2-03f 所示。

图 2-03c

图 2-03d

图 2-03e

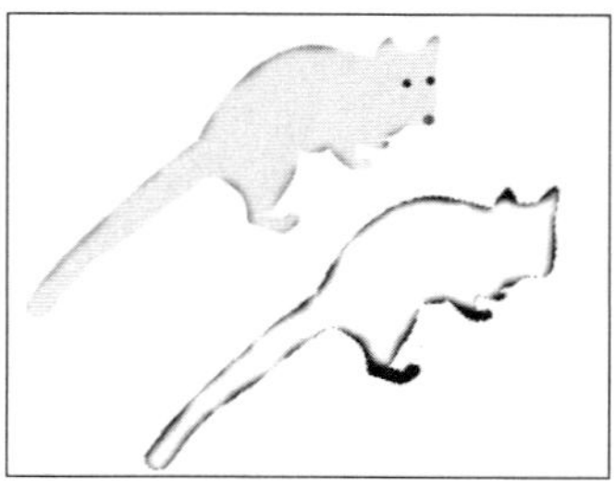

图 2-03f

第 8 步：选择工具箱中的椭圆选框工具，按住 Shift 键画出正圆形选区，将其填充为纯黑色作为眼睛，用同样的方法画一个红色圆点作为鼻子，如图 2-03g 所示。

图 2-03g

6．保存文件

第 9 步：将最终结果以 Xps2-03.tif 为文件名保存在考生文件夹下。

## 2.4　第 4 题解答

1．建立文件

第 1 步：建立一个新文件：640×480 Pixels、72 Pixels/inch、RGB 模式、背景色为白色。

2．打开文件

第 2 步：打开 C:\2003PS7\Yps2-04.tif 文件，如图 2-04a 所示。

3．绘制路径

第 3 步：使用工具箱中的钢笔工具沿雉的外轮廓绘制一个封闭的路径，如图 2-04b 所示。

图 2-04a

图 2-04b

4．编辑路径

第 4 步：在新建文件中建立图层 1，将路径图形复制然后粘贴到图层 1 中，单击路径面板上的“将路径变成选区载入”按钮，将路径载入选区。

5. 绘画填充

第 5 步：将选区填充为纯黑色，复制图层 1 为图层 2，分别放置在左右两侧，如图 2-04c 所示。

第 6 步：在图层 1 里执行“编辑”>“变换”>“水平翻转”命令，将左侧的图形水平翻转，如图 2-04d 所示。

图 2-04c

图 2-04d

第 7 步：在图层面板中单击图层 2 同时按 Ctrl 键，把图层 2 载入选区，设置背景色为纯黄色，按 Ctrl+Delete 组合键填充图层 2，如图 2-04e 所示。使用工具箱中的画笔工具，使用直径为 3 Pixels、硬度为 0%、颜色为黑色的笔刷沿路径勾边界，效果如图 2-04f 所示。

图 2-04e

图 2-04f

第 8 步：建立图层 3，选择工具箱中的椭圆选框工具同时按住 Shift 键为左边的雉画出正圆形选区，将其填充为纯白色作为眼睛，用同样的方法为右边的雉画出眼睛，并填充为黑色，如图 2-04g 所示。

图 2-04g

6. 保存文件

第 9 步：将最终结果以 Xps2-04.tif 为文件名保存在考生文件夹下。

## 2.5　第 5 题解答

1. 建立文件

第 1 步：建立一个新文件：640×480 Pixels、72 Pixels/inch、RGB 模式、背景色为白色。

2. 打开文件

第 2 步：打开文件 C:\2003PS7\Yps2-05.tif，如图 2-05a 所示。

3. 绘制路径

第 3 步：使用工具箱中的钢笔工具沿左侧鹤的外轮廓绘制一个封闭的路径，如图 2-05b 所示。

图 2-05a

图 2-05b

4. 编辑路径

第 4 步：将图 2-05b 中的路径复制到新文件中，再复制一个独立的新路径，如图 2-05c 所示。执行“编辑”>“变换”>“水平翻转”命令将左侧的轮廓线水平翻转，如图 2-05d 所示。

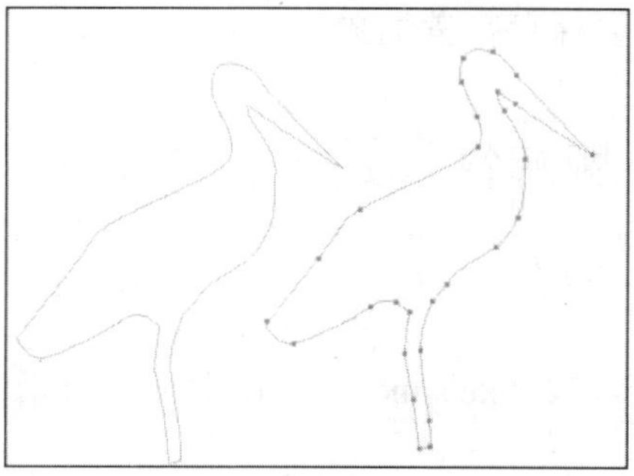

图 2-05c

图 2-05d

5．绘画填充

第 5 步：在路径面板下方将路径载入选区，将左侧路径载入选区填充为纯黄色，将鸟的嘴、眼、尾选择喷笔工具喷成纯黑色，脚用喷笔工具喷成纯红色，如图 2-05e 所示。

第 6 步：将右侧轮廓载入选区，用工具箱中的喷笔工具将其嘴、尾、眼部喷成纯黑色，脚喷成纯红色，如图 2-05f 所示。

图 2-05e

图 2-05f

第 7 步：使用工具箱中的画笔工具，使用直径为 3 Pixels、硬度为 0%、颜色为黑色的笔刷沿路径勾边界，效果如图 2-05g 所示。

第 8 步：选择工具箱中的椭圆选框工具画出一个小圆形选域，将其填充为黑色作为眼睛，如图 2-05h 所示。

图 2-05g

图 2-05h

6．保存文件

第 9 步：将最终结果以 Xps2-05.tif 为文件名保存在考生文件夹下。

## 2.6　第 6 题解答

1．建立文件

第 1 步：建立一个新文件：640×480 Pixels、72 Pixels/inch、RGB 模式、背景色为白色。

2．打开文件

第 2 步：打开文件 C:\2003PS7\Yps2-06.tif，如图 2-06a 所示。

3. 绘制路径

第 3 步：使用工具箱中的钢笔工具沿右侧天鹅的外轮廓绘制一个封闭路径，如图 2-06b 所示。

图 2-06a

图 2-06b

4. 编辑路径

第 4 步：将勾勒好的天鹅的外轮廓路径复制到新文件中，再复制一个独立的新路径。将它们上下分开摆放。如图 2-06c 所示。单击路径面板下方的“将路径作为选区载入”按钮，如图 2-06d 所示。将上面的天鹅路径载入选区。

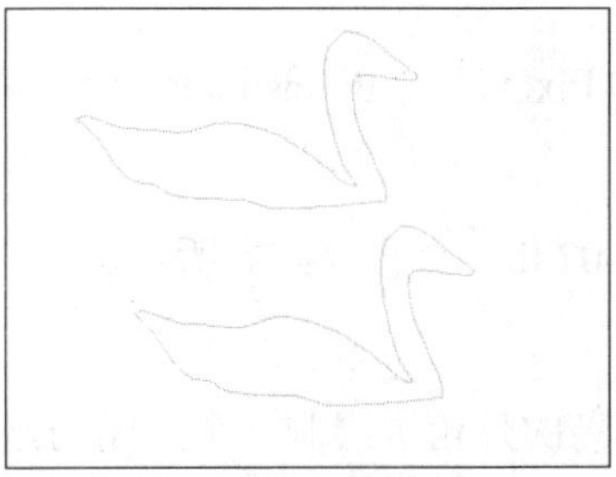

图 2-06c

图 2-06d

5. 绘画填充

第 5 步：将鹅嘴的前部和后部分别喷成纯黑色和纯黄色，如图 2-06e 所示。

第 6 步：使用工具箱中的画笔工具，使用直径为 3 Pixels、硬度为 0%、颜色为灰色（R128、G128、B128）的笔刷沿路径勾边界，如图 2-06f 所示。

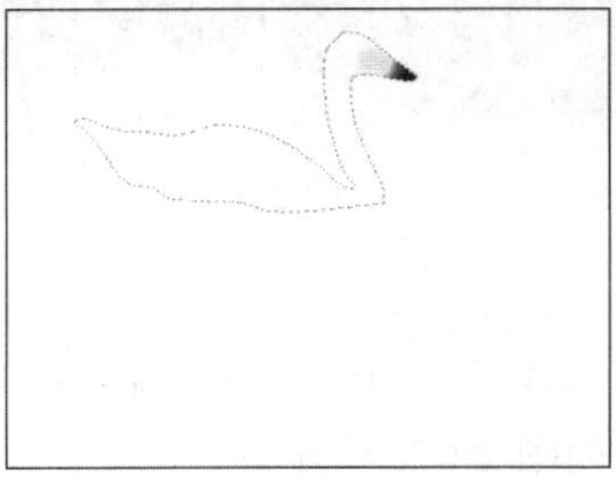

图 2-06e

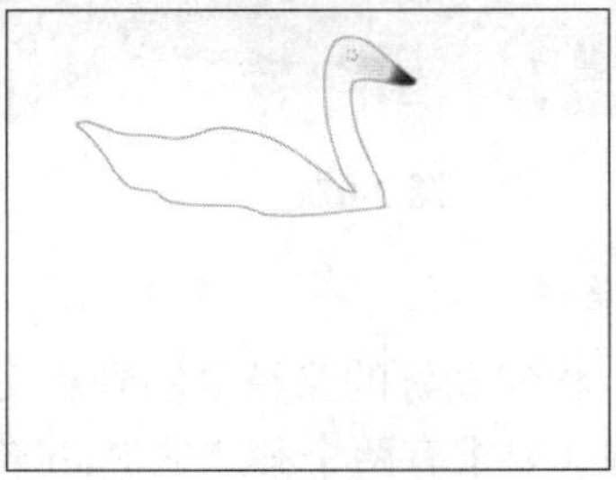

图 2-06f

第 7 步：选择工具箱中的椭圆选框工具画出一个小正圆形选区，将其填充为黑色作为眼睛，如图 2-06g 所示。

第 8 步：将下方的天鹅路径载入选区，鹅嘴和眼部同上，用同样方法描边做出天鹅纯黑的边缘线，如图 2-06h 所示。

图 2-06g

图 2-06h

6. 保存文件

第 9 步：将最终结果以 Xps2-06.tif 为文件名保存在考生文件夹下。

## 2.7　第 7 题解答

1. 建立文件

第 1 步：建立一个新文件：640×480 Pixels、72 Pixels/inch、RGB 模式、背景色为白色。

2. 打开文件

第 2 步：打开文件 C:\2003PS7\Yps2-07.tif，如图 2-07a 所示。

3. 绘制路径

第 3 步：使用工具箱中的钢笔工具沿鸟的外轮廓绘制一个封闭的路径，如图 2-07b 所示。

图 2-07a

图 2-07b

4. 编辑路径

第 4 步：将勾勒好的路径复制到新文件中，再复制一个独立的新路径，将它们分别放置在上下两侧（要求有两个独立的 Path 轮廓），如图 2-07c 所示。

图 2-07c

5. 绘画填充

第 5 步：新建图层 1 将上侧的路径载入选区，然后填充为纯黄色，选择“选择”>“反选”命令，再用喷笔沿图形边缘线喷出阴影效果，如图 2-07d 所示。用工具箱中的椭圆选框工具画出一个小正圆形选区，将其填充为黑色作为眼睛，如图 2-07e 所示。

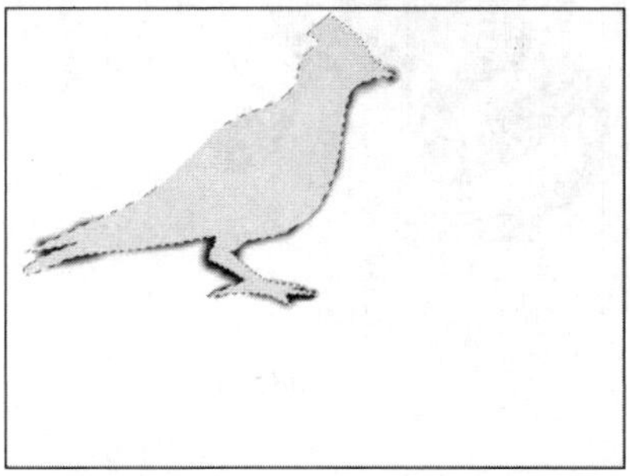

图 2-07d

图 2-07e

第 6 步：建立图层 2，将右侧路径变成选区，将前景色设为咖啡色（R140、G60、B0），再用工具箱中的喷笔喷出渐变的立体效果，如图 2-07f 所示。

第 7 步：用工具箱中的椭圆选框工具画出一个小正圆形选区，将其填充为黑色作为眼睛，再用画笔工具画一条黑色的小虫，如图 2-07g 所示。

图 2-07f

图 2-07g

6. 保存文件

第 8 步：将最终结果以 Xps2-07.tif 为文件名保存在考生文件夹下。

## 2.8 第 8 题解答

1. 建立文件

第 1 步：建立一个新文件：640×480 Pixels、72 Pixels/inch、RGB 模式、背景色为白色。

2. 打开文件

第 2 步：打开文件 C:\2003PS7\Yps2-08.tif，如图 2-08a 所示。

3. 绘制路径

第 3 步：使用工具箱中的钢笔工具沿青蛙的外轮廓绘制一个封闭的路径，如图 2-08b 所示。

图 2-08a

图 2-08b

4. 编辑路径

第 4 步：将青蛙路径复制到新文件中，再复制一个独立的路径，如图 2-08c 所示。

第 5 步：选择“编辑”>“变换”>“水平翻转”命令，将右侧的路径水平翻转，如图 2-08d 所示。

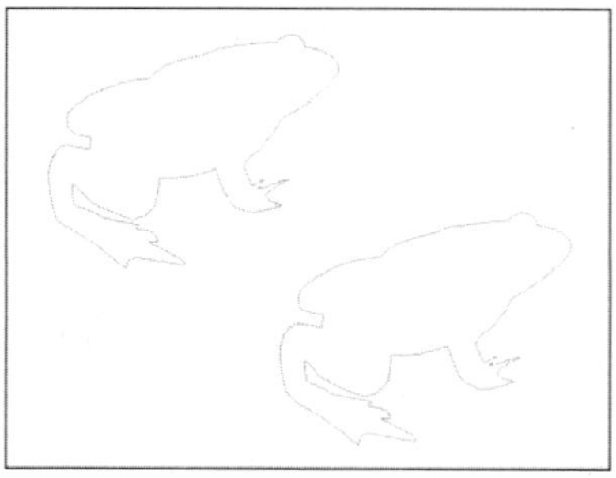

图 2-08c

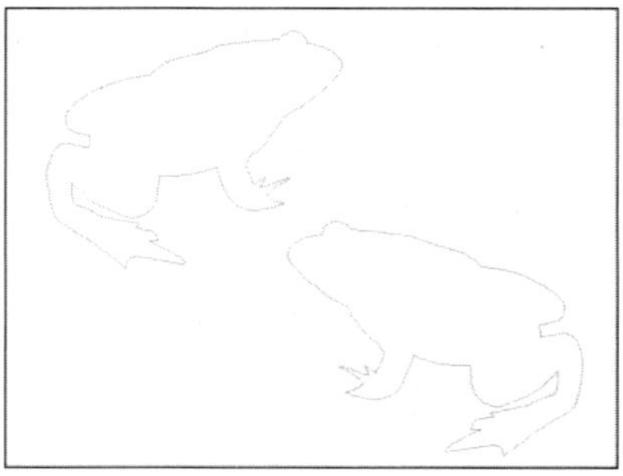

图 2-08d

5. 绘画填充

第 6 步：将上方路径载入选区，填充为土黄色，选择工具箱中的椭圆选框工具画出一个小正圆形选区，将其填充为黑色作为眼睛，如图 2-08e 所示。

第 7 步：将右侧路径载入选区，将前景色设为深绿色（R0、G150、B0），再用喷笔将下面的青蛙喷成深绿色并留少许白边，如图 2-08f 所示。

图 2-08e

图 2-08f

第 8 步：使用工具箱中的画笔工具，使用直径为 1 Pixels、硬度为 100%、颜色为黑色的笔刷沿路径勾边界，然后再加黑色圆点作为眼睛，图像最终效果如图 2-08g 所示。

图 2-08g

6．保存文件

第 9 步：将最终结果以 Xps2-08.tif 为文件名保存在考生文件夹下。

## 2.9　第 9 题解答

1．建立文件

第 1 步：建立一个新文件：640×480 Pixels、72 Pixels/inch、RGB 模式、背景色为白色。

2．打开文件

第 2 步：打开 C:\2003PS7\Yps2-09.tif 文件，如图 2-09a 所示。

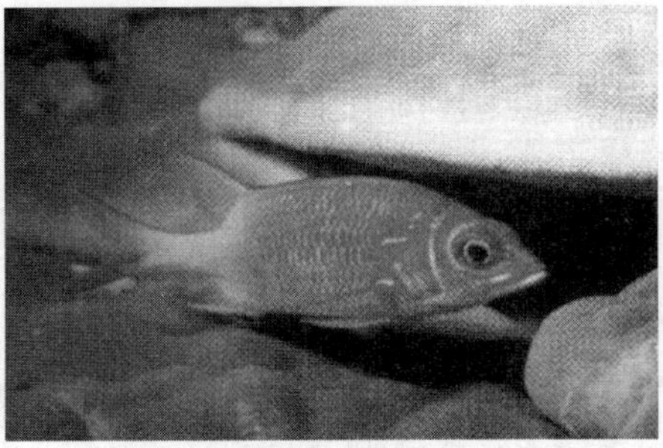

图 2-09a

3. 绘制路径

第 3 步：使用钢笔工具沿鱼的外轮廓绘制一个封闭的路径，如图 2-09b 所示。

4. 编辑路径

第 4 步：将鱼的路径轮廓线复制到新文件中，再复制一个独立的新轮廓线，将它们分别放置在上、下两侧，如图 2-09c 所示。

图 2-09b

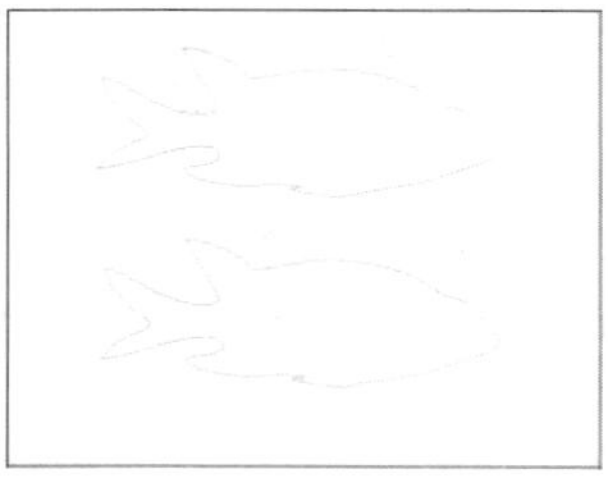

图 2-09c

5. 绘画填充

第 5 步：将上面的路径载入选区，填充为纯红色，如图 2-09d 所示；保留选区并将前景色设成纯黄色。使用工具箱中的画笔工具，使用直径为 9 Pixels、硬度为 0%、颜色为纯黄色的笔刷沿路径勾边界，如图 2-09e 所示。

第 6 步：选择椭圆选框工具，建立一个小圆，填充白色作为眼睛，如图 2-09f 所示。

图 2-09d

图 2-09e

图 2-09f

第 7 步：将下侧的路径载入选区，填充为纯红色。执行“滤镜”>“杂色”>“添加杂色”命令，将其变为黑、红和白相间的杂点状，设置如图 2-09g 所示，再用工具箱中的放大工具将画面放大，然后执行“选择”>“色彩范围”命令，将其中参数设置如图 2-09h 所示，选画面中的一块黑色按 OK 按钮确认。这时图中凡黑色块均被选中，将其填充为白色，如图 2-09i 所示。

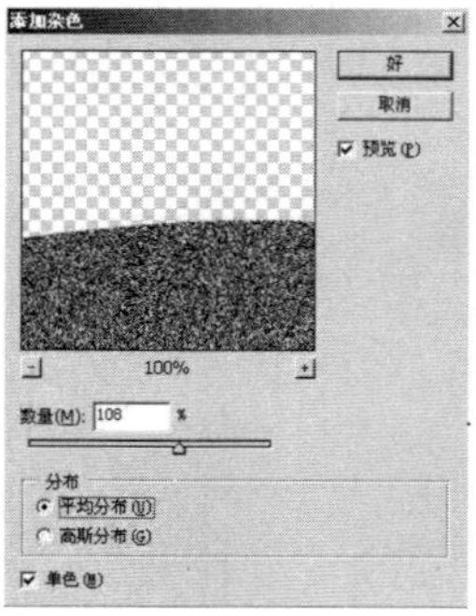


图 2-09g

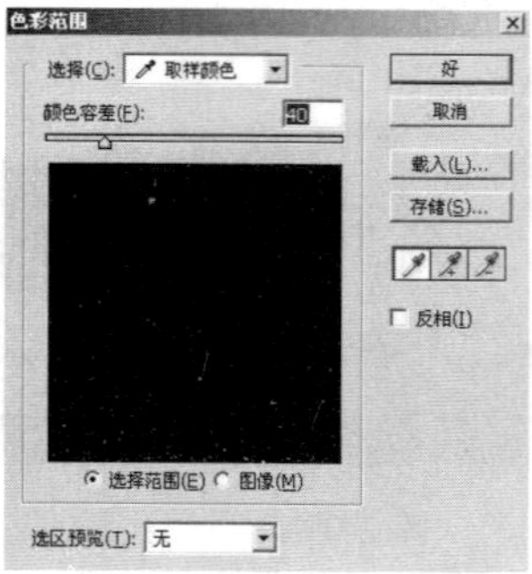


图 2-09h

图 2-09i

第 8 步：将下侧的路径载入选区，使用工具箱中的画笔工具，使用直径为 9 Pixels、硬度为 0%、颜色为纯黄色的笔刷沿路径勾边界，保留选区，如图 2-09j 所示。

第 9 步：新建图层，执行“选择”>“羽化”命令将其羽化，填充为纯黑色作为阴影，如图 2-09k 所示。

图 2-09j

图 2-09k

第 10 步：在图层面板将阴影层透明度设为 50%，并按键盘上的下移键和右移键各 4 下，如图 2-09l 所示。

第 11 步：选择椭圆选框工具建立圆形选区，填充白色作为眼睛，如图 2-09m 所示。

图 2-09l

图 2-09m

6. 保存文件

第 12 步：将最终结果以 Xps2-09.tif 为文件名保存在考生文件夹下。

## 2.10　第 10 题解答

1. 建立文件

第 1 步：建立一个新文件：640×480 Pixels、72 Pixels/inch、RGB 模式、背景色为白色。

2. 打开文件

第 2 步：打开 C:\2003PS7\Yps2-10.tif 文件，如图 2-10a 所示。

3. 绘制路径

第 3 步：使用钢笔工具沿左侧黄花的外轮廓绘制一个封闭的路径，如图 2-10b 所示。

图 2-10a

图 2-10b

4. 编辑路径

第 4 步：将花的路径轮廓线复制到新文件中，再复制一个独立的新路径，将它们分别放置在左、右两侧（要求有两个独立的 Path 路径），如图 2-10c 所示。

图 2-10c

5. 绘画填充

第 5 步：新建图层 1，将左侧路径载入选区，然后填充为纯黄色，如图 2-10d 所示。使用工具箱中的画笔工具，使用直径为 5 Pixels、硬度为 0%、颜色为纯红色的笔刷沿路径勾边界，如图 2-10e 所示。

图 2-10d

图 2-10e

第 6 步：选择工具箱中椭圆选框工具，建立正圆形。再用“选择”>“羽化”命令将选区羽化，数值设为 8，然后填充为纯红色作为花蕊，如图 2-10f 所示。

第 7 步：另建一个图层 2，将右侧路径载入选区，填充为纯红色，如图 2-10g 所示；用喷笔工具喷出红花的黄色边缘，如图 2-10h 所示。同样方法做出纯黄色花蕊，如图 2-10i 所示。

图 2-10f

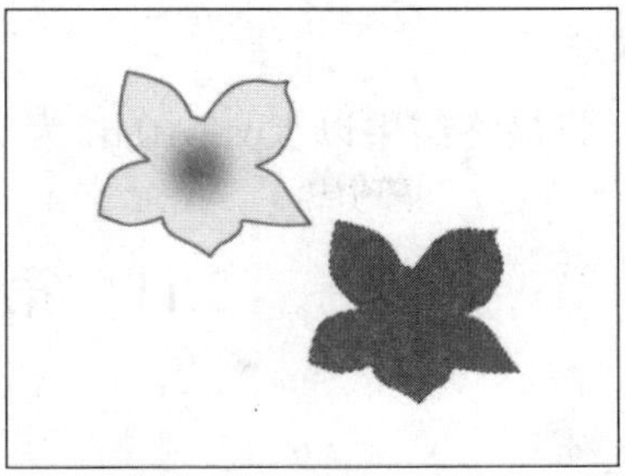

图 2-10g

图 2-10h

图 2-10i

第 8 步：保留右侧花形的选区，新建图层 3，执行“选择”>“羽化”命令将其羽化，数值设为 5，如图 2-10j 所示；填充为纯黑色，如图 2-10k 所示。

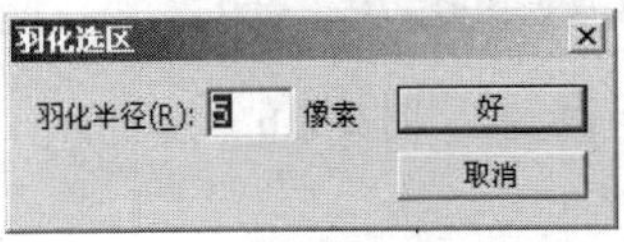


图 2-10j

图 2-10k

第 9 步：在图层面板设置阴影层透明度为 50%，如图 2-10l 所示；按键盘上的下移键和右移键各 4 下，如图 2-10m 所示。

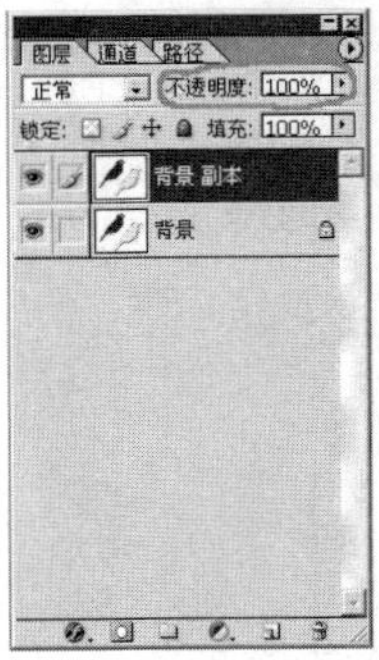


图 2-10l

图 2-10m

6. 保存文件

第 10 步：将最终结果以 Xps2-10.tif 为文件名保存在考生文件夹下。

## 2.11 第 11 题解答

1. 建立文件

第 1 步：建立一个新文件：640×480 Pixels、72 Pixels/inch、RGB 模式、背景色为白色。

2. 打开文件

第 2 步：打开 C:\2003PS7\Yps2-11.tif 文件，如图 2-11a 所示。

3. 绘制路径

第 3 步：使用钢笔工具沿苹果的外轮廓勾出一个封闭的路径，如图 2-11b 所示。

图 2-11a

图 2-11b

4. 编辑路径

第 4 步：将苹果路径复制到新文件中，再复制一个独立的新路径。执行“编辑”>“变换”>“水平翻转”命令，将左侧的路径水平翻转，放置在左、右两侧（要求有两个独立的 Path 轮廓），如图 2-11c 所示。

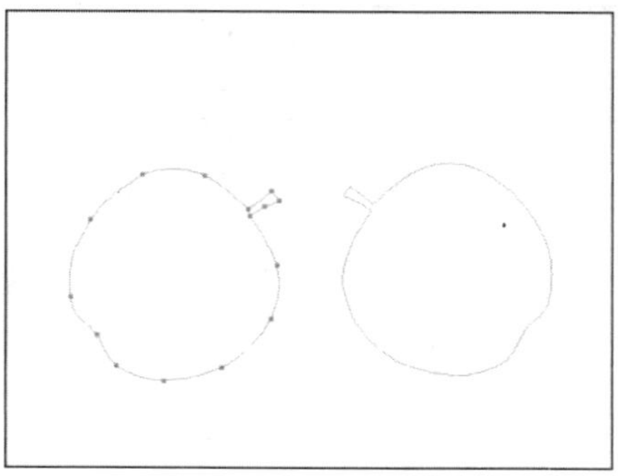

图 2-11c

5. 绘画填充

第 5 步：新建图层 1 将左侧的路径载入选区，用工具箱中的渐变工具填充成红—黄的径向渐变效果，如图 2-11d 所示。

第 6 步：保留选区，建立图层 2，放在苹果图层的下一层。执行“选择”>“羽化”命令，羽化数值为 5，填充为黑色，作为苹果的阴影。

第 7 步：然后按键盘上的下移键和右移键各 5 下，图像效果如图 2-11e 所示。

第 8 步：另建图层 3 将右侧的路径载入选区，填充为纯绿色，四周用喷笔工具喷出纯黄色渐变效果，如图 2-11f 所示。

第 9 步：保留选区，使用工具箱中的画笔工具，使用直径为 1 Pixels、硬度为 1%、颜色为黑色的笔刷沿路径勾边界，如图 2-11g 所示。

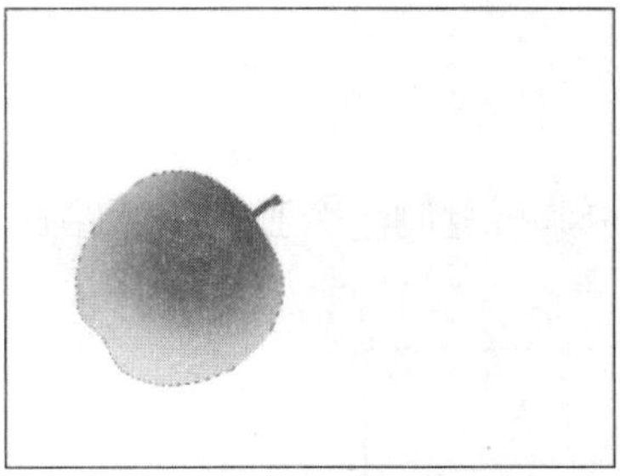

图 2-11d

图 2-11e

图 2-11f

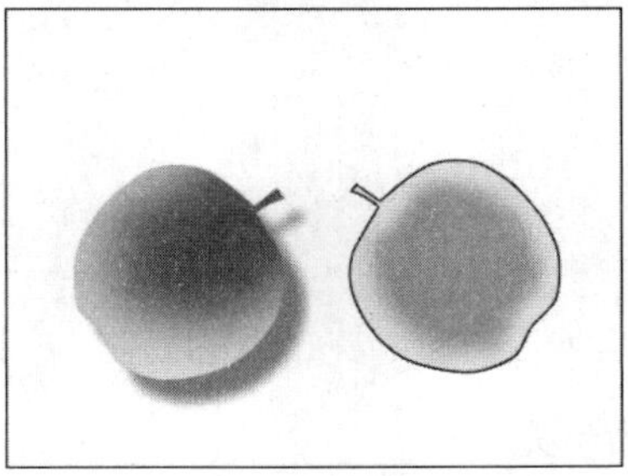

图 2-11g

6. 保存文件

第 10 步：将最终结果以 Xps2-11.tif 为文件名保存在考生文件夹下。

## 2.12　第 12 题解答

1. 建立文件

第 1 步：建立一个新文件：640×480 Pixels、72 Pixels/inch、RGB 模式、背景色为白色。

2. 打开文件

第 2 步：打开 C:\2003PS7\Yps2-12.tif 文件，如图 2-12a 所示。

3. 绘制路径

第 3 步：使用钢笔工具沿小鸭的外轮廓绘制一个封闭的路径，如图 2-12b 所示。

图 2-12a

图 2-12b

4. 编辑路径

第 4 步：将小鸭的路径轮廓线复制到新文件中，再复制一个独立的新路径，将它们分别放置在上、下两侧，如图 2-12c 所示。

图 2-12c

5. 绘画填充

第 5 步：新建图层 1，将上方的路径载入选区，填充为纯黄色，如图 2-12d 所示。选择喷笔工具将眼睛和嘴喷成黑色，如图 2-12e 所示。

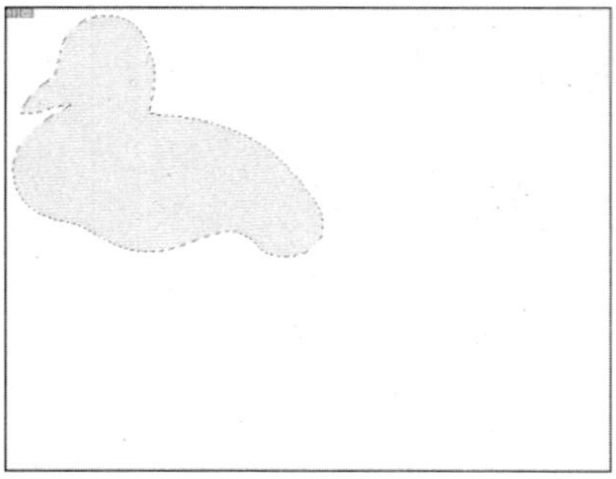

图 2-12d

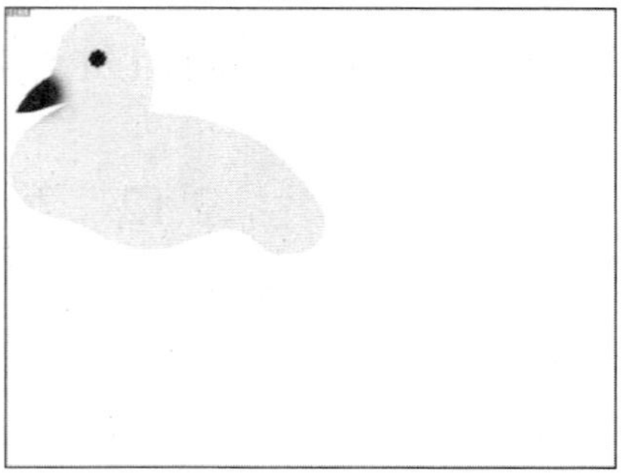

图 2-12e

第 6 步：另建图层 2，将下方路径载入选区，用工具箱中的渐变工具填充为纯黄—白色的径向渐变，如图 2-12f 所示。

第 7 步：再选择喷笔工具将嘴喷成黑色，如图 2-12g 所示。

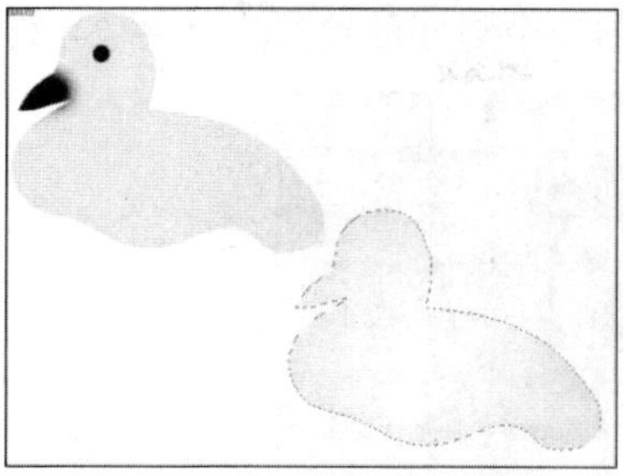

图 2-12f

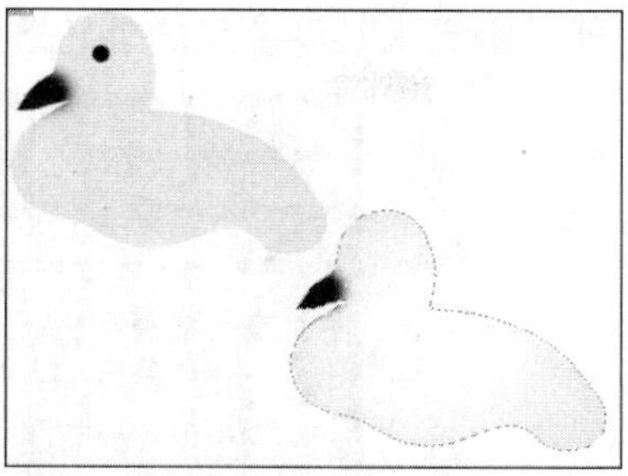

图 2-12g

第 8 步：保留选区，使用工具箱中的画笔工具，使用直径为 1 Pixels、硬度为 100%、颜色为黑色的笔刷沿路径勾边界。加黑色圆点作为眼睛，用工具箱中的画笔在下方画几条纯绿色（R40、G180、B0）的线条，作为草地，如图 2-12h 所示。

图 2-12h

6. 保存文件

第 9 步：将最终结果以 Xps2-12.tif 文件名保存在考生文件夹下。

## 2.13　第 13 题解答

1. 建立文件

第 1 步：建立一个新文件：640×480 Pixels、72 Pixels/inch、RGB 模式、背景色为白色。

2. 打开文件

第 2 步：打开 C:\2003PS7\Yps2-13.tif 文件，如图 2-13a 所示。

图 2-13a

3. 绘制路径

第 3 步：使用钢笔工具沿金鱼的外轮廓绘制一个封闭的路径，如图 2-13b 所示。

图 2-13b

4. 编辑路径

第 4 步：将金鱼的路径轮廓线复制到新文件中，再复制一个独立的新轮廓线，如图 2-13c 所示。

第 5 步：执行“编辑”>“变换”>“水平翻转”命令，将下方的路径水平翻转，将它们分别放置在上、下两侧，如图 2-13d 所示。

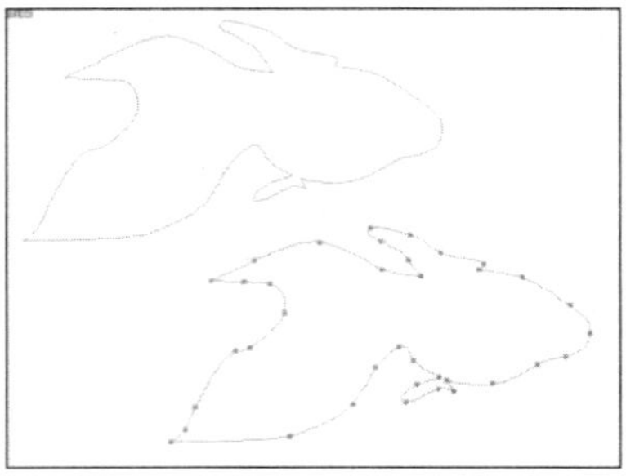

图 2-13c

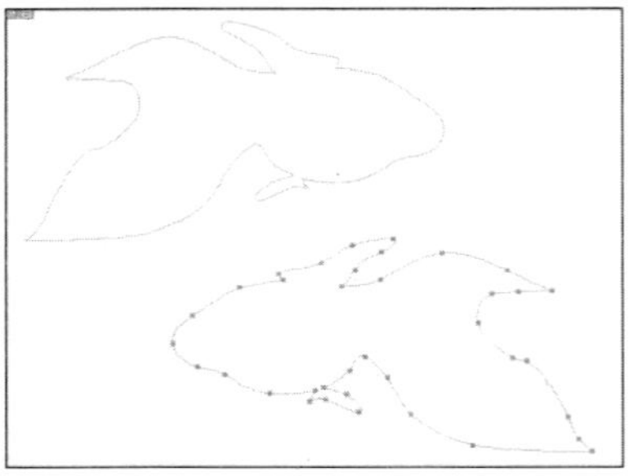

图 2-13d

第 6 步：新建图层 1，将上方路径载入选区，然后填充金黄色（R255、G140、B0），如图 2-13e 所示；用白色圆点作为眼睛，如图 2-13f 所示。

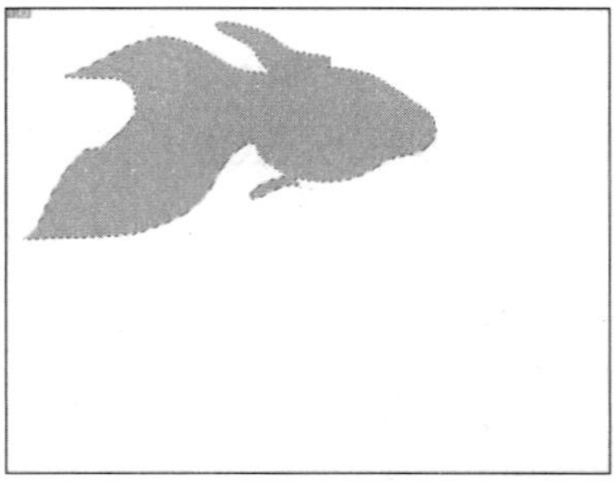

图 2-13e

图 2-13f

第 7 步：另建图层 2，将下方路径载入选区，然后填充纯黄—纯红的线性渐变，如图 2-13g 所示；保留选区，执行“选择”>“羽化”命令将其羽化，新建图层 3 填充黑色作为阴影，如图 2-13h 所示。

图 2-13g

图 2-13h

第 8 步：按 Ctrl+D 组合键取消选区，将阴影层向右下方稍稍移动，如图 2-13i 所示；加白色圆点作为眼睛，如图 2-13j 所示。

图 2-13i

图 2-13j

6．保存文件

第 9 步：将最终结果以 Xps2-13.tif 为文件名保存在考生文件夹下。

## 2.14　第 14 题解答

1．建立文件

第 1 步：建立一个新文件：640×480 Pixels、72 Pixels/inch、RGB 模式、背景色为白色。

2．打开文件

第 2 步：打开 C:\2003PS7\Yps2-14.tif 文件，如图 2-14a 所示。

图 2-14a

3. 绘制路径

第 3 步：使用钢笔工具沿杯子的外轮廓绘制一个封闭的路径，如图 2-14b 所示。

4. 编辑路径

第 4 步：将杯子路径轮廓线复制到新文件中，再复制一个新的路径，将它们分别放置在左、右两侧，如图 2-14c 所示。

图 2-14b

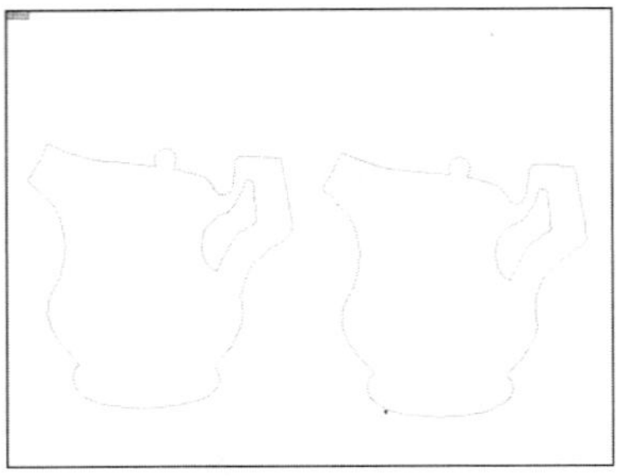

图 2-14c

5. 绘画填充

第 5 步：新建图层 1，将左侧的路径载入选区，然后填充为纯绿色，如图 2-14d 所示。

第 6 步：另建图层 2，将右侧的路径载入选区，填充纯蓝—白的径向渐变。画出一小圆形选区也填充白—蓝径向渐变作为杯盖的把手，如图 2-14e 所示；保留选区，执行“编辑”>“描边”命令，作出纯蓝色的边缘线，如图 2-14f 所示。

第 7 步：仍然保留选区，执行“选择”>“羽化”命令将其羽化，建立图层 3，填充黑色做为阴影，如图 2-14g 所示。

图 2-14d

图 2-14e

图 2-14f

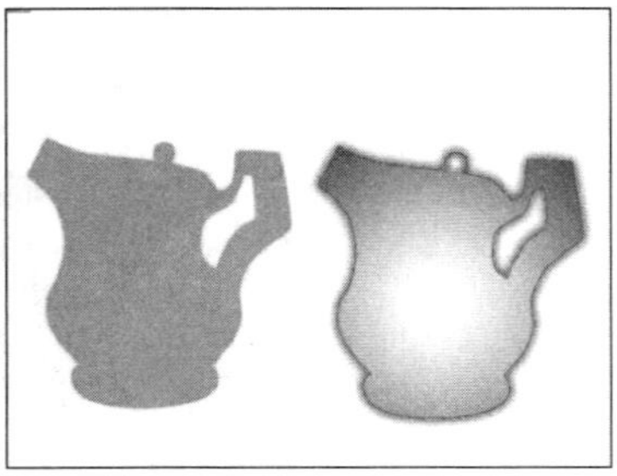

图 2-14g

第 8 步：执行“编辑”>“变换”>“斜切”命令将阴影变形在右下方斜放，如图 2-14h 所示；调整后效果如图 2-14i 所示。

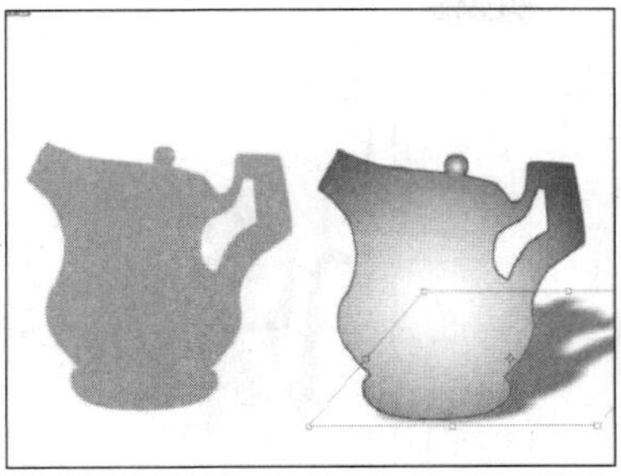
图 2-14h

图 2-14i

6. 保存文件

第 9 步：将最终结果以 Xps2-14.tif 为文件名保存在考生文件夹下。

## 2.15　第 15 题解答

1. 建立文件

第 1 步：建立一个新文件：640×480 Pixels、72 Pixels/inch、RGB 模式、背景色为白色。

2. 打开文件

第 2 步：打开 C:\2003PS7\Yps2-15.tif 文件，如图 2-15a 所示。

3. 绘制路径

第 3 步：使用钢笔工具沿茶壶的外轮廓绘制一个封闭的路径，如图 2-15b 所示。

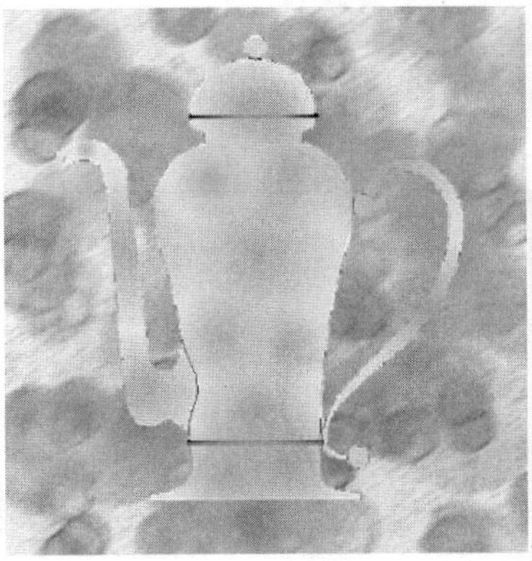
图 2-15a

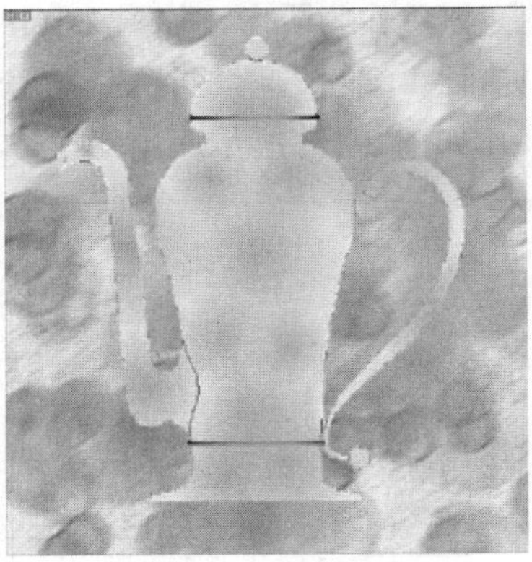
图 2-15b

4. 编辑路径

第 4 步：将茶壶的路径轮廓线复制到新文件中，再复制一个独立的新路径，将它们左右放置，如图 2-15c 所示。

5. 绘画填充

第 5 步：新建图层 1，将左侧的路径载入选区，填充为纯蓝色，如图 2-15d 所示；用喷笔工具喷出白色的高光，如图 2-15e 所示。

图 2-15c

图 2-15d

图 2-15e

第 6 步：另建图层 2，将右侧的路径载入选区，填充纯黄色，如图 2-15f 所示；边缘用喷笔工具喷出红色渐变立体效果，如图 2-15g 所示。

图 2-15f

图 2-15g

第 7 步：保留选区，执行“选择”>“羽化”命令将其羽化。建立图层 3，将之放在壶的下一层，填充黑色作为阴影，如图 2-15h 所示。

第 8 步：执行“编辑”>“变换”>“斜切”命令，将阴影变形然后右下方斜放，将透明度设为 50%，如图 2-15i 所示应用变换。

图 2-15h

图 2-15i

6. 保存文件

第 9 步：将最终结果以 Xps2-15.tif 为文件名保存在考生文件夹下。

# 2.16　第 16 题解答

1．建立文件

第 1 步：建立一个新文件：640×480 Pixels、72 Pixels/inch、RGB 模式、背景色为白色。

2．打开文件

第 2 步：打开 C:\2003PS7\Yps2-16.tif 文件，如图 2-16a 所示。

3．绘制路径

第 3 步：使用钢笔工具沿小鹿的外轮廓绘制一个封闭的路径，如图 2-16b 所示。

图 2-16a

图 2-16b

4．编辑路径

第 4 步：将小鹿的路径复制到新文件中，再复制一个独立的新路径，将它们左右放置，如图 2-16c 所示；执行“编辑”>“变换”>“水平翻转”命令，将右侧的路径水平翻转，如图 2-16d 所示。

图 2-16c

图 2-16d

5．绘画填充

第 5 步：新建图层 1，将左侧的路径载入选区，填充为纯黄色，如图 2-16e 所示；执行“编辑”>“描边”命令勾勒出颜色为（R240、G160、B0）的边缘线，加纯黑色圆点作为眼睛和鼻子，如图 2-16f 所示。

第 6 步：另建图层 2，将右侧的路径载入选区，填充纯黄色—纯红色的径向渐变，如

图 2-16g 所示；加黑色圆点作眼睛和鼻子，如图 2-16h 所示。

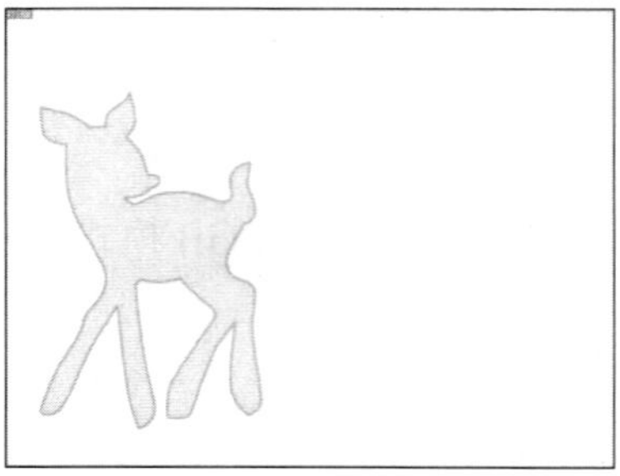

图 2-16e

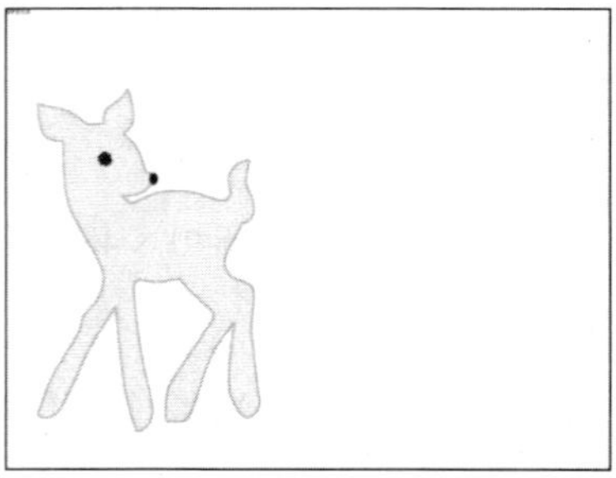

图 2-16f

图 2-16g

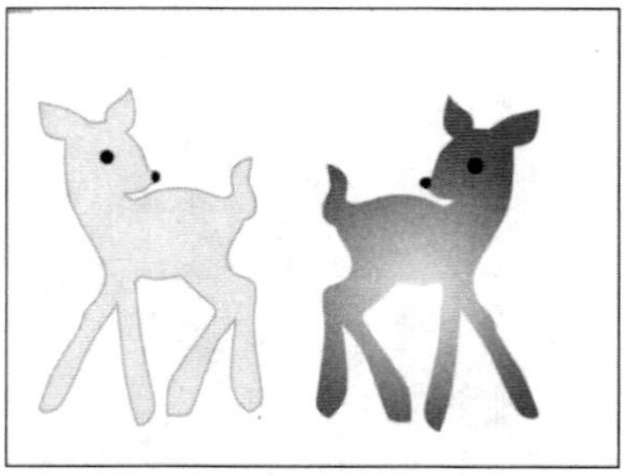

图 2-16h

第 7 步：保留选区，执行“选择”>“羽化”命令将其羽化；建立图层 3，填充黑色作为阴影，如图 2-16i 所示；执行“编辑”>“变换”>“斜切”命令将阴影变形在右下方斜放，如图 2-16j 所示。

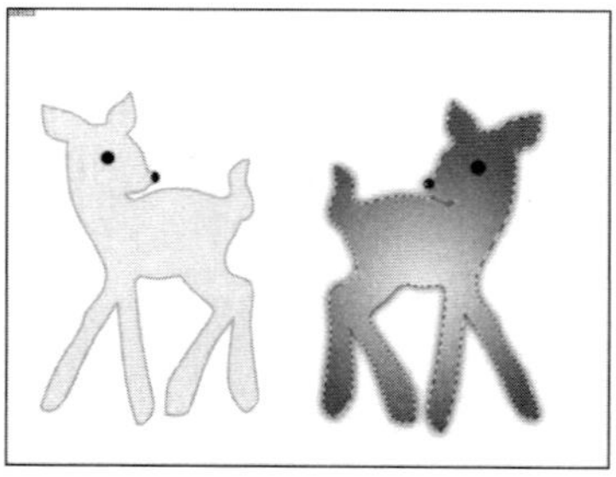

图 2-16i

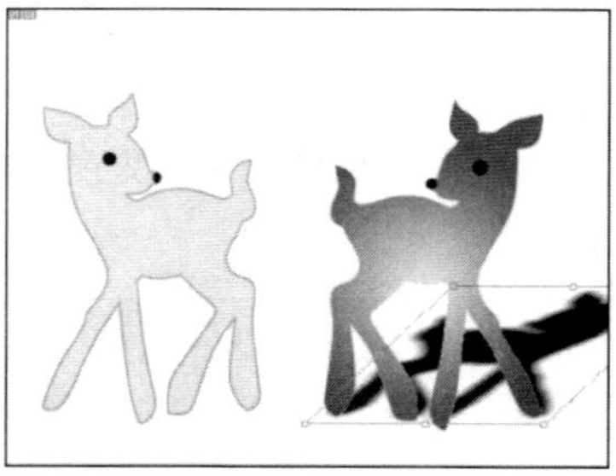

图 2-16j

第 8 步：在图层面板将图层 3 的透明度设成 50%，如图 2-16k 所示。

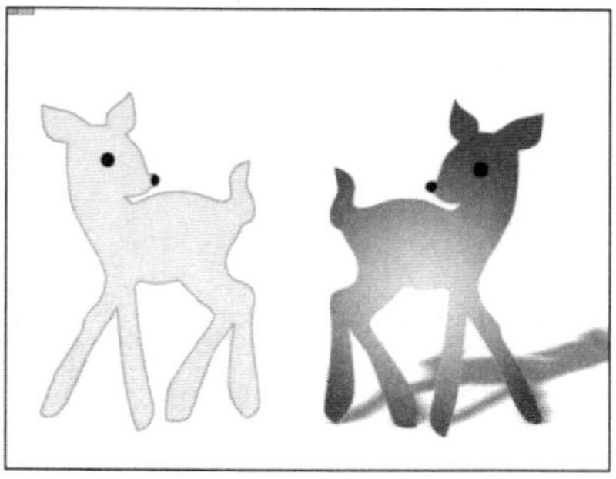

图 2-16k

6. 保存文件

第 9 步：将最终结果以 Xps2-16.tif 为文件名保存在考生文件夹下。

## 2.17　第 17 题解答

1. 建立文件

第 1 步：建立一个新文件：640×480 Pixels、72 Pixels/inch、RGB 模式、背景色为白色。

2. 打开文件

第 2 步：打开 C:\2003PS7\Yps2-17.tif 文件，如图 2-17a 所示。

3. 绘制路径

第 3 步：使用钢笔工具沿鸽子的外轮廓绘制一个封闭的路径，如图 2-17b 所示。

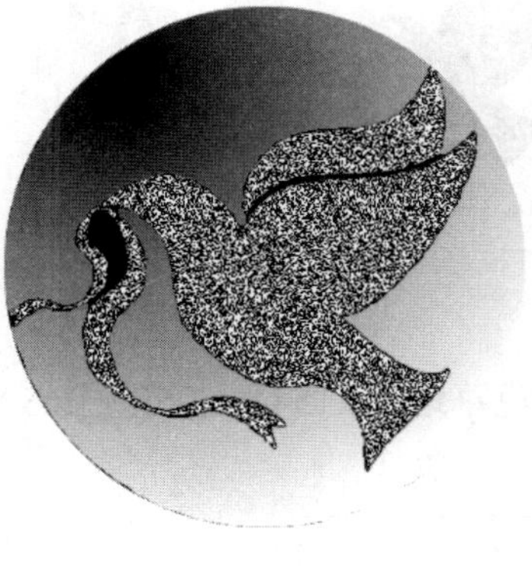

图 2-17a

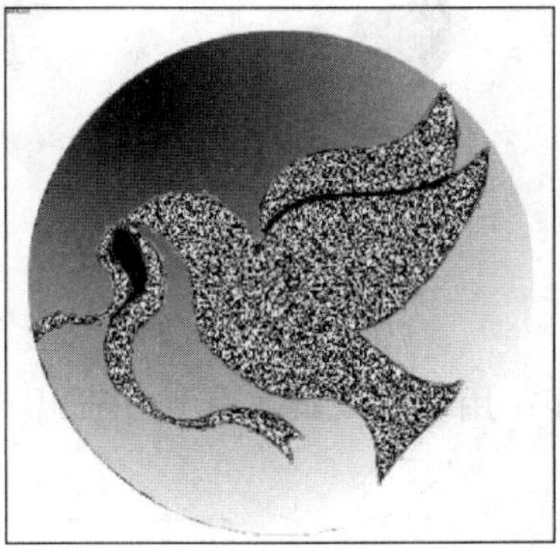

图 2-17b

4. 编辑路径

第 4 步：将鸽子的路径轮廓线复制到新文件中，再复制一个独立的新路径，将它们左右放置，如图 2-17c 所示；执行“编辑”>“变换”>“水平翻转”命令将右侧的路径水平翻转，如图 2-17d 所示。

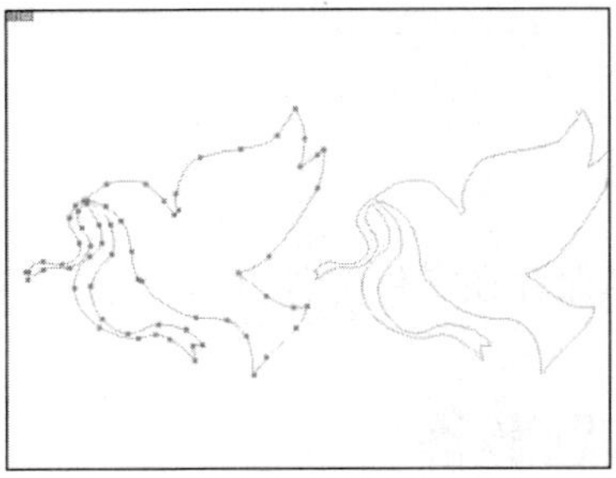

图 2-17c

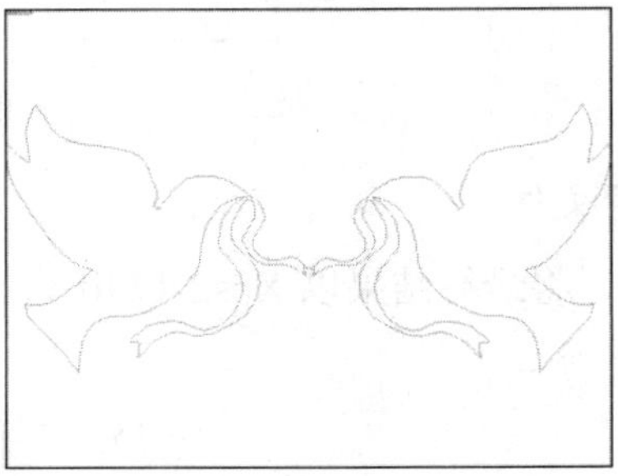

图 2-17d

5. 绘画填充

第 5 步：建立图层 1，将左侧的路径载入选区，填充为纯蓝色，如图 2-17e 所示。

第 6 步：加纯白色圆点作为眼睛，如图 2-17f 所示。

图 2-17e

图 2-17f

第 7 步：另建图层 2，将右侧的路径轮廓线载入选区，填充纯蓝色—纯白色的径向渐变，如图 2-17g 所示；加白色圆点作眼睛，如图 2-17h 所示。

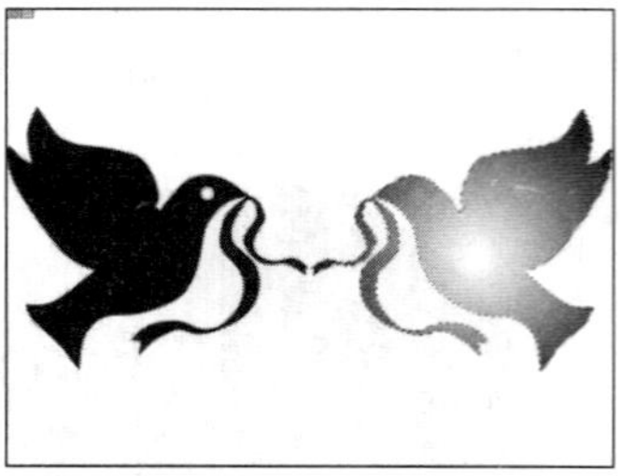

图 2-17g

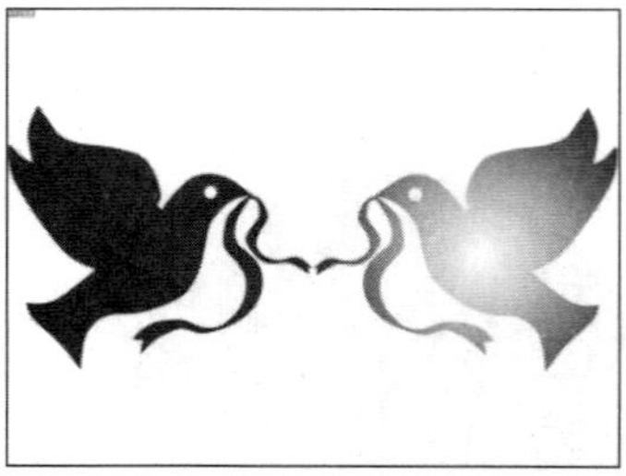

图 2-17h

第 8 步：用喷笔工具在右下方喷出一块浅绿色草地（R154、G255、B63），如图 2-17i 所示。

图 2-17i

6. 保存文件

第 9 步：将最终结果以 Xps2-17.tif 为文件名保存在考生文件夹下。

## 2.18 第 18 题解答

1. 建立文件

第 1 步：建立一个新文件：640×480 Pixels、72 Pixels/inch、RGB 模式、背景色为白色。

2. 打开文件

第 2 步：打开 C:\2003PS7\Yps2-18.tif 文件，如图 2-18a 所示。

3. 绘制路径

第 3 步：使用钢笔工具沿树叶的外轮廓绘制一个封闭的路径，如图 2-18b 所示。

图 2-18a

图 2-18b

4. 编辑路径

第 4 步：将叶子的路径复制到新文件中，再复制一个独立的新路径，把它们放置在图像的左右两侧，如图 2-18c 所示。

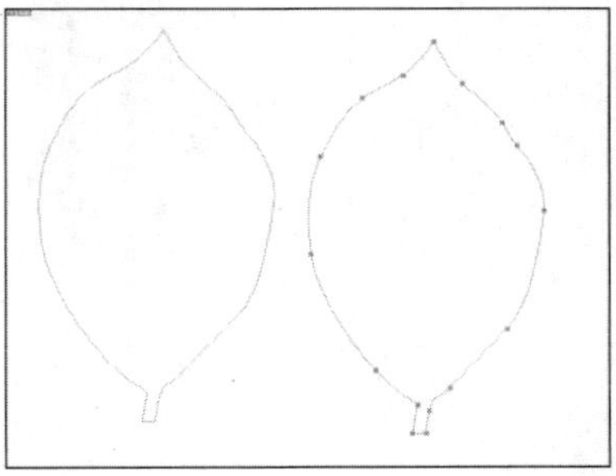

图 2-18c

5. 绘画填充

第 5 步：建立图层 1，将左侧的叶子路径载入选区，然后填充为纯绿色，再选择喷笔工具喷出纯黑色的叶柄，如图 2-18d 所示。

第 6 步：选择工具箱中的铅笔工具，设置大小，颜色为深绿色，画出深绿色的叶脉，如图 2-18e 所示。

图 2-18d

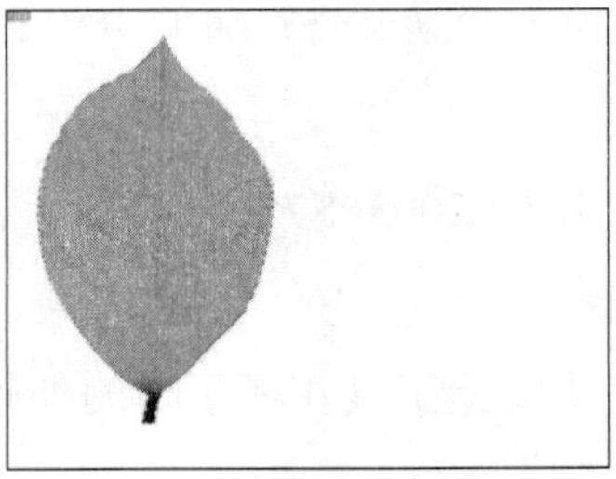

图 2-18e

第 7 步：另建图层 2，将右侧的叶子路径载入选区，然后填充为土黄色（R255、G200、B0），选择喷笔工具喷出叶子的红色边缘（R255、G50、B0），如图 2-18f 所示；再选择工具箱中的铅笔工具画出浅黄色的叶脉（R255、G255、B0），如图 2-18g 所示。

图 2-18f

图 2-18g

第 8 步：保留选区，执行“选择”>“羽化”命令将其羽化，建立图层 3，填充黑色作为阴影，如图 2-18h 所示；在图层面板中将阴影图层透明度设为 50%，再选择移动工具向右下方移动少许，如图 2-18i 所示。

图 2-18h

图 2-18i

6. 保存文件

第 9 步：将最终结果以 Xps2-18.tif 为文件名保存在考生文件夹下。

## 2.19 第 19 题解答

1. 建立文件

第 1 步：建立一个新文件：640×480 Pixels、72 Pixels/inch、RGB 模式、背景色为白色。

2. 打开文件

第 2 步：打开 C:\2003PS7\Yps2-19.tif 文件，如图 2-19a 所示。

3. 绘制路径

第 3 步：使用钢笔工具在椰子树的外轮廓绘制一个封闭的路径，如图 2-19b 所示。

图 2-19a

图 2-19b

4. 编辑路径

第 4 步：将椰子树的路径轮廓线复制到新文件中，再复制一个独立的新路径，放置在图像的左右两侧，如图 2-19c 所示。

图 2-19c

5. 绘画填充

第 5 步：新建图层 1，将左侧椰子树的路径载入选区，填充为纯绿色，如图 2-19d 所示。再选择喷笔工具喷出深咖啡色（R100、G50、B20）的树干，如图 2-19e 所示。

图 2-19d

图 2-19e

第 6 步：另建图层 2，将右侧的椰子树路径载入选区，然后填充为绿色—白色的渐变色，如图 2-19f 所示；保留选区，执行“编辑”>“描边”命令，勾勒出深绿色的边缘线，如图 2-19g 所示。

图 2-19f

图 2-19g

第 7 步：仍然保留选区，执行“选择”>“羽化”命令将其羽化；建立图层 3，填充黑色作为阴影，如图 2-19h 所示。

第 8 步：执行“编辑”>“变换”>“斜切”命令，将阴影变形至树的右下方，设置阴影图层透明度为 50%，如图 2-19i 所示。

图 2-19h

图 2-19i

第 9 步：用橡皮擦擦去阴影中树叶的部分，选择画笔工具画出土黄色（R199、G159、B109）的果实，如图 2-19j 所示。

图 2-19j

6. 保存文件

第 10 步：将最终结果以 Xps2-19.tif 为文件名保存在考生文件夹下。

## 2.20　第 20 题解答

1. 建立文件

第 1 步：建立一个新文件：640×480 Pixels、72 Pixels/inch、RGB 模式、背景色为白色。

2. 打开文件

第 2 步：打开 C:\2003PS7\Yps2-20.tif 文件，如图 2-20a 所示。

3. 绘制路径

第 3 步：使用钢笔工具沿大象的外轮廓绘制一个封闭的路径，如图 2-20b 所示。

图 2-20a

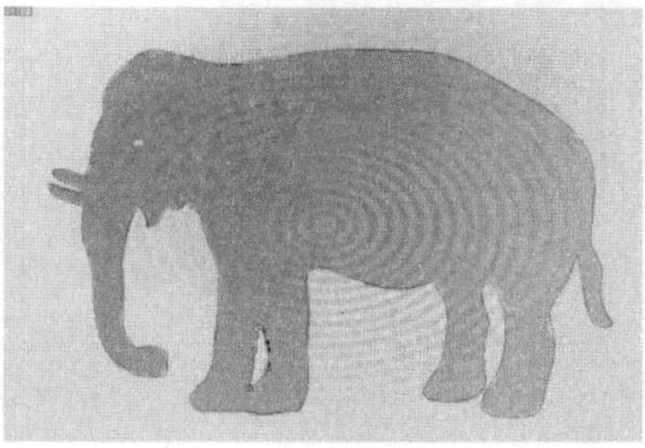

图 2-20b

4. 编辑路径

第 4 步：将大象的路径轮廓线复制到新文件中，再复制一个独立的新路径，将它们上下放置，如图 2-20c 所示。

图 2-20c

5. 绘画填充

第 5 步：新建图层 1，将上侧的大象路径载入选区，填充为浅灰色（R191、G191、B191），如图 2-20d 所示。

第 6 步：建立小正圆形选区，填充黑色作为眼睛，如图 2-20e 所示。

图 2-20d

图 2-20e

第 7 步：另建图层 2，将下方的大象路径载入选区，然后填充为深灰色（R98、G98、B98），再选择喷笔工具喷出大象身上的边缘区域，如图 2-20f 所示；加黑色圆点作为眼睛，如图 2-20g 所示。

图 2-20f

图 2-20g

第 8 步：选择喷笔工具喷出浅绿色草地（R46、G255、B46），如图 2-20h 所示。

图 2-20h

6. 保存文件

第 9 步：将最终结果以 Xps2-20.tif 为文件名保存在考生文件夹下。

# 第 3 单元　选定技巧

## 3.1　第 1 题解答

1. 打开文件

第 1 步：打开 C:\2003PS7\Yps3a-01.tif、C:\2003PS7\Yps3b-01.tif 和 C:\2003PS7\Yps3c-01.psd 文件，如图 3-01a、3-01b 和 3-01c 所示。

图 3-01a

图 3-01b

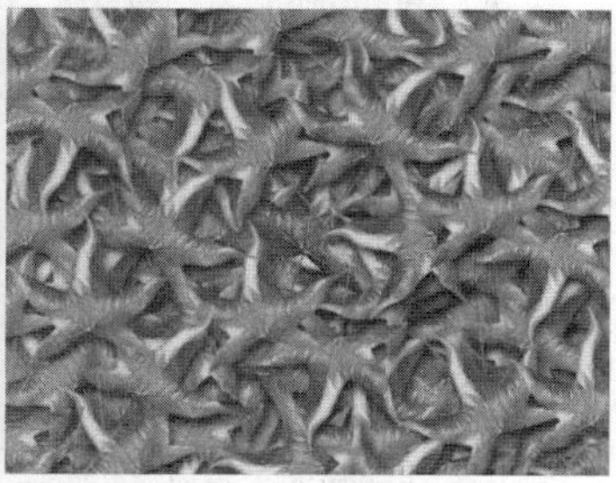

图 3-01c

2. 选择区域

第 2 步：把图 3-01a 作为当前文件，选择魔棒工具，在魔棒选项栏里设置容差值为 62 像素，选中“消除锯齿”和“连续的”两个选项，其他为默认设置，选择其中一个蓝色的球，执行“选择”>“选区相似”命令，效果如图 3-01d 所示；再执行“选择”>“反选”命令，然后填充为黑色，取消选区，如图 3-01e 所示。

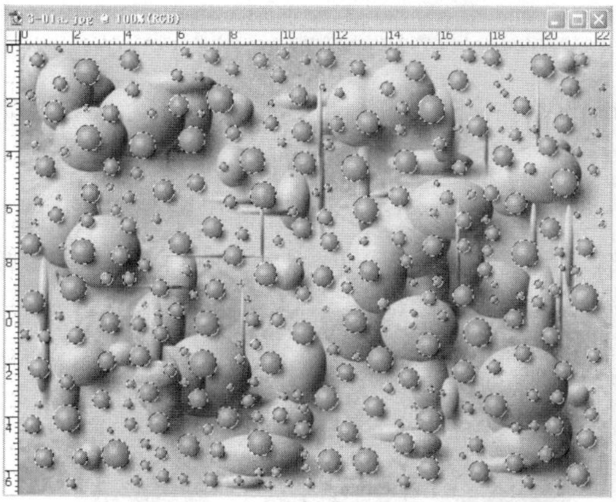

图 3-01d

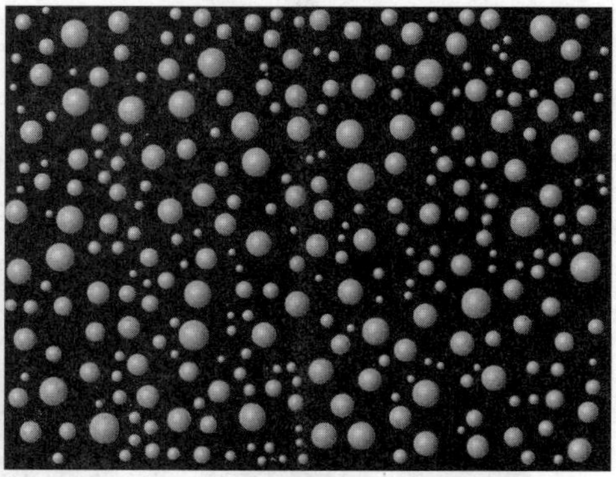

图 3-01e

第 3 步：继续用魔棒工具选中图 3-01b 中的黑色背景，执行“选择”>“反选”命令，选择移动工具将其移至当前文件中，如图 3-01f 所示。

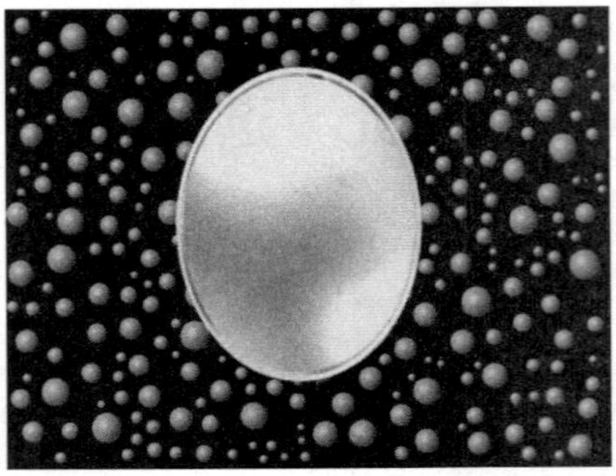

图 3-01f

3. 编辑调整

第 4 步：给金盘做出白色光晕效果，在图层面板下单击按钮，在弹出的对话框中按图 3-01g 所示进行设置。

第 5 步：设置完成后，单击“好”按钮，效果如图 3-01h 所示。

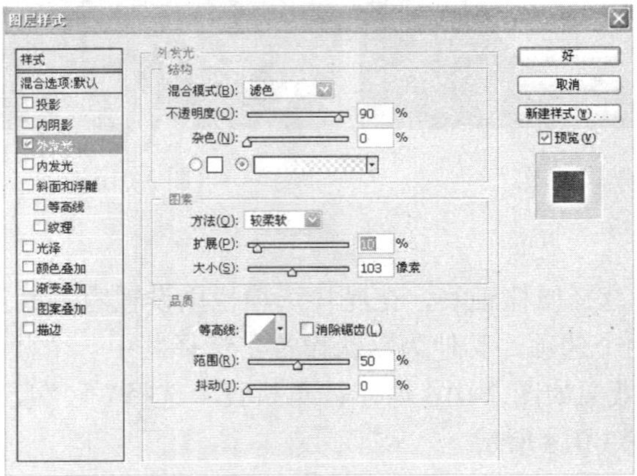


图 3-01g

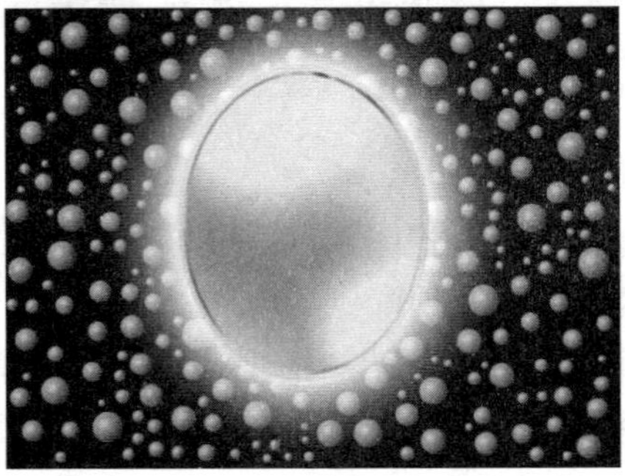

图 3-01h

第 6 步：在图 3-01c 中选择图层 Layer2 中的紫色树叶，选择移动工具将其移至当前文件中，如图 3-01i 所示。

第 7 步：把紫色的叶子载入选区，执行“选择”>“修改”>“收缩”命令，缩小选区，然后使叶子和选区中心对齐，按 Delete 键删除，如图 3-01j 所示。

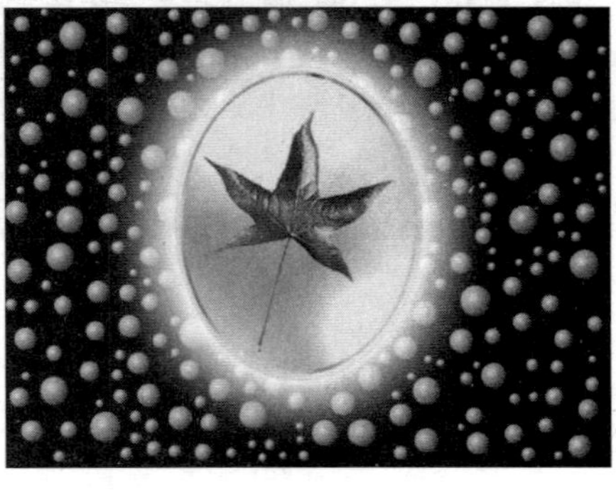

图 3-01i

图 3-01j

4．保存文件

第 8 步：将最终效果以 Xps3-01.tif 为文件名保存在考生文件夹下。

## 3.2　第 2 题解答

1．建立文件

第 1 步：建立一个新文件：340×480 pixels、72 pixels/inch、RGB 模式、背景色为白色。

第 2 步：对新建文件设置渐变色，选择渐变工具，设置白色至纯蓝（R0、G0、B255）的线性渐变，如图 3-02a 所示。

第 3 步：打开 C:\2003PS7\Yps3-02.tif 文件，如图 3-02b 所示。

图 3-02a

图 3-02b

2．选择区域

第 4 步：选择魔棒工具，在选项栏里设置容差值为 30 像素，用鼠标点击图 3-02b 中的黑色背景，执行“选择”>“反选”命令，如图 3-02c 所示。

第 5 步：选择移动工具把选区移动到新文件中，生成图层 1，如图 3-02d 所示。

图 3-02c

图 3-02d

3. 编辑调整

第 6 步：选择魔棒工具，在选项栏里设置容差值为 30 像素，用魔棒点击新文件“花”中的黑色，并按 Delete 键删除，细细修整，效果如图 3-02e 所示。

第 7 步：在图层面板下方单击按钮，创建图层 2，选择矩形选框工具，选中整个图像，设置羽化为 15 像素，如图 3-02f 所示。

图 3-02e

图 3-02f

第 8 步：执行“编辑”>“描边”命令，在弹出的描边对话框中，设置宽度为 60 像素，颜色为纯黄色，其他为默认，如图 3-02g 所示。

第 9 步：在图层面板中调整图层顺序，最终效果如图 3-02h 所示。

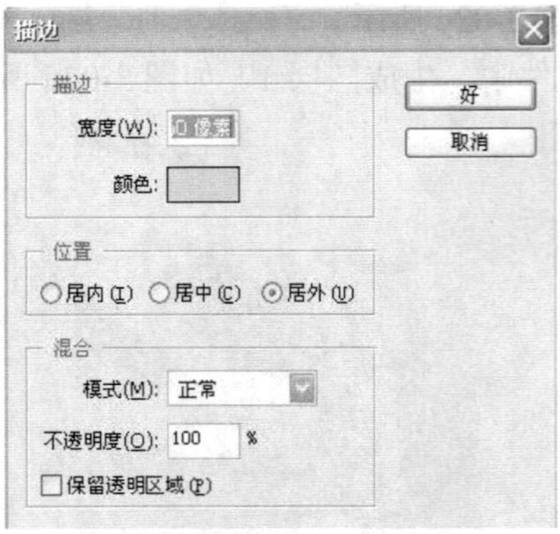


图 3-02g

图 3-02h

4. 保存文件

第 10 步：将最终效果以 Xps3-02.tif 为文件名保存在考生文件夹下。

# 3.3　第 3 题解答

1. 打开文件

第 1 步：打开 C:\2003PS7\Yps3a-03.tif 和 C:\2003PS7\Yps3b-03.tif 文件，如图 3-03a 和 3-03b 所示。

图 3-03a

图 3-03b

2. 建立选区

第 2 步：选择椭圆选框工具选中图 3-03b 女人头部，执行“选择”>“羽化”命令，设置“羽化半径”为 15 像素，如图 3-03c 所示。

3. 编辑调整

第 3 步：选择移动工具把图 3-03b 中的女人头选区移至图 3-03a 中，执行“编辑”>“变换”>“缩放”命令，缩小女人头像，放置在花心，如图 3-03d 所示。

图 3-03c

图 3-03d

第 4 步：同样选择椭圆选框工具选中图 3-03b 女人头部，注意椭圆区域大小不一样，位置不一样，执行“选择”>“羽化”命令，设置“羽化半径”为 15 像素，如图 3-03e 所示；选择移动工具把图 3-03b 中的女人头像选区移至图 3-03d 中，执行“编辑”>“变换” >“缩放”命令，缩小女人头像，放置在右下角，如图 3-03f 所示。

图 3-03e

图 3-03f

第 5 步：同第 2、3 步骤一样，只是椭圆区域大小不一样，位置不一样，羽化半径相同，如图 3-03g 所示；做出右上角的女人头像，放置在玫瑰花的右上角，如图 3-03h 所示。

图 3-03g

图 3-03h

第 6 步：同样方法做出左上角的女人头像，如图 3-03i、3-03j 所示。

图 3-03i

图 3-03j

第 7 步：按同样方法做出左下角的女人头像，如图 3-03k、3-03l 所示。

图 3-03k

图 3-03l

第 8 步：选择矩形选框工具全部选中花的背景层，执行“选择”>“羽化”命令，设置“羽化半径”为 25 像素，再执行“编辑”>“描边”命令，设置“宽度”为 50，“颜色”为白色，如图 3-03m 所示；执行描边三次，最终效果如图 3-03n 所示。

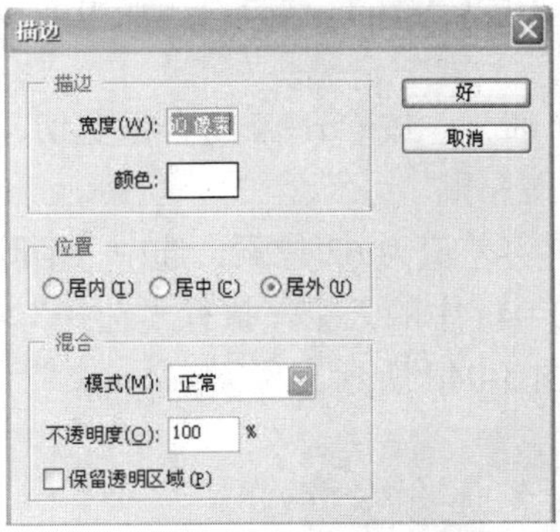


图 3-03m

图 3-03n

4. 保存文件

第 9 步：将最终效果以 Xps3-03.tif 为文件名保存在考生文件夹下。

## 3.4　第 4 题解答

1. 打开文件

第 1 步：打开 C:\2003PS7\Yps3a-04.tif、C:\2003PS7\Yps3b-04.tif 和 C:\2003PS7\Yps3c-04.tif 文件，如图 3-04a、3-04b 和 3-04c 所示。

图 3-04a

图 3-04b

图 3-04c

2. 建立选区

第 2 步：把图 3-04a 作为当前文件，在选项面板中双击背景层，在弹出的对话框中单击“好”按钮，激活背景层为图层 0。

第 3 步：选择矩形选框工具选中图 3-04a 上半部分，按 Ctrl+X 组合键剪切，在图层面板下方单击 按钮，新建图层 1，按 Ctrl+V 组合键粘贴。

第 4 步：选择魔棒工具，在魔棒选项栏里设置容差值为 62 像素，选中“消除锯齿”和“连续的”两个选项，其他为默认设置，点击图 3-04a 中的天空，执行“选择”>“选区相似”命令，然后按 Delete 键删除，取消选区，如图 3-04d 所示。

图 3-04d

第 5 步：再选择魔棒工具，在魔棒选项栏里设置容差值为 62 像素，选中“消除锯齿”和“连续的”两个选项，其他为默认设置，点击图 3-04b 中房子的上空，按住 Shift 键进行加选，然后按 Delete 键删除，取消选区，如图 3-04e 所示。

第 6 步：选择移动工具把房子移动到图 3-04a 中，自动生成图层 2，在图层面板调整图层的顺序，如图 3-04f 所示，效果如图 3-04g 所示。

第 7 步：选择矩形选框工具，选择图 3-04c 中的天空，如图 3-04h 所示。

图 3-04e

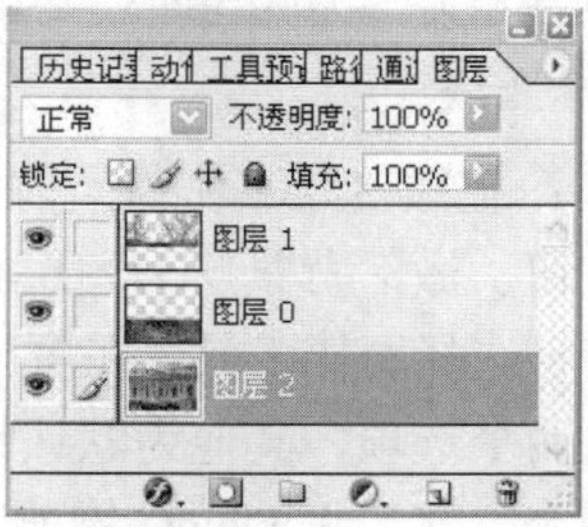


图 3-04f

图 3-04g

图 3-04h

3. 编辑调整

第 8 步：选择移动工具把图 3-04c 中的天空移动到当前文件中，自动生成图层 3，在图层面板调整图层的顺序，如图 3-04i 所示，最终效果如图 3-04j 所示。

图 3-04i

图 3-04j

4. 保存文件

第 9 步：将最终效果以 Xps3-04.tif 为文件名保存在考生文件夹下。

# 3.5 第 5 题解答

1. 打开文件

第 1 步：打开 C:\2003PS7\Yps3a-05.tif、C:\2003PS7\Yps3b-05.tif 和 C:\2003PS7\Yps3c-05.tif 文件，如图 3-05a、3-05b 和 3-05c 所示。

2. 选择区域

第 2 步：把图 3-05a 作为当前文件，在选项面板中双击背景层，在弹出的对话框中单击“好”按钮，激活背景层为图层 0。

第 3 步：选择魔棒工具，在魔棒选项栏里设置容差值为 32 像素，选中“消除锯齿”和“连续的”两个选项，其他为默认设置，点击图 3-05a 树缝中的白色，执行“选择”>“选区相似”命令，然后按 Delete 键删除，取消选区，如图 3-05d 所示。

图 3-05a

图 3-05b

图 3-05c

图 3-05d

3. 编辑调整

第 4 步：选择移动工具把图 3-05b 移至当前文件中，自动生成图层 1，在图层面板调整图层的顺序，把图层 1 放置在图层 0 的下方，效果如图 3-05e 所示。

第 5 步：选择移动工具把图 3-05c 移至当前文件中，自动生成图层 2，在图层面板调整图层的顺序，把图层 2 放置在最上层，效果如图 3-05f 所示。

图 3-05e

图 3-05f

第 6 步：选择魔棒工具，在魔棒选项栏里设置容差值为 32 像素，选中“消除锯齿”、“连续的”两个选项，其他为默认设置，点击图层 2 中的白色，然后按 Delete 键删除，取消选区，如图 3-05g 所示。

第 7 步：选择钢笔工具，在图层 0 中勾勒树的一部分，在路径面板的下方单击“将路径作为选区载入”按钮，如图 3-05h 所示。

图 3-05g

图 3-05h

第 8 步：按 Ctrl+C 组合键复制，在图层面板下方单击 按钮，新建图层 3，按 Ctrl+V 组合键粘贴；在图层面板调整图层的顺序，如图 3-05i 所示。

第 9 步：最终效果如图 3-05j 所示。

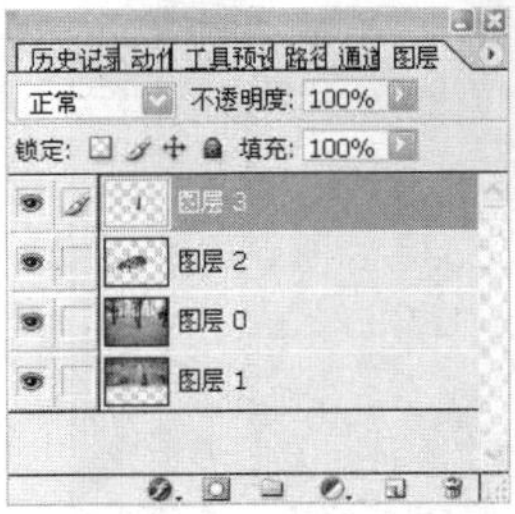


图 3-05i

图 3-05j

4. 保存文件

第 10 步：将最终效果以 Xps3-05.tif 为文件名保存在考生文件夹下。

# 3.6　第 6 题解答

1. 打开文件

第 1 步：打开 C:\2003PS7\Yps3a-06.tif、C:\2003PS7\Yps3b-06.tif 和 C:\2003PS7\Yps3c-06.tif 文件，如图 3-06a、3-06b 和 3-06c 所示。

图 3-06a

图 3-06b

图 3-06c

2. 选择区域

第 2 步：选择魔棒工具，在魔棒选项栏里设置容差值为 32 像素，其他为默认设置，单击图 3-06a 中的绿色草地，执行“选择”>“选区相似”命令，再执行“选择”>“反选”命令。若有些地方未选上可按住 Shift 键进行加选；若有些地方多余可按住 Alt 键进行减选。最后效果如图 3-06d 所示。

第 3 步：选择移动工具把树根的选区移动到图 3-06b 中，自动生成图层 1，如图 3-06e 所示。

图 3-06d

图 3-06e

第 4 步：继续用魔棒工具选择图 3-06c 中除叶子以外的背景，如图 3-06f 所示。然后执行“选择”>“反选”命令，再执行“选择”>“羽化”命令，在对话框中设置“羽化半径”为 2 像素，图像效果如图 3-06g 所示。

图 3-06f

图 3-06g

3．编辑调整

第 5 步：选择移动工具把叶子的选区移动到当前文件中，自动生成图层 2，为了使叶子和树根的比例大小相协调，执行“编辑”>“变换”>“缩放”命令，成比例缩小叶子，然后用移动工具将叶子移动到合适的位置，最终效果如图 3-06h 所示。

图 3-06h

4．保存文件

第 6 步：将最终效果以 Xps3-06.tif 为文件名保存在考生文件夹下。

## 3.7　第 7 题解答

1．打开文件

第 1 步：打开 C:\2003PS7\Yps3a-07.tif、C:\2003PS7\Yps3b-07.tif 和 C:\2003PS7\Yps3c-07.tif 文件，如图 3-07a、3-07b 和 3-07c 所示。

图 3-07a

图 3-07b

图 3-07c

第 2 步：在图层面板里双击图 3-07a 的背景层，在弹出的对话框中单击“好”按钮，激活背景层，为图层 0。

2. 选择区域

第 3 步：选择魔棒工具，在魔棒选项栏里设置容差值为 42 像素，选中“消除锯齿”和“连续的”两个选项，其他为默认设置，点击图 3-07a 中的天空，然后按 Delete 键删除天空，取消选区，如图 3-07d 所示。

第 4 步：选择套索工具，在图 3-07b 中选择红色的花，如图 3-07e 所示；选择移动工具把选中的红花移至图 3-07d 中，生成图层 1，再次选择套索工具，选择红色花中绿色的草，然后按 Delete 键删除。

3. 编辑调整

第 5 步：对红花执行“编辑”>“变换”>“缩放”命令，还有“扭曲”和“旋转”等命令，调整后效果如图 3-07f 所示。

第 6 步：在图层面板复制图层 1 为图层 1 副本，对图层 1 副本执行“编辑”>“变换”>“水平翻转”命令，调整到合适的位置，如图 3-07g 所示。

图 3-07d

图 3-07e

图 3-07f

图 3-07g

第 7 步：选择矩形选框工具，选择图 3-07c 中的蓝天白云，用移动工具移至当前文件，生成图层 2，在图层面板调整图层的顺序，如图 3-07h 所示。

第 8 步：最终效果如图 3-07i 所示。

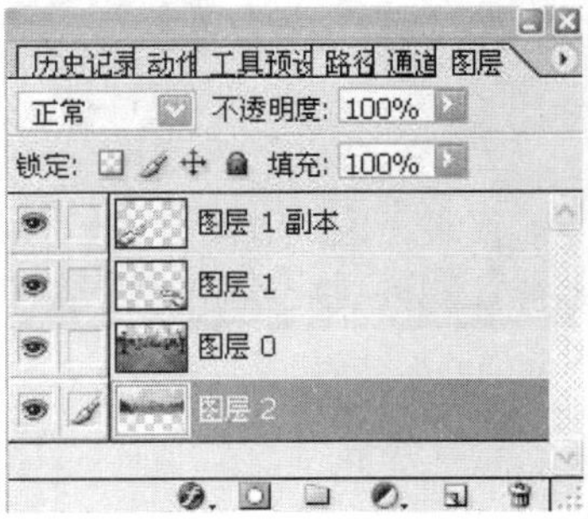


图 3-07h

图 3-07i

4．保存文件

第 9 步：将最终效果以 Xps3-07.tif 为文件名保存在考生文件夹下。

## 3.8 第 8 题解答

### 1. 打开文件

第 1 步：打开 C:\2003PS7\Yps3a-08.tif 和 C:\2003PS7\Yps3b-08.tif 文件，如图 3-08a 和 3-08b 所示。

图 3-08a

图 3-08b

### 2. 建立选区

第 2 步：选择钢笔工具，勾勒图 3-08a 中的红色仙人球，完成后在路径面板下方单击按钮，载入选区，执行“选择”>“羽化”命令，设置“羽化半径”为 2 像素，如图 3-08c 所示。

第 3 步：选择移动工具，把红色仙人球选区移动到图 3-08b 中，自动生成图层 1，调整红色仙人球的位置，效果如图 3-08d 所示。

图 3-08c

图 3-08d

### 3. 编辑调整

第 4 步：修饰仙人球，选择魔棒工具，选择红色仙人球的一部分，按住 Shift 键进行加选，如图 3-08e 所示。

第 5 步：在图层 1 里按 Ctrl+C 组合键复制，在图层面板单击按钮，建立图层 2，按 Ctrl+V 组合键粘贴，图层面板如图 3-08f 所示。

第 6 步：在图层面板里拖动图层 2 到 按钮上，复制出图层 2 副本，对图层 2 执行“编辑”>“变换”>“旋转”命令，旋转一定的角度，如图 3-08g 所示；对图层 2 副本也做同样操作，如图 3-08h 所示。

图 3-08e

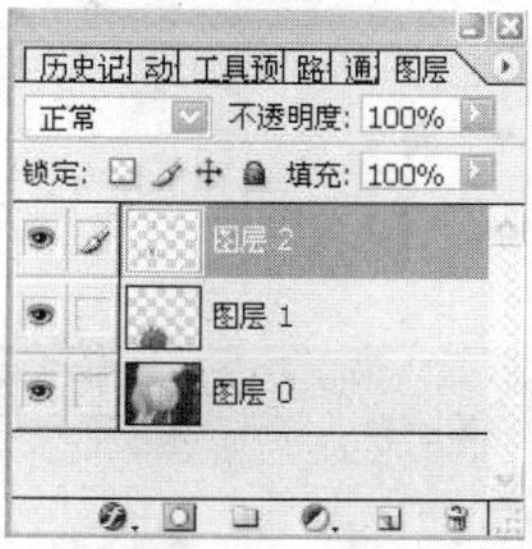


图 3-08f

图 3-08g

图 3-08h

第 7 步：在图层面板中调整图层的顺序，如图 3-08i 所示；调整后图像最终效果如图 3-08j 所示。

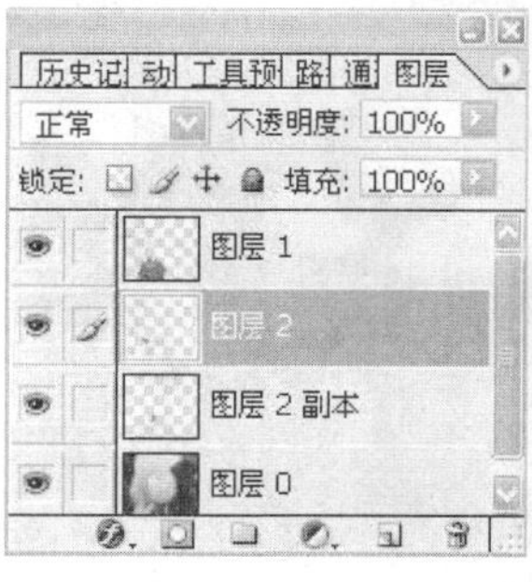


图 3-08i

图 3-08j

4. 保存文件

第 8 步：将最终效果以 Xps3-08.tif 为文件名保存在考生文件夹下。

## 3.9 第 9 题解答

1. 打开文件

第 1 步：打开 C:\2003PS7\Yps3a-09.tif 和 C:\2003PS7\Yps3b-09.tif 文件，如图 3-09a 和 3-09b 所示。

图 3-09a

图 3-09b

2. 建立选区

第 2 步：选择钢笔工具，勾勒图 3-09a 中的金属球，完成后在路径面板下方单击按钮，载入选区，如图 3-09c 所示。

第 3 步：选择移动工具把金属球的选区移动到 3-09b 中，自动生成图层 1，如图 3-09d 所示。

图 3-09c

图 3-09d

3. 编辑调整

第 4 步：在图层面板里拖动图层 1 到按钮上，复制出图层 1 副本，如图 3-09e 所示；对图层 1 副本执行“编辑”>“变换”>“缩放”命令，缩小金属球，如图 3-09f 所示。

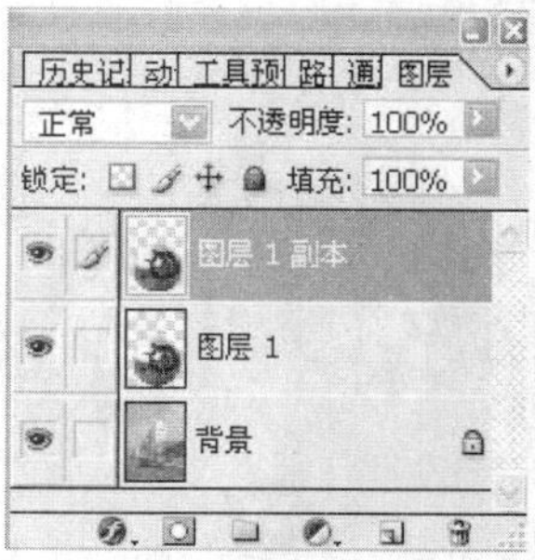


图 3-09e

图 3-09f

第 5 步：在图层 1 为当前图层下，选择椭圆选框工具，按住 Shift 键画正圆选框，如图 3-09g 所示。

第 6 步：选择移动工具，在移动工具选框栏里点击“垂直对齐”和“水平对齐”两项，如图 3-09h 所示；大金属球就和正圆选区中心对齐了，按 Delete 键删除正圆选区中的图像，然后取消选区，如图 3-09i 所示。

图 3-09g

图 3-09i

图 3-09h

第 7 步：在图层面板里复制图层 1 副本，再复制出 3 个金属小球，图层面板如图 3-09j 所示。

第 8 步：调整 4 个小金属球在大金属球中的位置，让 4 个小金属球左右、上下对齐，如图 3-09k 所示。

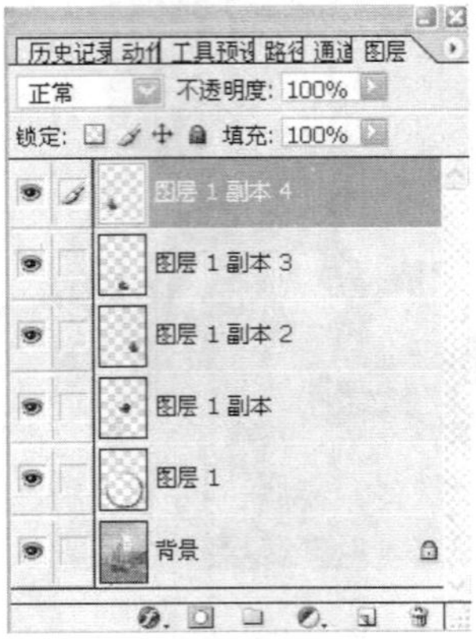


图 3-09j

图 3-09k

4. 保存文件

第 9 步：将最终效果以 Xps3-09.tif 为文件名保存在考生文件夹下。

## 3.10 第 10 题解答

1. 打开文件

第 1 步：打开 C:\2003PS7\Yps3a-10.tif 和 C:\2003PS7\Yps3b-10.tif 文件，如图 3-10a 和 3-10b 所示。

图 3-10a

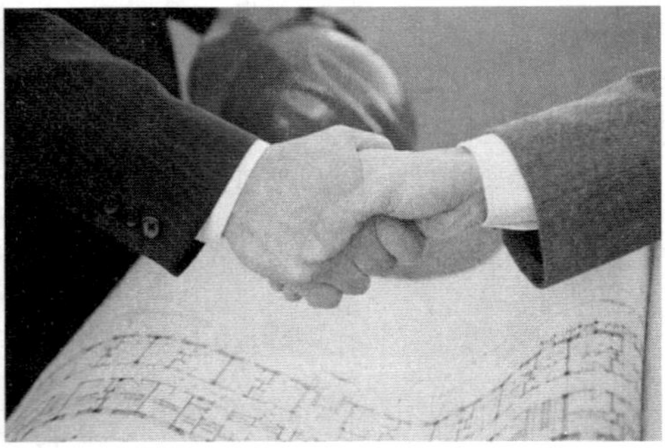

图 3-10b

2. 建立选区

第 2 步：选择钢笔工具，勾勒图 3-10b 中的两只手，完成后在路径面板下方单击按钮，载入选区，执行“选择”>“羽化”命令，设置“羽化半径”为 2 像素，如图 3-10c 所示。

3. 编辑调整

第 3 步：选择移动工具，把选区移动到图 3-10a 中，自动生成图层 1，调整两只手的大小和位置，效果如图 3-10d 所示。

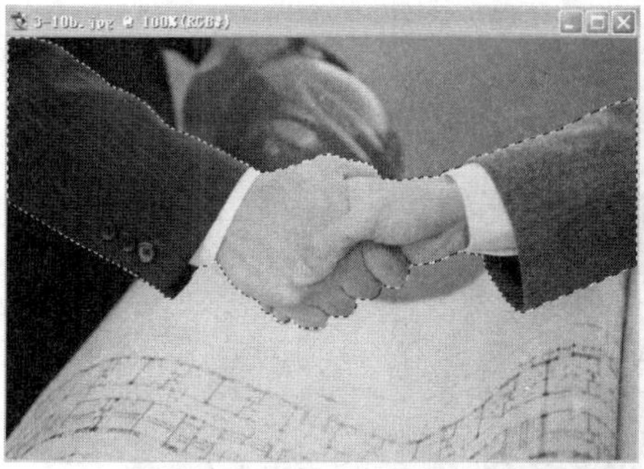

图 3-10c

图 3-10d

第 4 步：在图层面板下方单击按钮，在弹出的下拉菜单里选择“外发光”，在对话框里设置如图 3-10e 所示；设置完毕，单击“好”按钮，最终效果如图 3-10f 所示。

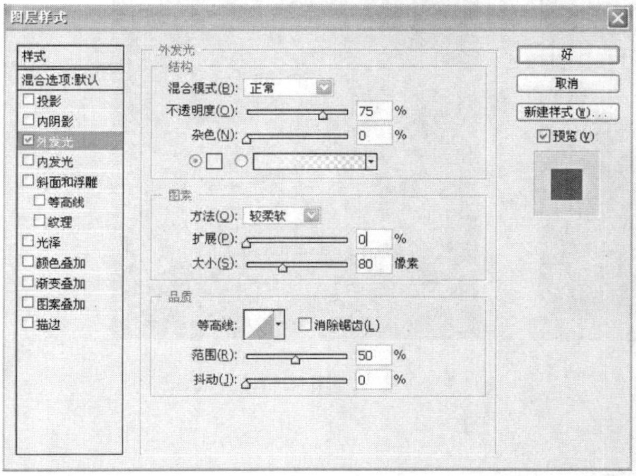


图 3-10e

图 3-10f

4. 保存文件

第 5 步：将最终效果以 Xps3-10.tif 为文件名保存在考生文件夹下。

## 3.11　第 11 题解答

1. 打开文件

第 1 步：打开 C:\2003PS7\Yps3a-11.tif、C:\2003PS7\Yps3b-11.tif 和 C:\2003PS7\Yps3c-11.tif 文件，如图 3-11a、3-11b 和 3-11c 所示。

2. 选择区域

第 2 步：选择魔棒工具，在魔棒选项栏里设置容差值为 42 像素，选中“消除锯齿”和“连续的”两个选项，其他为默认设置，点击图 3-11a 中的蓝天，执行“选择”>“选区相似”命令，再执行“选择”>“反选”命令，选中太阳花，如图 3-11d 所示。

图 3-11a

图 3-11b

图 3-11c

图 3-11d

3. 编辑调整

第 3 步：选择移动工具把太阳花移至图 3-11b 中，生成图层 1，执行“编辑”>“变换”>“缩放”命令，放大太阳花，如图 3-11e 所示。

第 4 步：在图层面板里双击图 3-11b 的背景层，在弹出的对话框中单击“好”按钮，激活背景层，为图层 0。

第 5 步：选择魔棒工具，在魔棒选项栏里设置容差值为 32 像素，选中“消除锯齿”和“连续的”两个选项，其他为默认设置，点击图中的天空，执行“选择”>“选区相似”命令，然后按 Delete 键删除，取消选区，如图 3-11f 所示。

图 3-11e

图 3-11f

第 6 步：选择移动工具把图 3-11c 移至当前文件中，生成图层 2，在图层面板调整图层顺序，如图 3-11g 所示。

第 7 步：最终效果如图 3-11h 所示。

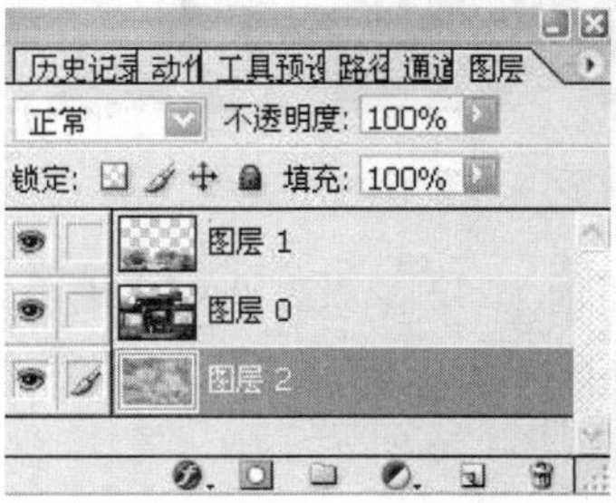


图 3-11g

图 3-11h

4．保存文件

第 8 步：将最终效果以 Xps3-11.tif 为文件名保存在考生文件夹下。

## 3.12　第 12 题解答

1．打开文件

第 1 步：打开 C:\2003PS7\Yps3a-12.tif 和 C:\2003PS7\Yps3b-12.tif 文件，如图 3-12a 和 3-12b 所示。

图 3-12a

图 3-12b

2．选择区域

第 2 步：选择魔棒工具，在魔棒选项栏里设置容差值为 62 像素，选中“消除锯齿”和“连续的”两个选项，其他为默认设置，点击图 3-12a 中的绿叶，执行“选择”>“选区相似”命令，再执行“选择”>“反选”命令，选中紫色小花，如图 3-12c 所示。

第 3 步：建立一个新文件：18×12 cm、72 pixels/inch、RGB 模式、背景色为黑色。

第 4 步：选择移动工具把图 3-12a 中的紫色小花移至新建文件中，生成图层 1，如图 3-12d 所示。

图 3-12c

图 3-12d

第 5 步：选择魔棒工具，在魔棒选项栏里设置容差值为 42 像素，选中“消除锯齿”和“连续的”两个选项，其他为默认设置，点击图 3-12b 中的白色背景，按住 Shift 键进行加选，然后执行“选择”>“反选”命令，选中铃铛，如图 3-12e 所示。

3. 编辑调整

第 6 步：选择移动工具把图 3-12b 中的铃铛移至新建文件中，生成图层 2，执行“编辑”>“变换”>“缩放”命令，适当缩小铃铛，如图 3-12f 所示。

图 3-12e

图 3-12f

第 7 步：对图层 2 铃铛做出外发光效果，在图层面板下方单击 按钮，弹出图层样式对话框，对话框的设置如图 3-12g 所示。

第 8 步：设置完成，单击“好”按钮，最终效果如图 3-12h 所示。

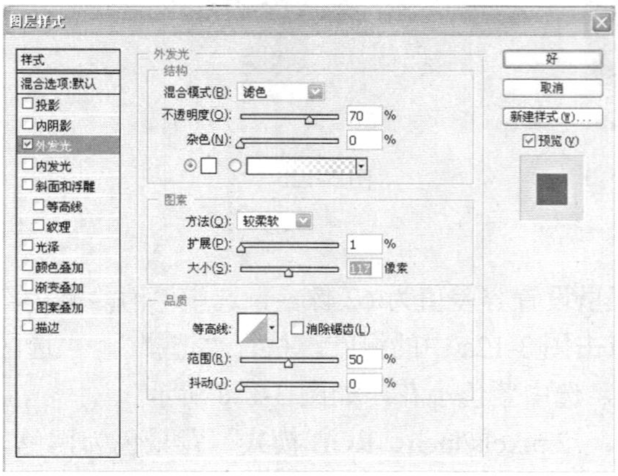


图 3-12g

图 3-12h

4. 保存文件

第 9 步：将最终效果以 Xps3-12.tif 为文件名保存在考生文件夹下。

## 3.13　第 13 题解答

1. 建立文件

第 1 步：建立一个新文件：10×8 cm、100 pixels/inch、RGB 模式、背景色为白色。

2. 建立选区

第 2 步：选择椭圆选框工具，按 Shift 键建立正圆选区，然后选择渐变工具，设置颜色为：红-紫-蓝-绿-黄-红的彩虹渐变，设置角度渐变，从正圆中心线向外拉渐变，效果如图 3-13a 所示。

第 3 步：在正圆边界作带状选定，填充为蓝—土黄二色渐变，如图 3-13b 所示。

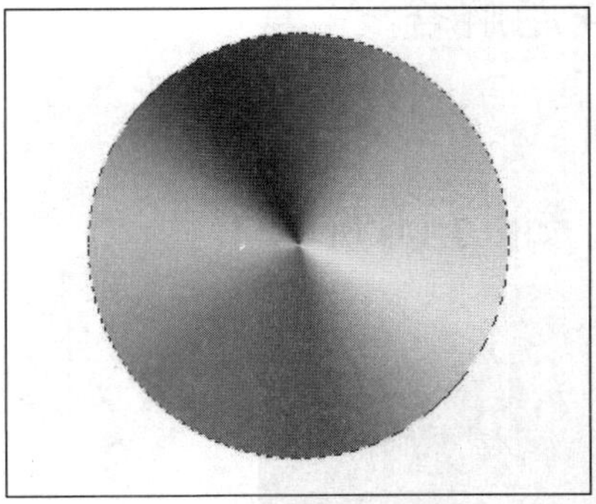

图 3-13a

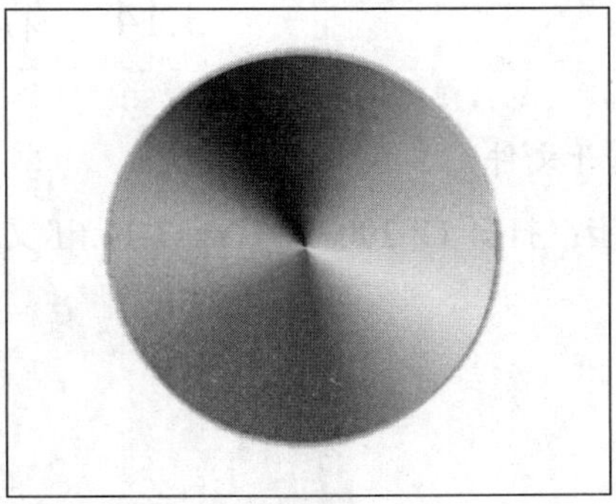

图 3-13b

3. 编辑调整

第 4 步：拉出上下标尺，放置在正圆中心，选择椭圆选框工具，按 Shift 键画小正圆选区，对齐大圆中心，如图 3-13c 所示；按 Delete 键删除，如图 3-13d 所示。

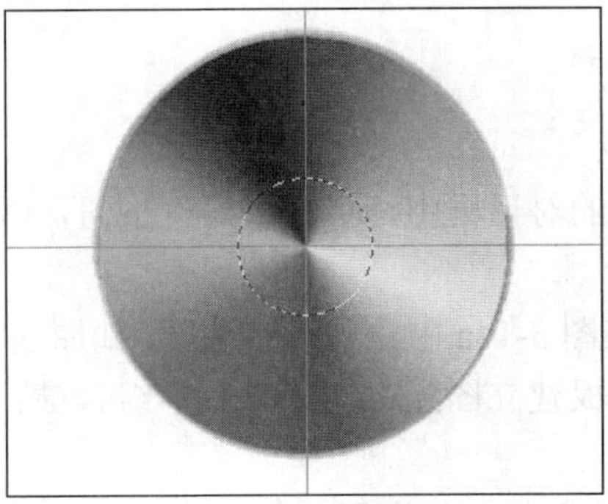

图 3-13c

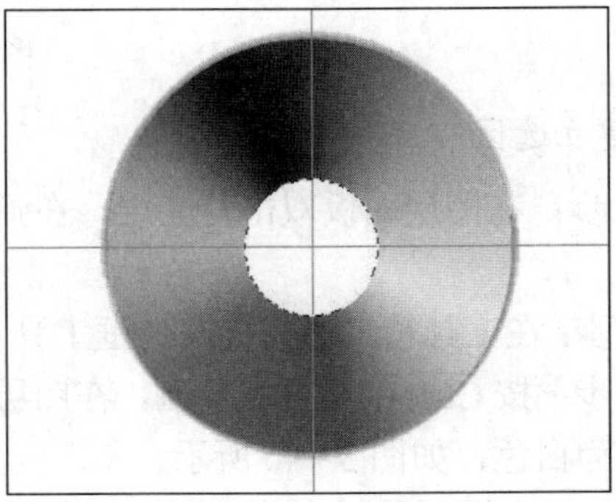

图 3-13d

第 5 步：在小正圆边界作带状选定，填充为蓝—土黄二色渐变，如图 3-13e 所示。

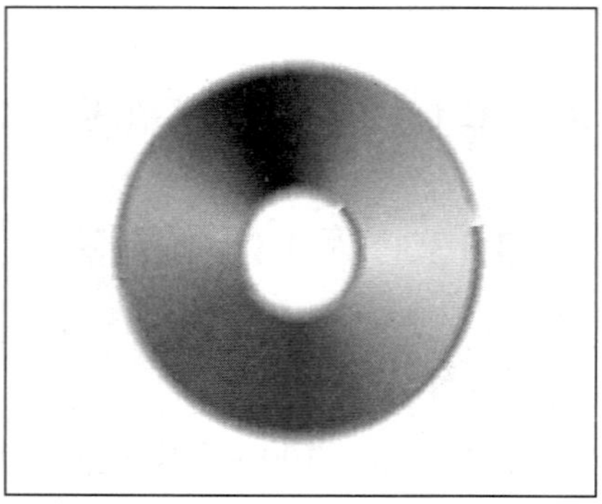

图 3-13e

4. 保存文件

第 6 步：将最终效果以 Xps3-13.tif 为文件名保存在考生文件夹下。

## 3.14　第 14 题解答

1. 打开文件

第 1 步：打开 C:\2003PS7\Yps3-14.tif 文件，如图 3-14a 所示。

图 3-14a

2. 建立选区

第 2 步：在图层面板双击背景层，在弹出的对话框中，单击“好”按钮，激活背景层为图层 0。

第 3 步：在工具箱里选择椭圆选框工具，在图 3-14a 中建立椭圆选区，如图 3-14b 所示。

第 4 步：按 Ctrl+C 组合键复制，在图层面板建立图层 1，按 Ctrl+V 组合键粘贴，把图层 0 填充为白色，如图 3-14c 所示。

第 5 步：在图层面板中单击图层 1 同时按 Ctrl 键，把图层 1 载入选区，执行“选择”>“修改”>“扩展”命令，在弹出的对话框中设置“扩展量”为 5 像素，然后单击“好”按钮；在图层面板建立图层 2，选择渐变工具，设置为线性渐变，渐变色为橘黄—黄—橘黄，在图层 2 里拉出渐变，如图 3-14d 所示。

图 3-14b

图 3-14c

图 3-14d

3. 编辑调整

第 6 步：合并所有图层，在通道面板里建立通道 Alpha1，选择文字工具输入文字“笑”，字体为“黑体”，大小为 160 点，然后取消选区，对其执行“滤镜”>“扭曲”>“水波”命令，在弹出的对话框中按图 3-14e 所示设置。

第 7 步：单击 RGB 通道，把通道 Alpha1 拖到通道面板下按钮，载入选区，填充为白色，删除通道 Alpha1，取消选择，最终效果如图 3-14f 所示。

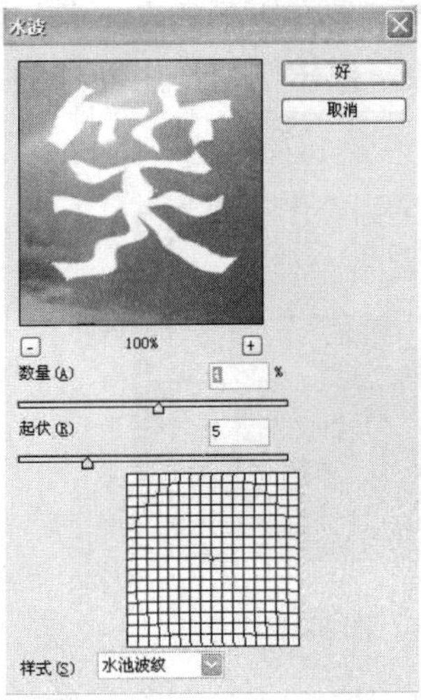


图 3-14e

图 3-14f

4. 保存文件

第 8 步：将最终效果以 Xps3-14.tif 为文件名保存在考生文件夹下。

## 3.15　第 15 题解答

1. 建立文件

第 1 步：建立一个新文件：10×10 cm、72 pixels/inch、RGB 模式、背景色为白色。

2. 建立选区

第 2 步：在图层面板建立图层 1，然后在工具箱选择矩形选框工具，按 Shift 键建立正方形选区，对其执行“选择”>“修改”>“平滑”命令，在弹出的对话框中设置取样半径为 15 像素，如图 3-15a 所示，单击“好”按钮。

第 3 步：将前景色设置为（R233、G20、B231），按 Alt+Delete 组合键填充，取消选区，如图 3-15b 所示。

图 3-15a

图 3-15b

第 4 步：在图层面板建立图层 2，选择矩形选框工具，建立矩形选区，填充为（R240、G120、B239），如图 3-15c 所示。

第 5 步：在当前图层是图层 2 的状态下，选择钢笔工具在矩形的左下角勾勒出一个路径，完成后在路径面板将其载入选区，按 Delete 键删除，做出圆角；用同样的方法在矩形的右下角做出同样的圆角，如图 3-15d 所示。

图 3-15c

图 3-15d

第 6 步：复制图层 2 为图层 3，对图层 3 执行缩放，按 Ctrl+T 组合键缩放图层 3，如图 3-15e 所示。

第 7 步：按回车键确认，在图层面板点击图层 3 并按 Ctrl 键，将图层 3 的矩形载入选区，填充为灰色。在图层面板点击图层 2，对其执行“编辑”>“描边”命令，在弹出的对话框中设置宽度为 1 像素，颜色为白色，效果如图 3-15f 所示。

图 3-15e

图 3-15f

第 8 步：回到图层 3，选择矩形选框工具建立矩形选区，按 Delete 键删除，如图 3-15g 所示。

第 9 步：对图层 3 设置投影，在图层面板下方点击按钮，在弹出的图层样式对话框中按图 3-15h 所示进行设置。

图 3-15g

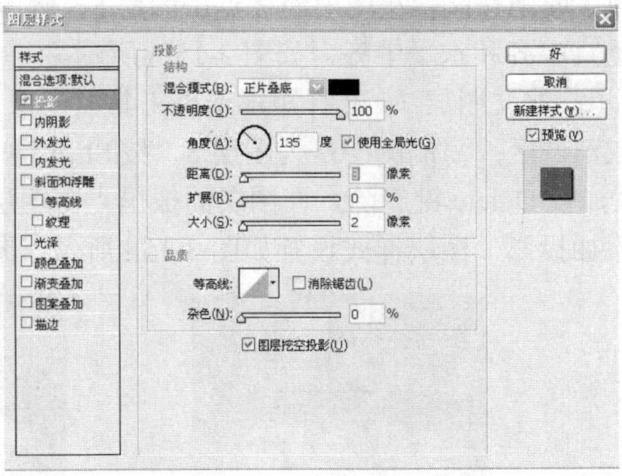


图 3-15h

第 10 步：图像效果如图 3-15i 所示。

第 11 步：建立图层 4，在工具箱中选择自定形状工具，在选项栏中找到箭头形状，如图 3-15j 所示。

图 3-15i

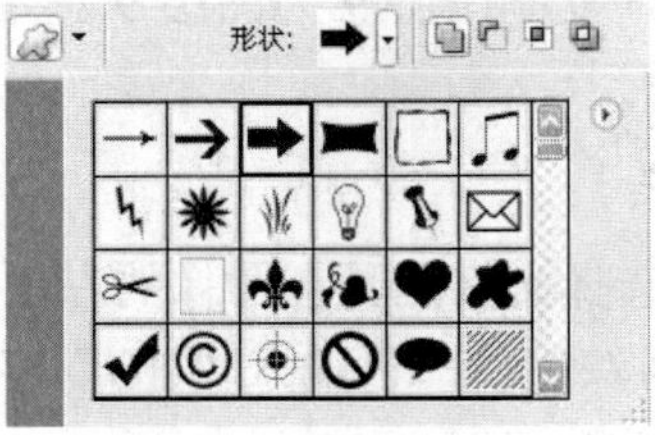


图 3-15j

第 12 步：拉出箭头，在路径面板中将其载入选区，填充为（R240、G120、B239），取消选区，按 Ctrl+T 组合键缩小箭头，在对其执行“编辑”>“变换”>“旋转 90°（逆时针）”命令，选择移动工具将其移至左上角；然后为箭头设置投影，设置如图 3-15h 所示，效果如图 3-15k 所示。

第 13 步：在图层面板建立图层 5，选择矩形工具建立矩形选区，执行“选择”>“修改”>“平滑”命令，在弹出的对话框中设置取样半径为 12 像素，填充为（R240、G120、B239），取消选区，如图 3-15l 所示。

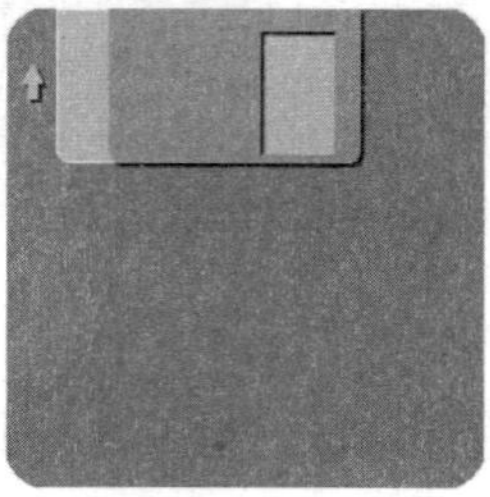

图 3-15k

图 3-15l

第 14 步：复制图层 5 为图层 6，对图层 6 执行成比例缩小，然后将图层 6 载入选区，填充为白色，取消选区，在图层面板点击图层 5，然后链接图层 6，选择移动工具，在选项栏中设置垂直中齐和水平中齐，如图 3-15m 所示。

第 15 步：建立图层 7，选择矩形选框工具在图像左下角建立一个小正方形选区，填充为黑色，取消选区；复制图层 7 为图层 8，按 Shift 键平行移动小正方形至右下角，将图层 8 载入选区，按 Delete 键删除，在图层面板里点击图层 1，再按 Delete 键删除，取消选区，对图层 1 添加投影，图层样式设置如图 3-15h 所示；图像效果如图 3-15n 所示。

图 3-15m

图 3-15n

第 16 步：建立图层 9，在工具箱中选择单行选框工具，建立选区，“编辑”>“描边”命令，在弹出的对话框中设置宽度为 1 像素，颜色为蓝色，同样再做出第 2 条，按 Ctrl+T 组合键左右缩小，复制图层 9 为图层 9 副本、图层 9 副本 1 和图层 9 副本 2，调整位置，效果如图 3-15o 所示。

3. 输入文字

第 17 步：选择文字工具在图像的左上角输入“SONY”字母，字体为“宋体”，大小为 24 点，颜色为深灰色，再输入“HD”字母，字体为“宋体”，大小为 24 点，颜色为深灰色，如图 3-15p 所示。

图 3-15o

图 3-15p

第 18 步：继续用文字工具输入“内部使用”，字体为“宋体”，大小为 18 点，颜色为黑色，再输入“上午：218 号”、“江西省科学院”，字体为“宋体”，大小为 12 点，颜色为黑色，最终效果如图 3-15q 所示。

图 3-15q

4. 保存文件

第 19 步：将最终效果以 Xps3-15.tif 为文件名保存在考生文件夹下。

# 3.16 第 16 题解答

1. 打开文件

第 1 步：打开 C:\2003PS7\Yps3-16.tif 文件，如图 3-16a 所示，通道面板如图 3-16b 所示。

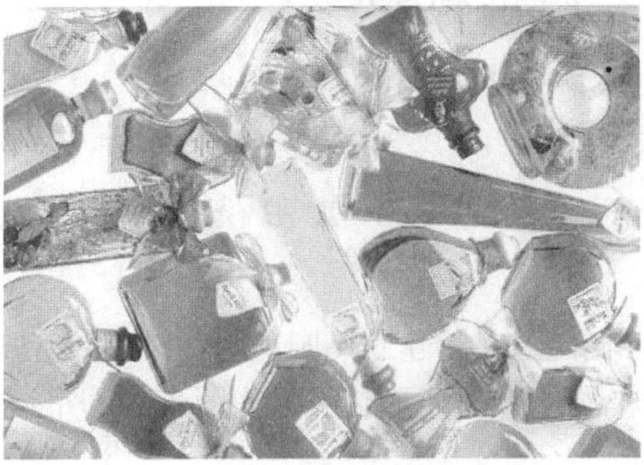

图 3-16a

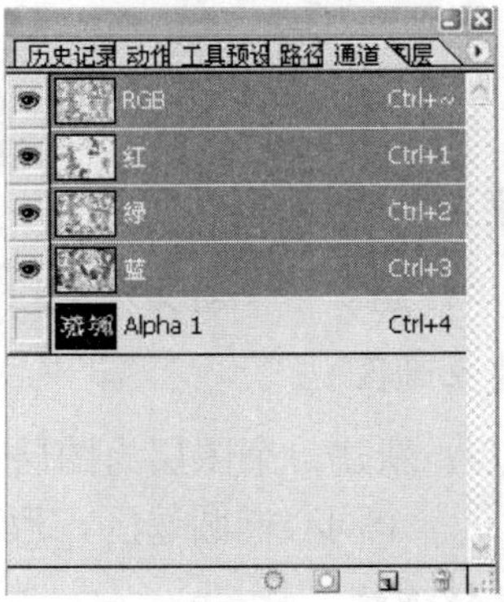


图 3-16b

2. 修改选区

第 2 步：指定 Alpha1 为当前通道，如图 3-16c 所示；在通道面板中单击 Alpha1 通道同时按 Ctrl 键，将白色字样全选，并做黑—白—黑的渐变，效果如图 3-16d 所示。

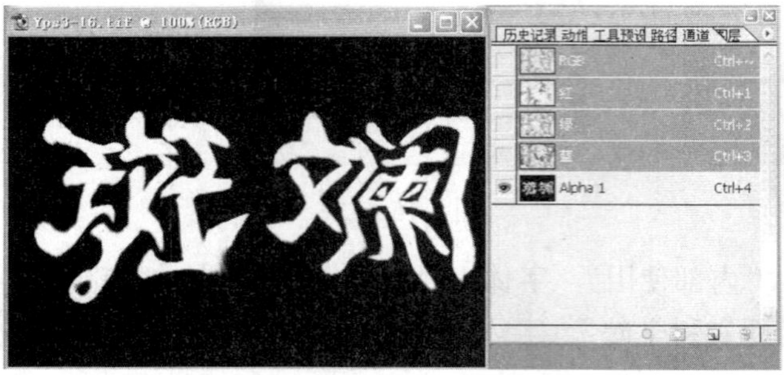


图 3-16c

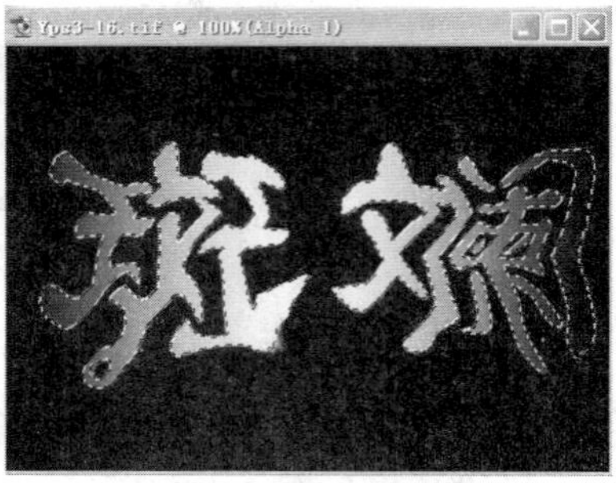

图 3-16d

3. 编辑调整

第 3 步：取消选定，指定 RGB 复合通道为当前通道，将修改后的选定调出，执行“选择”>“载入选区”命令，如图 3-16e 所示；填充纯蓝色，效果如图 3-16f 所示。

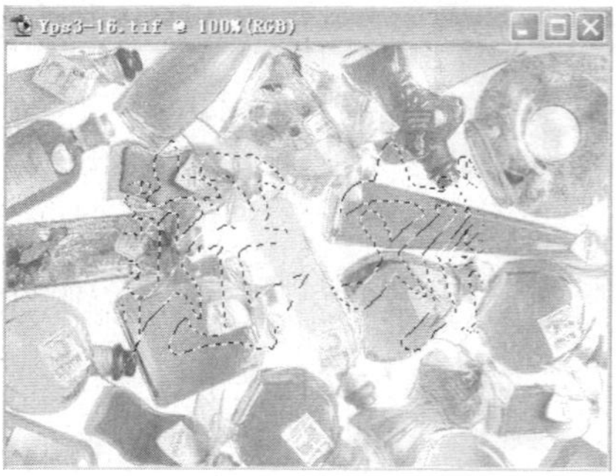

图 3-16e

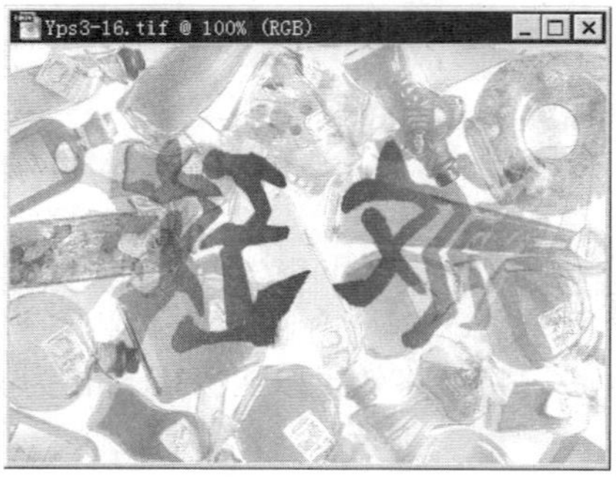


图 3-16f

4. 保存文件

第 4 步：将最终效果以 Xps3-16.tif 为文件名保存在考生文件夹下。

## 3.17 第 17 题解答

1. 建立文件

第 1 步：建立一个新文件：12×15 cm、72 pixels/inch、RGB 模式、背景色为白色。

2. 建立选区

第 2 步：新建一个图层为图层 1，选择椭圆工具，建立椭圆选区，按 Alt 键，在椭圆选区内部建立一个同心椭圆选区，形成两个椭圆相减的环形选区，如图 3-17a 所示。

3. 编辑调整

第 3 步：选择线性渐变工具，在属性栏里设置色彩渐变（红—淡红—白—淡红—红）。

从椭圆左侧到右侧填充渐变，如图 3-17b 所示。

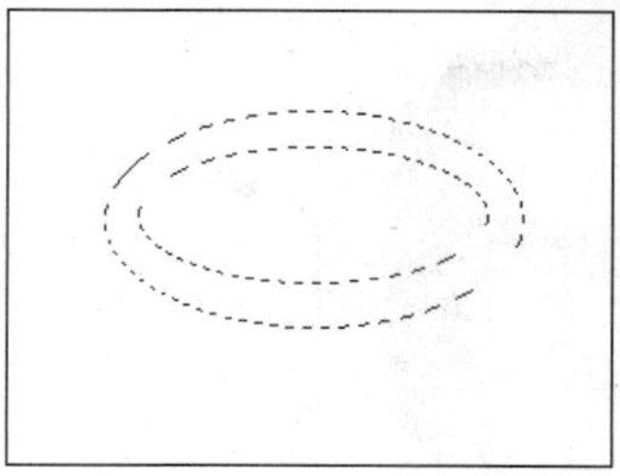

图 3-17a

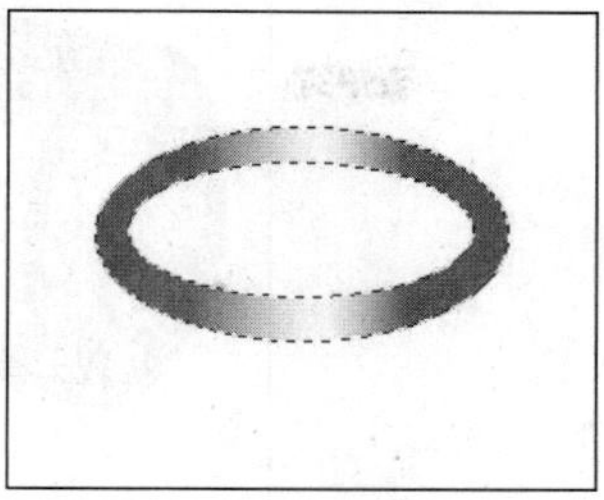

图 3-17b

第 4 步：按 Ctrl+Alt 组合键，并连续按键盘上方向键，形成竖直的管状体，将环形选区填充为深红色，如图 3-17c 所示。

第 5 步：在图层面板建立图层 2，选择椭圆工具，建立椭圆选区，按 Alt 键，在椭圆选区内部建立一个同心椭圆选区，形成两个椭圆相减的环形选区，如图 3-17d 所示。

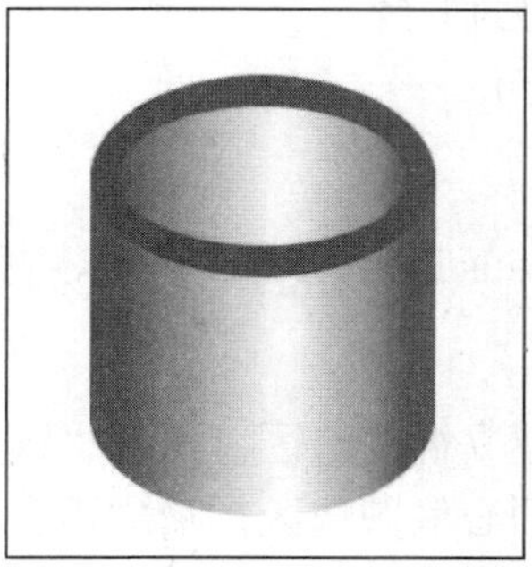

图 3-17c

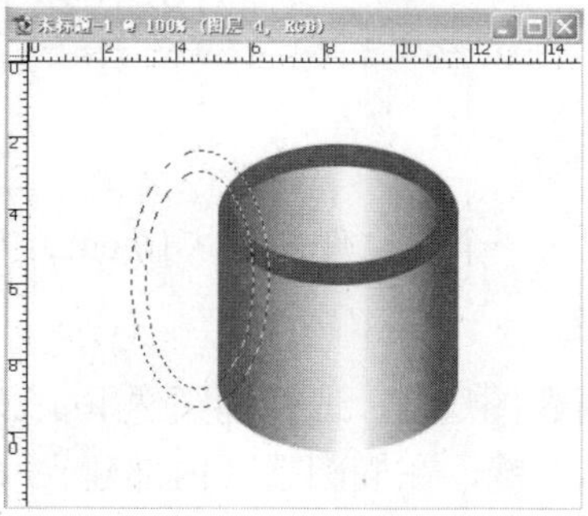

图 3-17d

第 6 步：选择线性渐变工具，在属性栏里设置色彩渐变（蓝—淡蓝—白—淡蓝—蓝）。从椭圆上方到下方填充渐变，如图 3-17e 所示。

第 7 步：按 Ctrl+Alt 组合键，并连续按键盘左方向键，形成管状体，再将环形选区填充为深蓝色，如图 3-17f 所示。

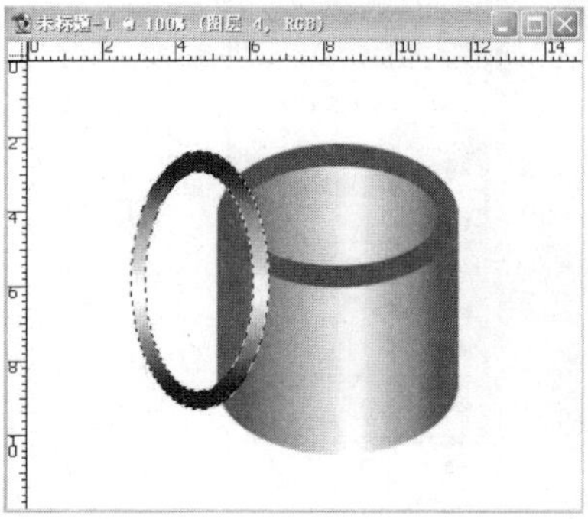

图 3-17e

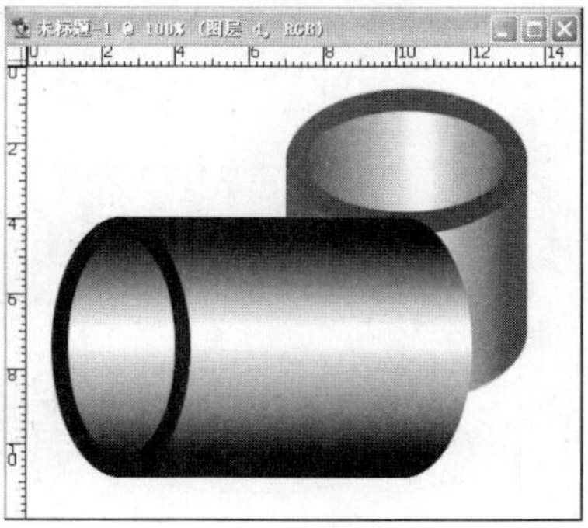

图 3-17f

第 8 步：对图层 2 执行“编辑”＞“变换”＞“旋转”命令，旋转 20°，在图层面板把图层 2 放置在图层 1 下面，最终效果如图 3-17g 所示。

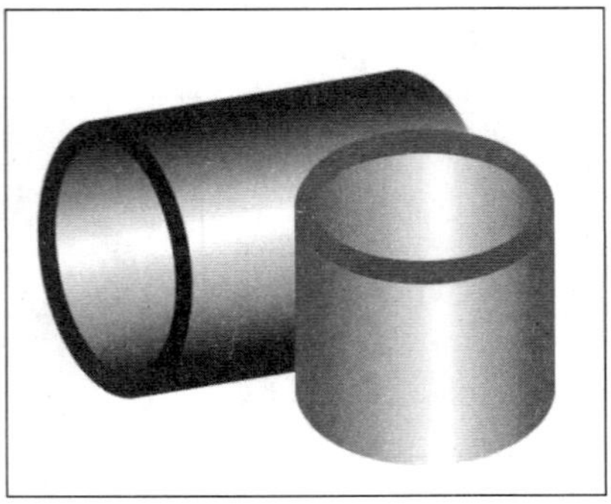

图 3-17g

4. 保存文件

第 9 步：将最终效果以 Xps3-17.tif 为文件名保存在考生文件夹下。

## 3.18　第 18 题解答

1. 建立文件

第 1 步：建立一个新文件：11×10 cm、72 pixels/inch、RGB 模式、背景色为白色。

2. 建立选区

第 2 步：新建图层 1，选择椭圆选框工具，建立椭圆选区，执行“选择”>“存储选区”命令；按 Alt 键，在椭圆选区内部建立一个同心椭圆选区，形成两个椭圆相减的环形选区，如图 3-18a 所示。

3. 编辑调整

第 3 步：填充环形选区为深蓝色，执行“滤镜”>“纹理”>“纹理化”命令，设置如图 3-18b 所示。

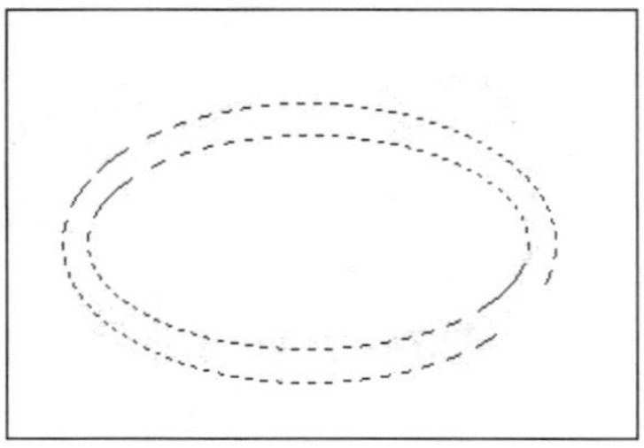

图 3-18a

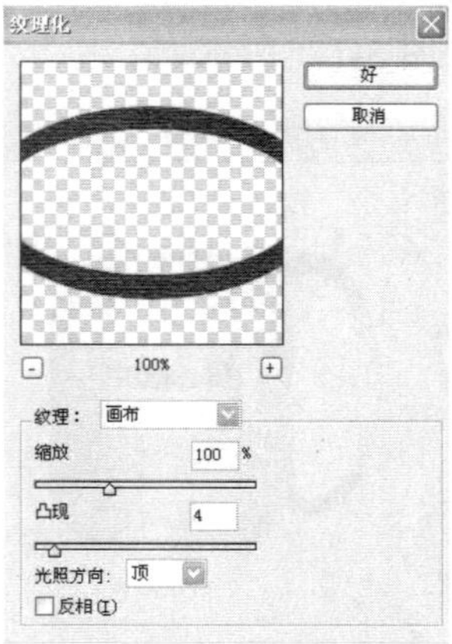


图 3-18b

第 4 步：按 Ctrl+Alt 组合键，并连续按键盘的上方向键数下，如图 3-18c 所示，然后给环形选区填充为深蓝色，如图 3-18d 所示。

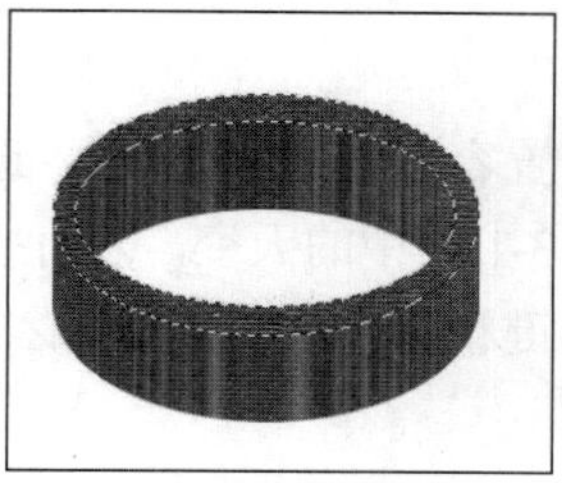

图 3-18c

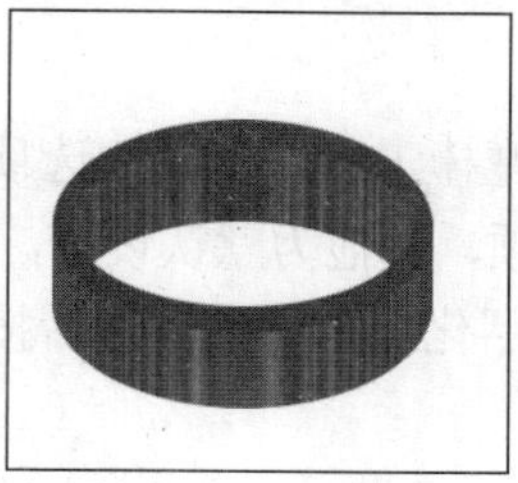

图 3-18d

第 5 步：建立图层 2，执行“选择”＞“载入选区”命令，如图 3-18e 所示。

第 6 步：给椭圆选区填充为蓝色，在图层面板把图层 2 放置在图层 1 的下方，然后取消选区，效果如图 3-18f 所示。

第 7 步：在图层面板选择背景层，设置渐变色为白—黄，选择线性渐变，然后对图像拉出线性渐变，最终效果如图 3-18g 所示。

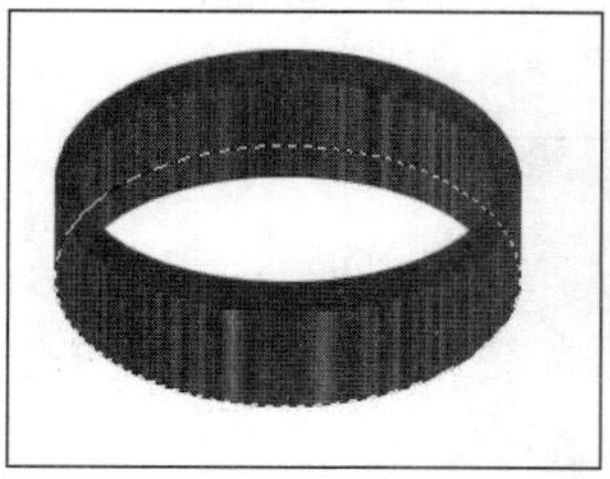

图 3-18e

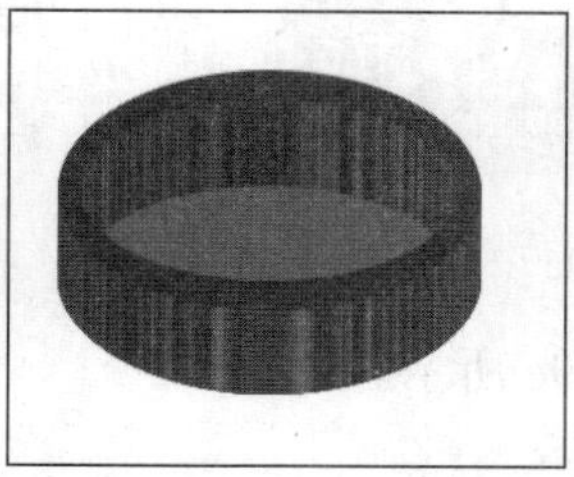

图 3-18f

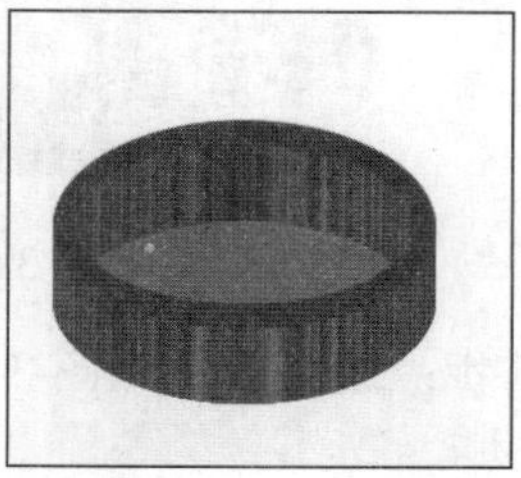

图 3-18g

4．保存文件

第 8 步：将最终效果以 Xps3-18.tif 为文件名保存在考生文件夹下。

## 3.19　第 19 题解答

1．打开文件

第 1 步：打开 C:\2003PS7\Yps3a-19.tif 和 C:\2003PS7\Yps3b-19.tif 文件，如图 3-19a 和 3-19b 所示。

第 2 步：在图层面板中双击图 3-19b 的背景层，在弹出的对话框中单击“好”按钮，激活背景层为图层 0。

图 3-19a

图 3-19b

2. 选择区域

第 3 步：选择魔棒工具，在魔棒选项栏里设置容差值为 42 像素，选中“消除锯齿”和“连续的”两个选项，其他为默认设置，点击图 3-19b 中的天空，若有些地方未选上可按住 Shift 键进行加选，羽化 2 个像素，然后按 Delete 键删除天空，取消选区，如图 3-19c 所示。

3. 编辑调整

第 4 步：选择移动工具把图 3-19a 中的彩虹天空移至图 3-19b 中，生成图层 1，在图层面板调整图层的顺序，把图层 1 放置在图层 0 的下方，图层面板如图 3-19d 所示。

图 3-19c

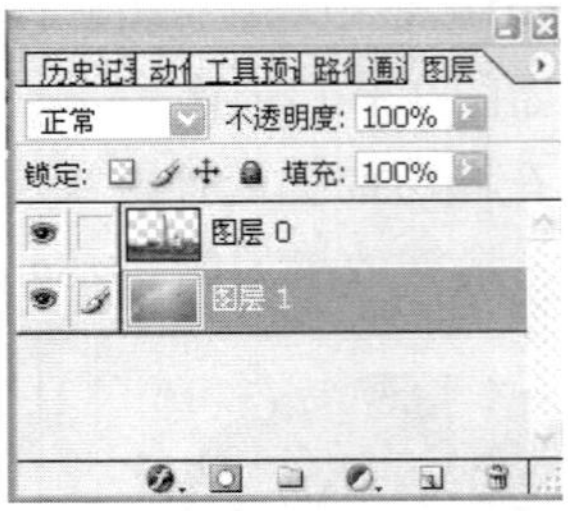


图 3-19d

第 5 步：最终效果如图 3-19e 所示。

图 3-19e

4. 保存文件

第 6 步：将最终效果以 Xps3-19.tif 为文件名保存在考生文件夹下。

## 3.20 第 20 题解答

1. 打开文件

第 1 步：打开 C:\2003PS7\Yps3a-20.tif 和 C:\2003PS7\Yps3b-20.tif 文件，如图 3-20a 和 3-20b 所示。

图 3-20a

图 3-20b

第 2 步：把图 3-20b 作为当前文件，在图层面板中双击背景层，在弹出的对话框中单击“好”按钮，激活背景层为图层 0。

2．选择区域

第 3 步：选择魔棒工具，在魔棒选项栏里设置容差值为 32 像素，选中“消除锯齿”和“连续的”两个选项，其他为默认设置，点击图 3-20a 中的白色部分，执行“选择”>“选区相似”命令，羽化 2 个像素，然后按 Delete 键删除，取消选区，如图 3-20c 所示。

第 4 步：选择矩形选框工具，选择图 3-20b 中的天空和白云，如图 3-20d 所示。

图 3-20c

图 3-20d

3．编辑调整

第 5 步：选择移动工具把图 3-20b 中的天空移至图 3-20c 中，生成图层 1，如图 3-20e 所示；在图层面板中调整图层的顺序，把图层 1 放置在图层 0 的下方，图层面板如图 3-20f 所示。

图 3-20e

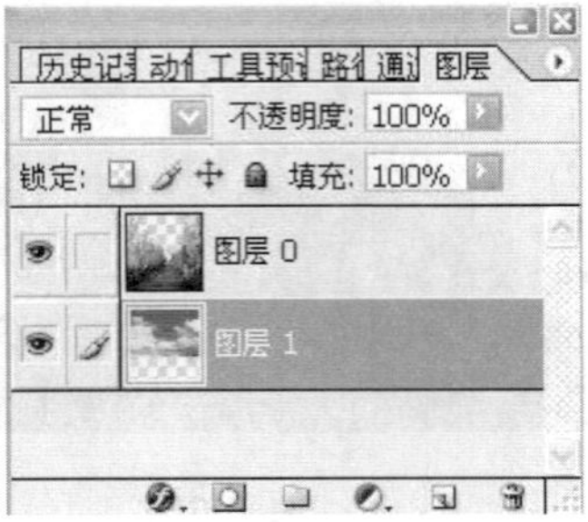


图 3-20f

第 6 步：图层调整后的效果如图 3-20g 所示。

图 3-20g

4. 保存文件

第 7 步：将最终效果以 Xps3-20.tif 为文件名保存在考生文件夹下。

# 第 4 单元　图层运用

## 4.1　第 1 题解答

1. 打开文件

第 1 步：打开 C:\2003PS7\Yps4-01.tif 文件，如图 4-01a 所示。

图 4-01a

2. 选择区域

第 2 步：选择魔棒工具，在选项栏里设置容差值为 42 像素，点击背景然后按 Shift 键进行加选，如图 4-01b 所示。

第 3 步：按 Delete 键删除背景，执行“选择”>“反选”命令，如图 4-01c 所示。

图 4-01b

图 4-01c

3. 图层编辑

第 4 步：新建一个文件：14×18 cm、72 pixels/inch、RGB 模式、背景色为白色；把人物拖入新文件，生成图层 1。

第 5 步：修复人物头部不完整的头发，选择图章工具，按下 Alt 键同时在人物头发上点击，吸取头发色块，释放 Alt 键，在人物欠缺头发处点击，如此数次，直至修复好头发，如图 4-01d 所示。

第 6 步：复制图层 1 为图层 1 副本，在图层面板点击图层 1 副本同时按 Ctrl 键，把图层 1 副本载入选区，填充为浅灰色，取消选区，作为人物的背影，执行“编辑”>“变换”>“缩放”命令，放大人物的背影，执行“编辑”>“变换”>“扭曲”命令，调整后如图 4-01e 所示。

图 4-01d

图 4-01e

4．保存文件

第 7 步：将最终效果以 Xps4-01.psd 为文件名保存在考生文件夹下。

## 4.2　第 2 题解答

1．打开文件

第 1 步：打开 C:\2003PS7\Yps4-02.tif 文件，如图 4-02a 所示。

2．选择区域

第 2 步：选择魔棒工具，在选项栏里设置容差为“42”，选中“消除锯齿”、“连续的”两个选项，用鼠标点击人物后按 Shift 键进行加选，直至人物全部选中，如图 4-02b 所示。

图 4-02a

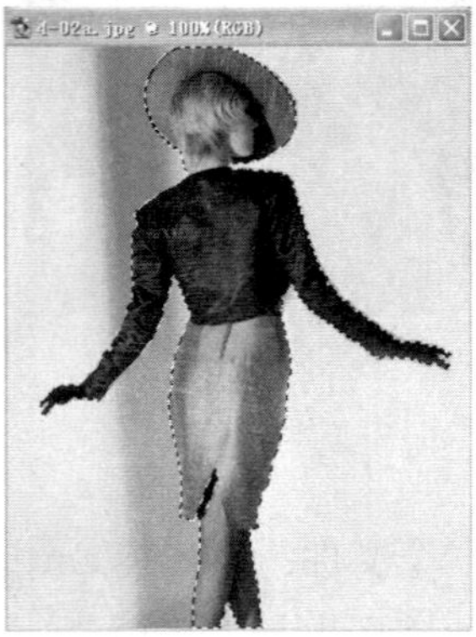

图 4-02b

3. 图层编辑

第 3 步：按 Ctrl+C 组合键复制人物，在图层面板里单击下方的 ，建立图层 1，按 Ctrl+V 组合键粘贴；建立图层 2，按 Ctrl+V 组合键粘贴。

第 4 步：在图层面板点击图层 1 同时按 Ctrl 键，把图层 1 载入选区，执行“选择”>“羽化”命令，设置羽化半径为 5 像素，然后填充为灰色，作为人物的投影，如图 4-02c 所示。

第 5 步：执行“编辑”>“变换”>“缩放”命令，放大人物的背影，执行“编辑”>“变换”>“扭曲”命令，调整最终效果如图 4-02d 所示。

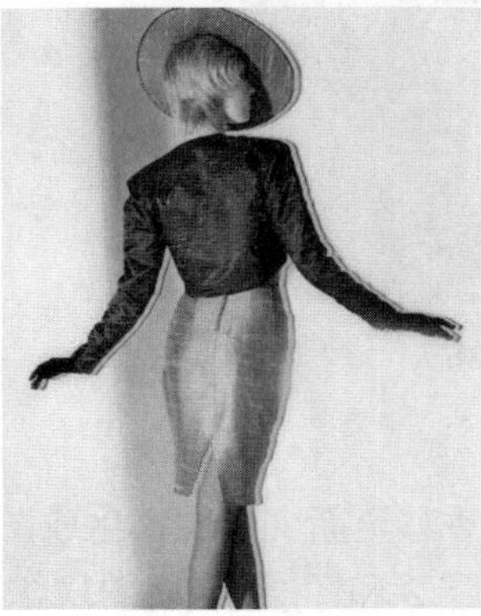

图 4-02c

图 4-02d

4. 保存文件

第 6 步：将最终效果以 Xps4-02.psd 为文件名保存在考生文件夹下。

## 4.3 第 3 题解答

1. 打开文件

第 1 步：打开 C:\2003PS7\Yps4-03.tif 文件，如图 4-03a 所示。

图 4-03a

第 2 步：建立一个新文件，16cm×12cm、72 pixels/inch、RGB 模式、背景色为黑色。

2．选择区域

第 3 步：在工具箱里选择钢笔工具，在图 4-03a 中勾勒出一朵郁金香，在路径面板下，单击“将路径作为选区载入” 按钮，将郁金香载入选区，如图 4-03b 所示。

图 4-03b

3．图层编辑

第 4 步：在工具箱中选择移动工具把郁金香移至新文件中，生成图层 1，拉出上下标尺，放在图像中心，复制图层 1 为图层 2、为图层 3 和图层 4，对图层 2 执行“编辑”>“变换”>“旋转”命令，旋转 30°，对图层 3 旋转 60°，对图层 4 旋转 90°；并移动到合适的位置。

第 5 步：重复第 4 步，直至做出 12 朵郁金香，如图 4-03c 所示。

第 6 步：然后链接除背景层以外的所有图层，合并图层为图层 1，复制图层 1 为图层 1 副本，对图层 1 副本执行“编辑”>“变换”>“缩放”命令，缩小图层 1 副本，如图 4-03d 所示。

图 4-03c

图 4-03d

第 7 步：复制图层 1 副本，为图层 1 副本 2……图层 1 副本 11，调整小花的位置，效果如图 4-03e 所示。

第 8 步：建立图层 2，在工具箱中选择钢笔工具，沿着郁金香的径脉勾勒，闭合路径后，再按 Ctrl 键一一调整锚点，如图 4-03f 所示。

图 4-03e

图 4-03f

第 9 步：在路径面板中载入选区，填充为咖啡色，按 Ctrl+D 组合键取消选区，最终效果如图 4-03g 所示。

图 4-03g

4．保存文件

第 10 步：将最终效果以 Xps4-03.tif 为文件名保存在考生文件夹下。

## 4.4　第 4 题解答

1．打开文件

第 1 步：打开 C:\2003PS7\Yps4-04.psd 文件，如图 4-04a 所示。

2．选择区域

第 2 步：在图层面板选择 Layer1 图层，然后选择移动工具把人物移动到图像的右侧，如图 4-04b 所示。

第 3 步：选择钢笔工具勾勒出人物的下半身，在路径面板中，单击“将路径作为选区载入”按钮，执行“选择”>“羽化”命令，设置羽化为 3 像素，如图 4-04c 所示。

图 4-04a

图 4-04b

3. 图层编辑

第 4 步：然后按 Ctrl+X 组合键剪切，在图层面板建立一个新图层，按 Ctrl+V 组合键粘贴，用移动工具把人物的下半身移动到合适的位置，在图层面板上调整不透明度为 70%，最终效果如图 4-04d 所示。

图 4-04c

图 4-04d

4. 保存文件

第 5 步：将最终效果以 Xps4-04.psd 为文件名保存在考生文件夹下。

## 4.5 第 5 题解答

1. 打开文件

第 1 步：打开 C:\2003PS7\Yps4-05.psd 文件，如图 4-05a 所示。

2. 图层编辑

第 2 步：在图层面板选择图层 Layer1，执行“编辑”>“变换”>“水平翻转”命令，按回车键确认，然后再执行“编辑”>“变换”>“缩放”命令，缩小鸭子，按回车键确认，如图 4-05b 所示。

图 4-05a

图 4-05b

第 3 步：选择橡皮擦工具，在橡皮擦选项栏设置“画笔”为 100，“模式”为画笔，“不透明度”为 25%，其他为默认，点击小鸭子身体数下，如图 4-05c 所示。

第 4 步：复制图层 Layer1 为图层 Layer1 副本，对图层 Layer1 副本执行“编辑”＞“变换”＞“垂直翻转”命令，作为小鸭的投影，然后移动到小鸭的下方，如图 4-05d 所示。

图 4-05c

图 4-05d

第 5 步：在图层面板调整图层 Layer1 副本的不透明度为 30%，最终效果如图 4-05e 所示。

图 4-05e

3．保存文件

第 6 步：将最终效果以 Xps4-05.psd 为文件名保存在考生文件夹下。

# 4.6　第 6 题解答

1. 打开文件

第 1 步：打开 C:\2003PS7\Yps4a-06.psd 和 C:\2003PS7\Yps4b-06.tif 文件，如图 4-06a、4-06b 所示。

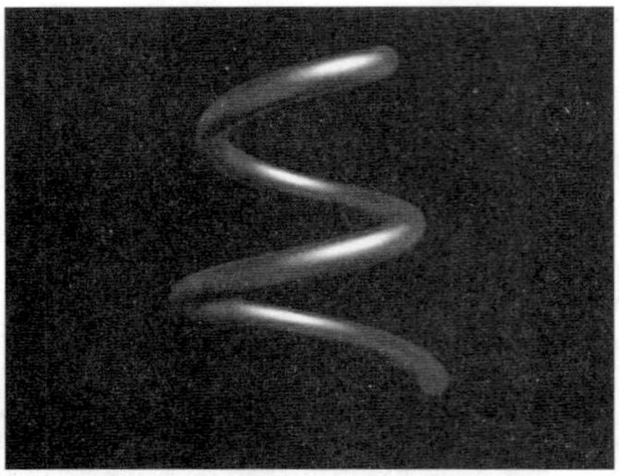

图 4-06a

图 4-06b

2. 选择区域

第 2 步：选择钢笔工具，勾勒图 4-06b 中的女人体，如图 4-06c 所示；完成后在路径面板下方单击“将路径作为选区载入”按钮，载入选区，如图 4-06d 所示。

图 4-06c

图 4-06d

3. 图层编辑

第 3 步：按 Ctrl+C 组合键复制，在图层面板下方单击按钮，建立图层 1，按 Ctrl+V 组合键粘贴，选择移动工具把图 4-06a 中的环圈移至图 4-06b 中，如图 4-06e 所示。

第 4 步：选择钢笔工具，勾勒图 4-06e 中环圈上部的一部分，完成后，在路径面板下方单击“将路径作为选区载入”按钮，载入选区，如图 4-06f 所示，按 Ctrl+C 组合键复制，在图层面板下方单击按钮，建立图层 2，按 Ctrl+V 组合键粘贴；再选择钢笔工具，勾勒环圈下部的一部分，完成后，在路径面板下方单击“将路径作为选区载入”按钮，载入选区，如图 4-06g 所示；按 Ctrl+C 组合键复制，在图层面板下方单击按钮，建立图层 3，按 Ctrl+V 组合键粘贴。

第 5 步：在图层面板中调整图层的顺序，如图 4-06h 所示。

第 6 步：最终效果如图 4-06i 所示。

图 4-06e

图 4-06f

图 4-06g

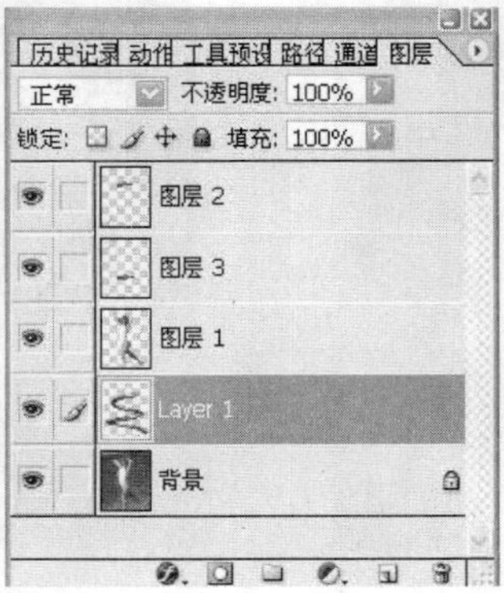


图 4-06h

图 4-06i

4. 保存文件

第 7 步：将最终效果以 Xps4-06.psd 为文件名保存在考生文件夹下。

## 4.7　第 7 题解答

1. 打开文件

第 1 步：打开 C:\2003PS7\Yps4a-07.psd 和 C:\2003PS7\Yps4b-07.tif 文件，如图 4-07a 和 4-07b 所示。

图 4-07a

图 4-07b

2. 选择区域

第 2 步：用矩形选框工具选中图 4-07b 中的大楼，选择移动工具将其移至图 4-07a 中，生成图层 1，执行“编辑”>“变换”>“旋转”命令，旋转一定的角度，效果如图 4-07c 所示。

第 3 步：选择钢笔工具勾勒出图层 Layer1 中的形状，在路径面板中单击“将路径作为选区载入”按钮，如图 4-07d 所示。

图 4-07c

图 4-07d

3. 图层编辑

第 4 步：按 Ctrl+C 组合键复制选区形状，在图层面板里建立图层 2，在图层 2 里按 Ctrl+V 组合键粘贴选区。

第 5 步：在图层面板中调整图层顺序，如图 4-07e 所示，图层调整后的图像效果如图 4-07f 所示。

4. 保存文件

第 6 步：将最终效果以 Xps4-07.psd 为文件名保存在考生文件夹下。

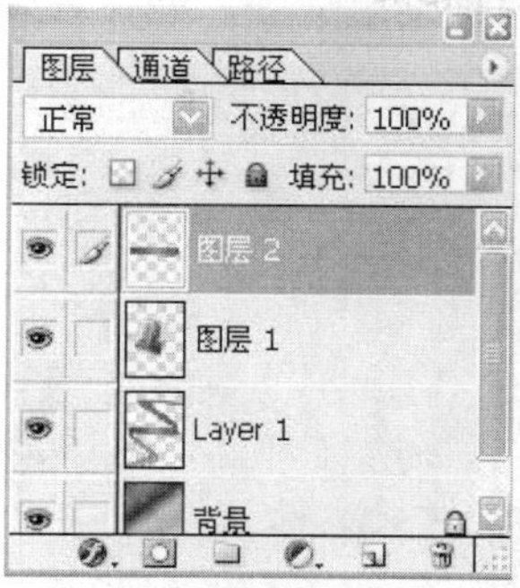


图 4-07e

图 4-07f

## 4.8　第 8 题解答

1. 打开文件

第 1 步：打开 C:\2003PS7\Yps4-08.tif 文件，如图 4-08a 所示。

2. 选择区域

第 2 步：选择魔棒工具，在选项栏里设置容差为“42”，选中“消除锯齿”和“连续的”两个选项，点击背景然后按住 Shift 键进行加选，直至把背景全部选中，如图 4-08b 所示。

第 3 步：执行“选择” > “反选”命令，如图 4-08c 所示。

图 4-08a

图 4-08b

图 4-08c

3. 图层编辑

第 4 步：按 Ctrl+C 组合键复制钟表，在图层面板中单击下方的，建立图层 1，按 Ctrl+V 组合键粘贴；建立图层 2，按 Ctrl+V 组合键粘贴；再建立图层 3，按 Ctrl+V 组合键粘贴。

第 5 步：选择图层 2，执行“编辑” > “变换” > “垂直翻转”命令，在图层面板中调整图层 2 的“不透明度”为 40%，作为钟表的倒影，如图 4-08d 所示。

第 6 步：选择图层 1，在图层面板单击图层 1 同时按 Ctrl 键，把图层 1 载入选区，然后填充为灰色，作为钟表的投影，取消选区。执行“编辑”>“变换”>“扭曲”命令，调整投影倾斜度，按回车键确认；然后在图层面板调整图层顺序，最终效果如图 4-08e 所示。

图 4-08d

图 4-08e

4．保存文件

第 7 步：将最终效果以 Xps4-08.psd 为文件名保存在考生文件夹下。

## 4.9　第 9 题解答

1．打开文件

第 1 步：打开 C:\2003PS7\Yps4-09.psd 文件，如图 4-09a 所示。

2．选择区域

第 2 步：选择魔棒工具，在选项栏里设置容差为“42”，选中“消除锯齿”和“连续的”两个选项，点击背景层中的背景并按住 Shift 键进行加选，直至把背景全部选中，执行“选择”>“反选”命令，如图 4-09b 所示。

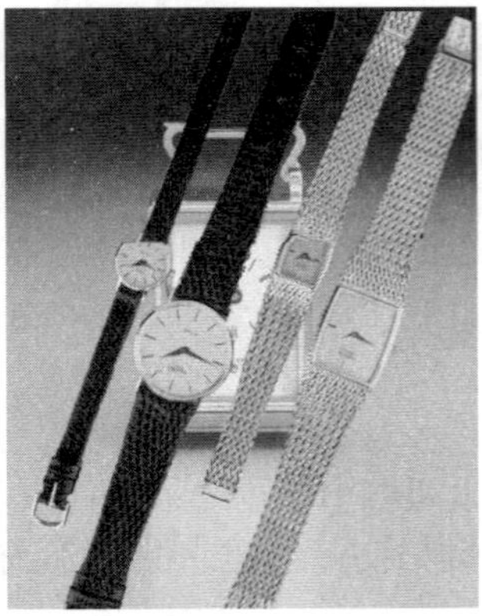

图 4-09a

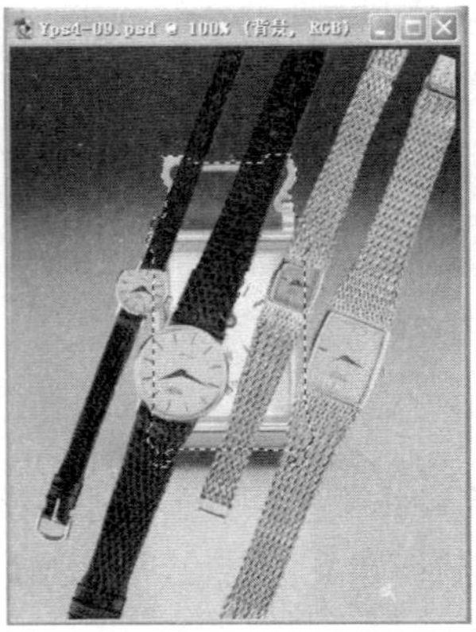

图 4-09b

3. 图层编辑

第 3 步：在背景层里按 Ctrl+C 组合键复制选区，在图层面板中新建图层 1，在图层 1 中按 Ctrl+V 组合键粘贴选区，图层面板如图 4-09c 所示。

第 4 步：选择钢笔工具在图层 Layer1 中勾勒出最左边手表的一部分，在路径面板中单击“将路径作为选区载入”按钮，效果如图 4-09d 所示；在图层 Layer1 里按 Ctrl+C 组合键复制选区，在图层面板中新建图层 2，在图层 2 里按 Ctrl+V 组合键粘贴选区。

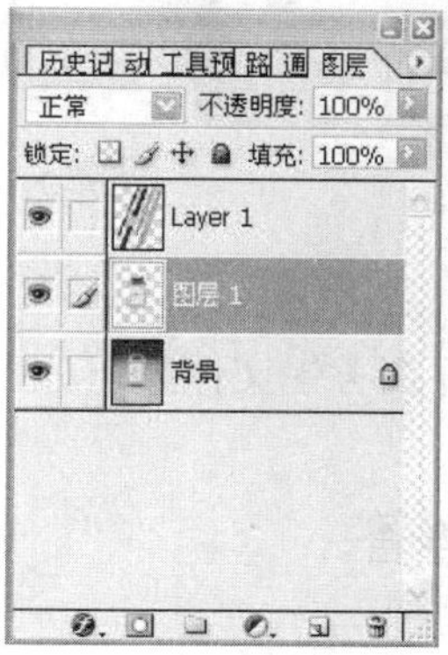


图 4-09c

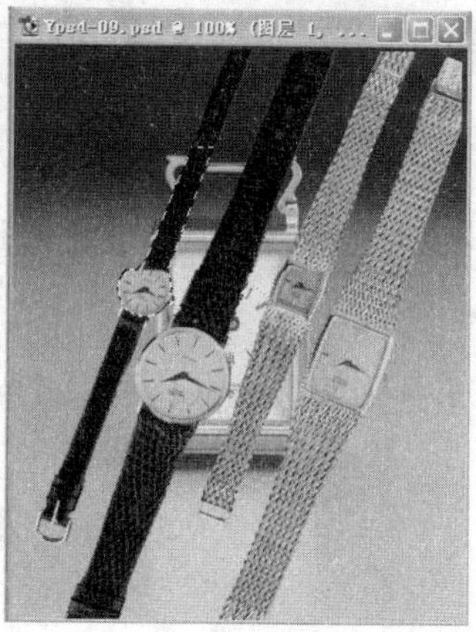

图 4-09d

第 5 步：选择钢笔工具在图层 Layer1 中勾勒出最右边手表的一部分，在路径面板中单击“将路径作为选区载入”按钮，效果如图 4-09e 所示；在图层 Layer1 里按 Ctrl+C 组合键复制，在图层面板中新建图层 3，在图层 3 里按 Ctrl+V 组合键粘贴选区。

第 6 步：在图层面板调整图层顺序，如图 4-09f 所示。

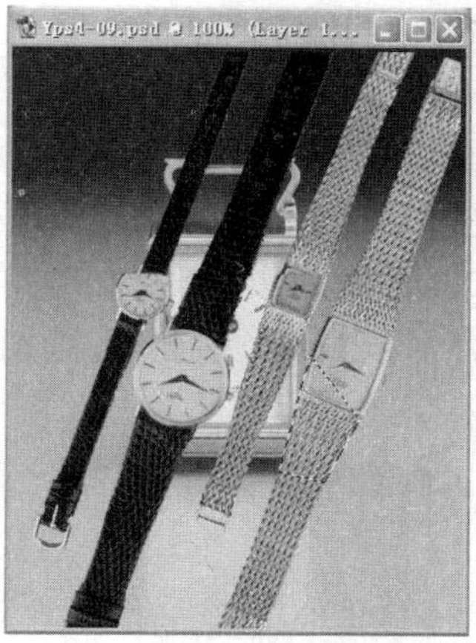

图 4-09e

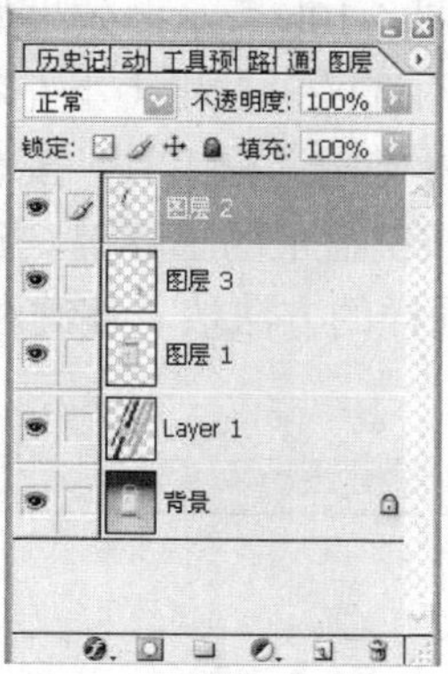


图 4-09f

第 7 步：图像效果如图 4-09g 所示。

第 8 步：选择魔棒工具，选择图层 1 钟表上面多余的背景，如图 4-09h 所示；按 Delete 键删除，最终效果如图 4-09i 所示。

图 4-09g

图 4-09h

图 4-09i

4. 保存文件

第 9 步：将最终效果以 Xps4-09.psd 为文件名保存在考生文件夹下。

## 4.10 第 10 题解答

1. 建立文件

第 1 步：建立一个新文件：16×12 cm、72 pixels/inch、RGB 模式、背景色为白色。

2. 图层编辑

第 2 步：在新文件中建立图层 1，在工具箱中选择矩形选框工具，建立矩形选区，如图 4-10a 所示。

第 3 步：执行“编辑”＞“填充”命令，在弹出的填充对话框中设置“自定图案”，选择木纹图案，如图 4-10b 所示；效果如图 4-10c 所示。

第 4 步：取消选区，拉出上下左右标尺，如图 4-10d 所示。

第 5 步：选择椭圆选框工具，按 Shift 键画出正圆选区，移至矩形木纹左上角，然后按 Delete 键删除，按键盘上的下移键，到下方按 Delete 键删除，效果如图 4-10e 所示。

第 6 步：用同样的方法按右移键和上移键，然后按 Delete 键删除，取消选区，如图 4-10f 所示。

图 4-10a

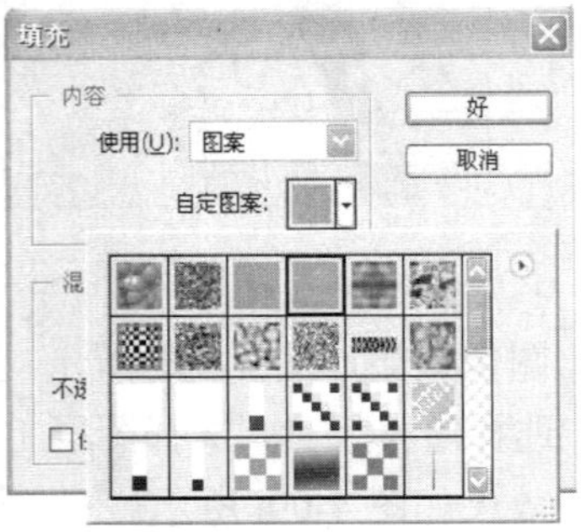


图 4-10b

图 4-10c

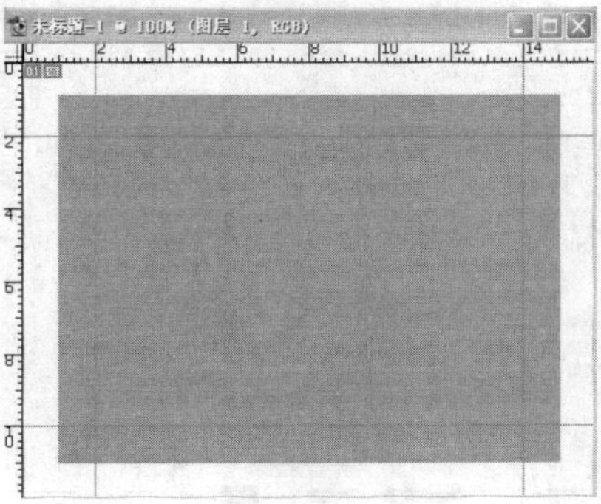

图 4-10d

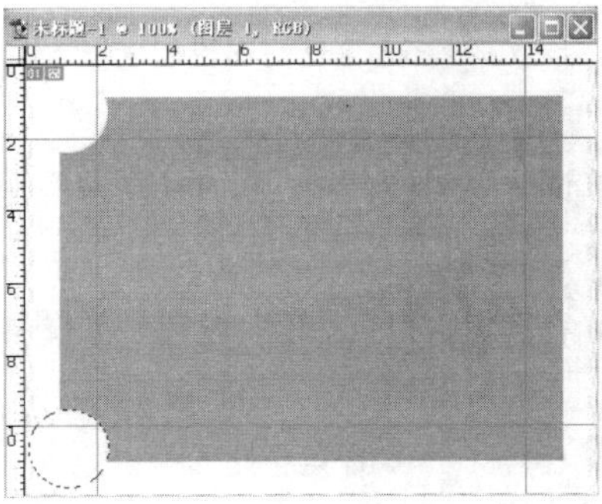

图 4-10e

图 4-10f

第 7 步：复制图层 1 为图层 1 副本，对其执行“编辑”＞“变换”＞“缩放”命令，缩小图层 1 副本，链接图层 1 和图层 1 副本，选择移动工具，在选项栏里点击垂直中齐和水平中齐，然后取消链接，对图层 1 副本执行图层样式，单击图层面板上的按钮，在弹出的对话框中按图 4-10g 所示设置；单击“好”按钮，效果如图 4-10h 所示。

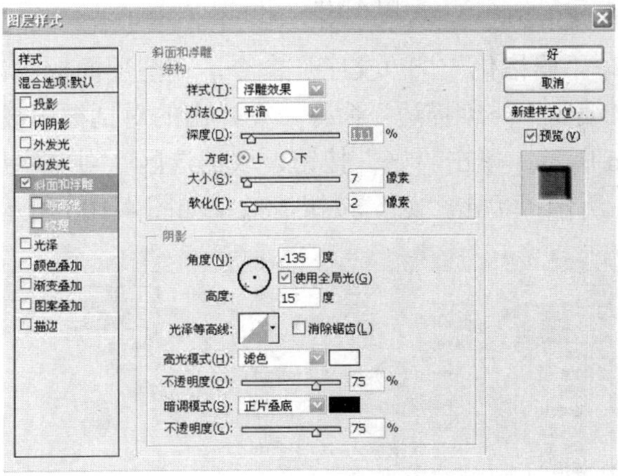


图 4-10g

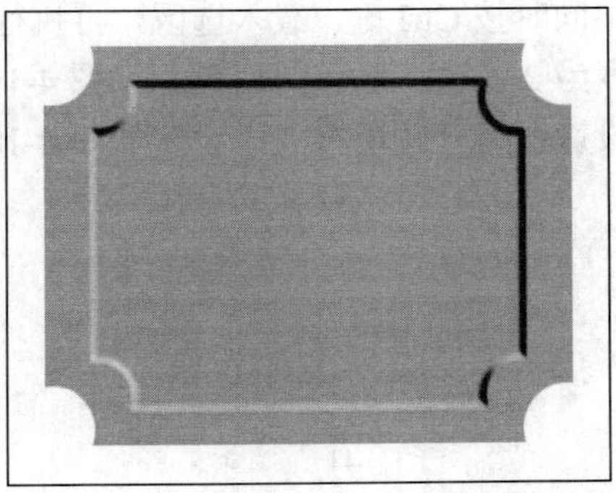

图 4-10h

第 8 步：同样对图层 1 添加图层样式，设置如图 4-10i 所示；效果如图 4-10j 所示。

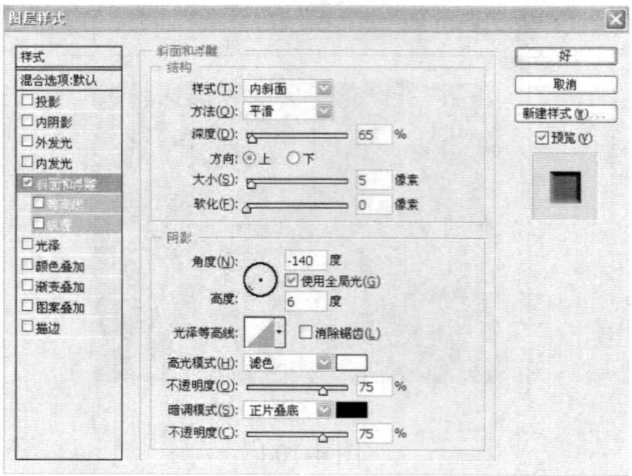


图 4-10i

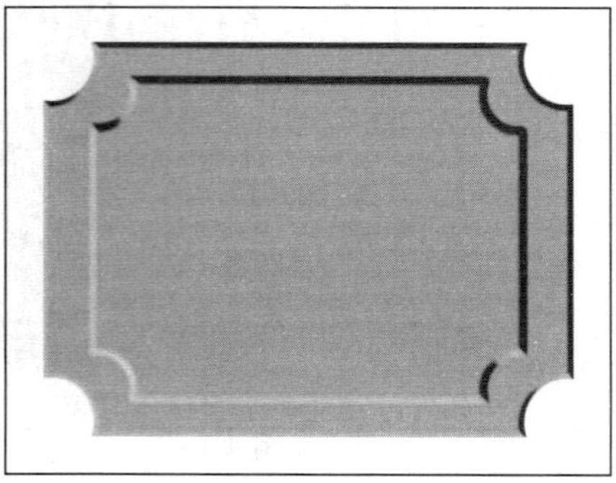

图 4-10j

3. 编辑文字

第 9 步：选择钢笔工具输入“Photoshop”单词，大小为 40 点，颜色为黑色，字体任意，如图 4-10k 所示。

第 10 步：然后单击文字选项栏中的 按钮，在弹出的对话框中设置，如图 4-10l 所示。

图 4-10k

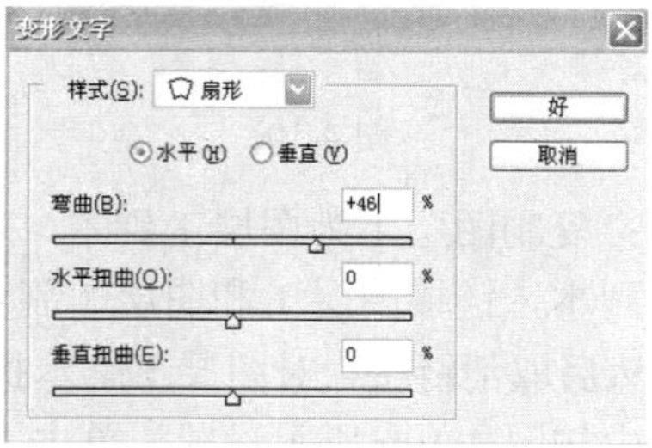


图 4-10l

第 11 步：对文字图层执行“图层”＞“栅格化”＞“文字”命令，在图层面板单击文字层同时按 Ctrl 键，载入选区，再执行“编辑”＞“描边”命令，在弹出的对话框中设置，宽度为 2 像素，颜色为白色，如图 4-10m 所示；单击“好”按钮，取消选区。对文字层加上投影，打开图层样式，设置如图 4-10n 所示；单击“好”按钮，效果如图 4-10o 所示。

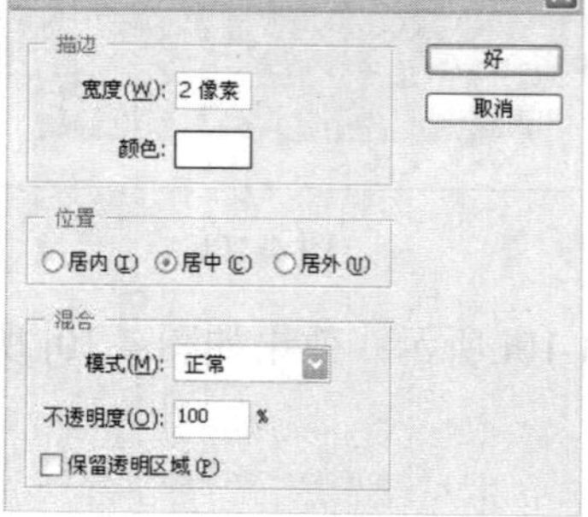


图 4-10m

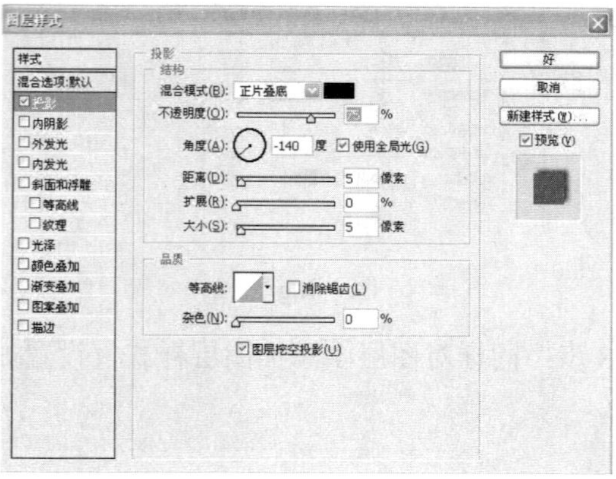


图 4-10n

图 4-10o

第 12 步：选择文字工具输入“试题汇编”汉字，大小为 40 点，颜色为白色，字体为“楷体_GB2312”；然后复制文字图层为副本，填充为黑色，按键盘上的右移键和下移键各 3 下，如图 4-10p 所示；图层面板如图 4-10q 所示。

图 4-10p

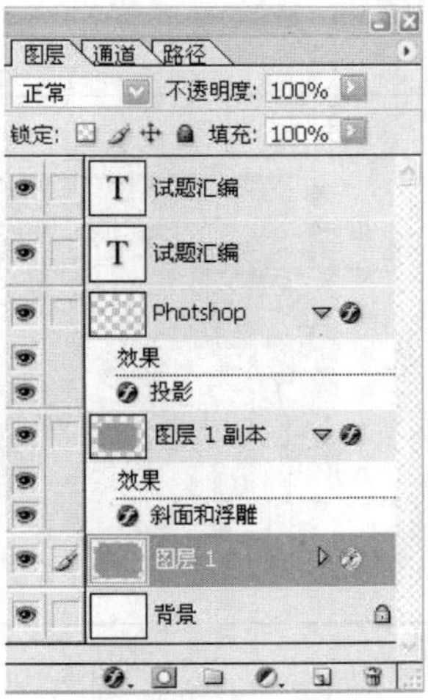


图 4-10q

第 13 步：建立图层 2，选择椭圆选框工具，按 Shift 键建立正圆选区，在图层 1 中按 Ctrl+C 组合键复制，在图层 2 中按 Ctrl+V 组合键粘贴。在图层面板中单击图层 1 上的眼睛图标，隐藏图层 1。然后复制图层 2 为图层 2 副本 1……图层 2 副本 10，把图层 2 副本 7 至图层 2 副本 10 四个图层放置在四个角上；把图层 2 副本 6 移到下面，在选项栏里点击水平中齐和垂直居中分布，合并图层 2 到图层 2 副本 6 这 7 个图层为图层 2，效果如图 4-10r 所示。

第 14 步：复制图层 2 为图层 3，图层面板如图 4-10s 所示，把图层 3 中的 7 个点移至右侧。

第 15 步：用同样的方法做出上下的圆点，如图 4-10t 所示。

第 16 步：链接所有是圆点的图层，图层面板如图 4-10u 所示；合并图层为图层 2，对图层 2 设置图层样式，如图 4-10v 所示，效果如图 4-10w 所示。

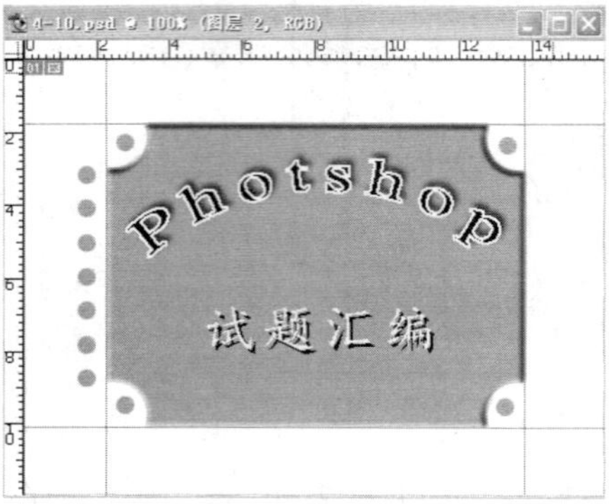


图 4-10r

图 4-10s

图 4-10t

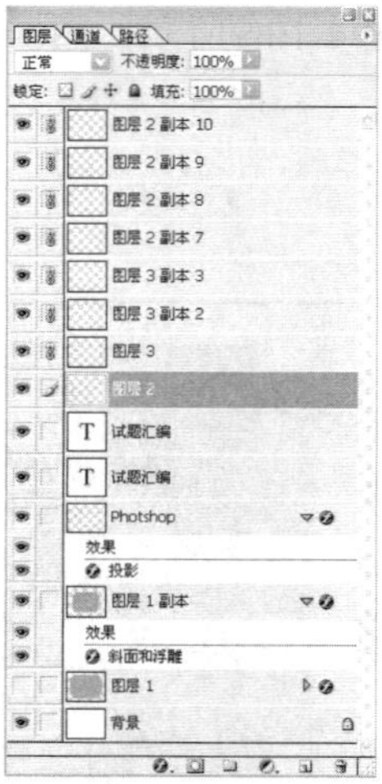


图 4-10u

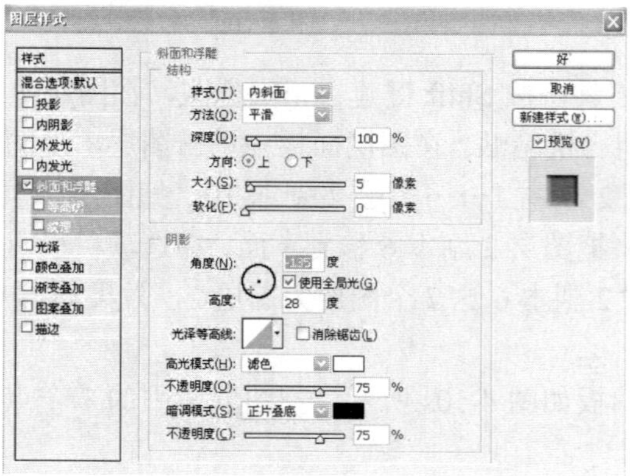


图 4-10v

图 4-10w

4. 保存文件

第 17 步：将最终效果以 Xps4-10. pad 为文件名保存在考生文件夹下。

# 4.11　第 11 题解答

1. 打开文件

第 1 步：打开 C:\2003PS7\Yps4a-11.tif 和 C:\2003PS7\Yps4b-11.tif 文件，如图 4-11a 和 4-11b 所示。

图 4-11a

图 4-11b

2. 选择区域

第 2 步：选择魔棒工具，在选项栏里设置“容差”为 30，选中“消除锯齿”和“连续的”两个选项，选择图 4-11b 中的蓝色天空，并按 Shift 键进行加选，直至蓝色天空全部被选中，执行“选择”＞“反选”命令，再执行“选择”＞“羽化”命令，在弹出的对话框中设置“羽化半径”为 5 个像素，如图 4-11c 所示。

3. 图层编辑

第 3 步：选择移动工具把“云”移动到图 4-11a 中，生成图层 1，如图 4-11d 所示。

图 4-11c

图 4-11d

第 4 步：在图层面板拖动图层 1 到按钮上复制出图层 1 副本，如图 4-11e 所示。

第 5 步：对图层 1 副本执行“编辑”＞“变换”＞“垂直翻转”命令，如图 4-11f 所示。

第 6 步：调整移动“云”的位置，删除多余的云彩，使之自然融合，最终效果如图 4-11g 所示。

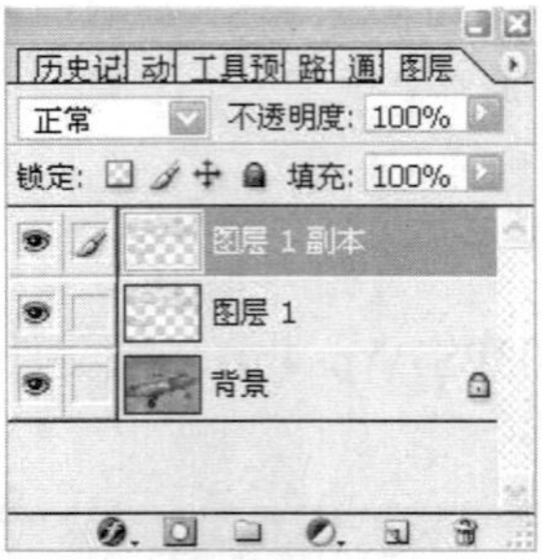


图 4-11e

图 4-11f

图 4-11g

4. 保存文件

第 7 步：将最终效果以 Xps4-11.psd 为文件名保存在考生文件夹下。

## 4.12 第 12 题解答

1. 打开文件

第 1 步：打开 C:\2003PS7\Yps4-12.psd 文件，如图 4-12a 所示。

2. 选择区域

第 2 步：选择钢笔工具在背景层勾勒出山崖的一部分，在路径面板中单击“将路径作为选区载入”按钮，效果如图 4-12b 所示。

图 4-12a

图 4-12b

3. 图层编辑

第 3 步：在背景层按 Ctrl+C 复制选区，在图层面板中新建图层 1，在图层 1 里按 Ctrl+V 粘贴选区，在图层面板调整图层顺序，把图层 1 放置在最上面，图层顺序如图 4-12c 所示。图像最终效果如图 4-12d 所示。

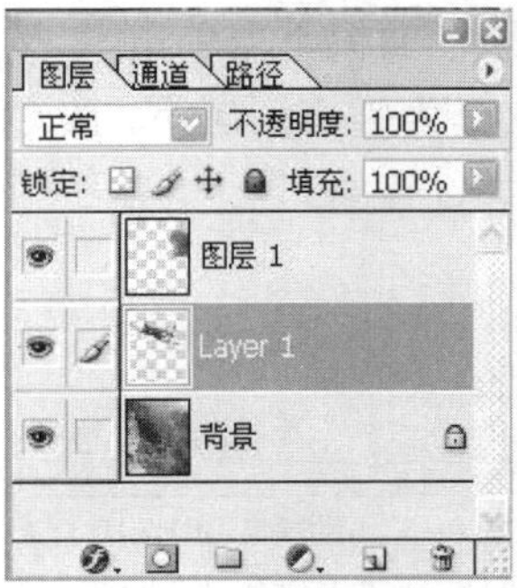


图 4-12c

图 4-12d

4. 保存文件

第 4 步：将最终效果以 Xps4-12.psd 为文件名保存在考生文件夹下。

## 4.13 第 13 题解答

1. 打开文件

第 1 步：打开 C:\2003PS7\Yps4a-13.tif 和 C:\2003PS7\Yps4b-13.tif 文件，如图 4-13a 和 4-13b 所示。

图 4-13a

图 4-13b

2. 选择区域

第 2 步：在工具箱选择魔棒工具，在选项栏中设置容差为 42，在图 4-13a 中选择黑色背景，执行“选择”>“反选”命令，如图 4-13c 所示。

3. 图层编辑

第 3 步：按 Ctrl+X 剪切选区，在图层面板建立图层 1，在图层 1 为当前图层下，按 Ctrl+V 粘贴选区，为背景层填充为黑色。

第 4 步：选择钢笔工具勾勒出地球的一半，在路径面板下方单击按钮，载入选区，按 Ctrl+X 剪切选区，在图层面板建立图层 2，在图层 2 为当前图层下，按 Ctrl+V 粘贴选区，图层面板如图 4-13d 所示。

图 4-13c

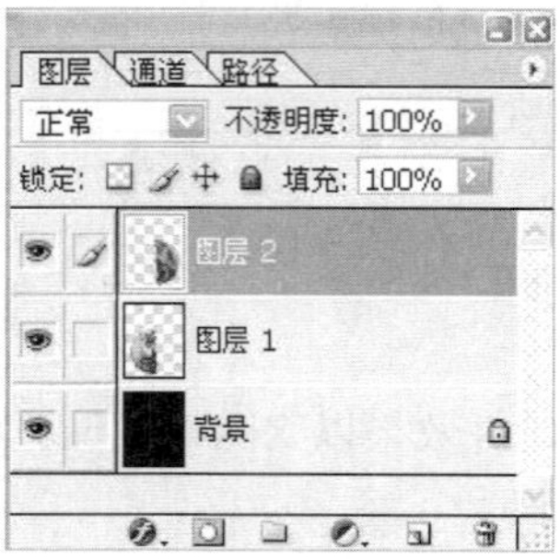


图 4-13d

第 5 步：分别对图层 1 和图层 2 执行“编辑”>“变换”>“旋转”命令，然后调整位置，如图 4-13e 所示。

第 6 步：选择魔棒工具，在选项栏中设置容差为 42，在图 4-13b 中选择黑色背景，执行“选择”>“反选”命令，如图 4-13f 所示。

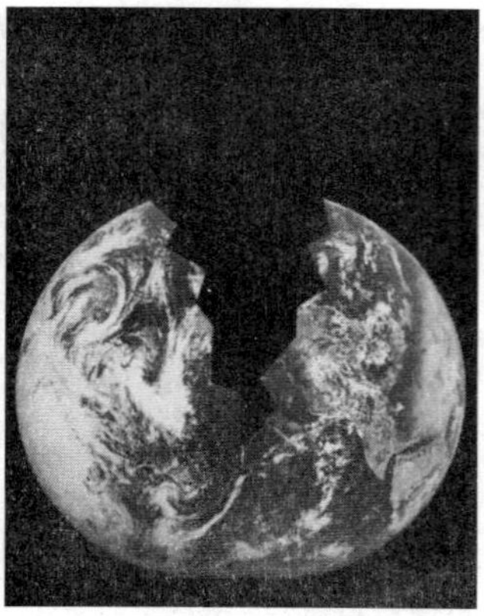

图 4-13e

图 4-13f

第 7 步：选择移动工具将其移入地球图像中，生成图层 3，选择橡皮擦工具，在选项栏中设置画笔大小和不透明度，适当调整，在图层 3 中擦除多余部分，使图像自然融合，最终效果如图 4-13g 所示。

图 4-13g

4．保存文件

第 8 步：将最终效果以 Xps4-13.psd 为文件名保存在考生文件夹下。

## 4.14　第 14 题解答

1．打开文件

第 1 步：打开 C:\2003PS7\Yps4-14.psd 文件，如图 4-14a 所示。

第 2 步：在图层面板选择 Layer1 图层，对吉他执行“编辑”＞“变换”＞“旋转”命令，旋转 15°，按回车键确认，如图 4-14b 所示。

图 4-14a

图 4-14b

第 3 步：在图层面板下方单击按钮，打开图层样式对话框，设置如图 4-14c 所示，单击“好”按钮，效果如图 4-14d 所示。

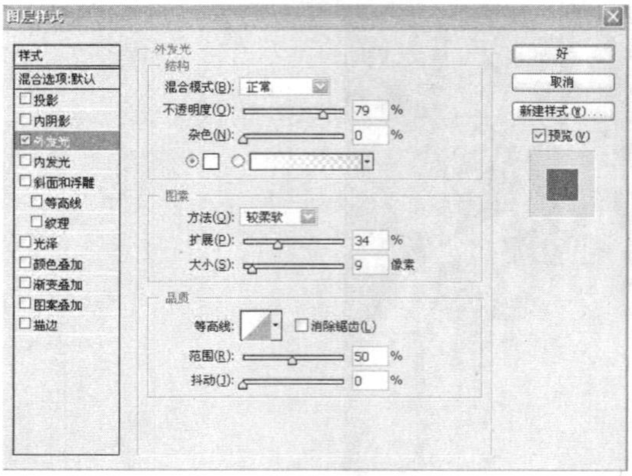


图 4-14c

图 4-14d

2. 编辑文字

第 4 步：在通道面板下方单击按钮，创建新通道 Alpha1，然后输入“Photoshop”字符，按 Ctrl+D 组合键取消选区，执行“编辑”>“变换”>“旋转”命令，旋转 30°，再执行“编辑”>“变换”>“透视”命令，如图 4-14e 所示。

第 5 步：拖动通道 Alpha1 到面板下方按钮上复制为通道 Alpha1 副本。

第 6 步：在通道 Alpha1 副本上，执行“滤镜”>“模糊”>“高斯模糊”命令，设置如图 4-14f 所示，单击“好”按钮，效果如图 4-14g 所示。

图 4-14e

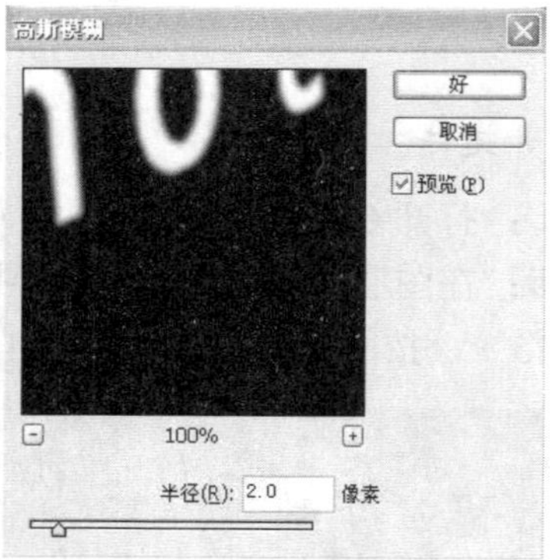


图 4-14f

图 4-14g

第 7 步：再执行“滤镜”＞“风格化”＞“浮雕效果”命令，设置如图 4-14h 所示；单击“好”按钮，效果如图 4-14i 所示。

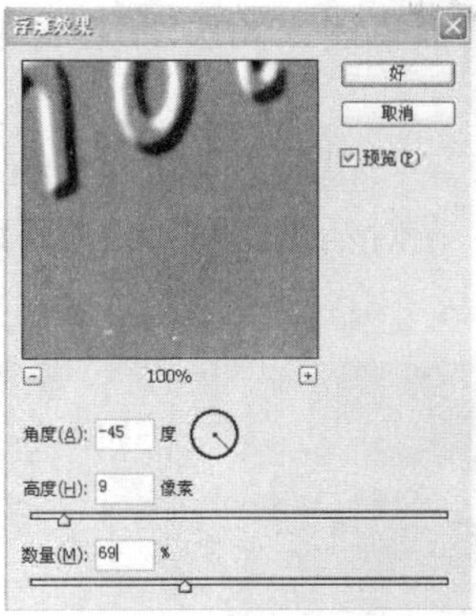


图 4-14h

图 4-14i

第 8 步：拖动通道 Alpha1 副本到面板下方按钮上复制为通道 Alpha1 副本 2。

第 9 步：在通道 Alpha1 副本 2 上，执行“图像”＞“调整”＞“反相”命令；再执行“图像”＞“调整”＞“色阶”命令，设置如图 4-14j 所示。单击“好”按钮，效果如图 4-14k 所示。

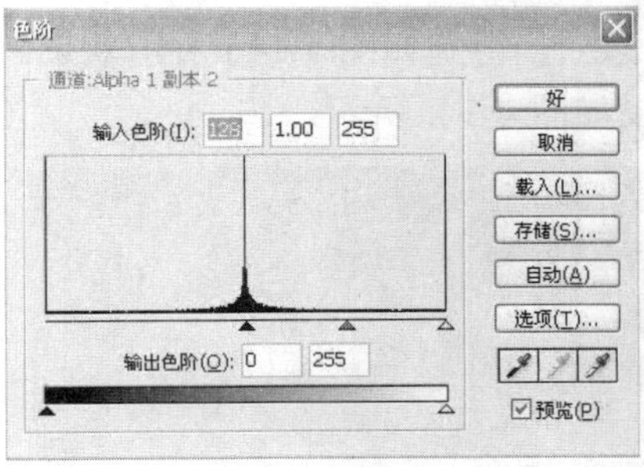


图 4-14j

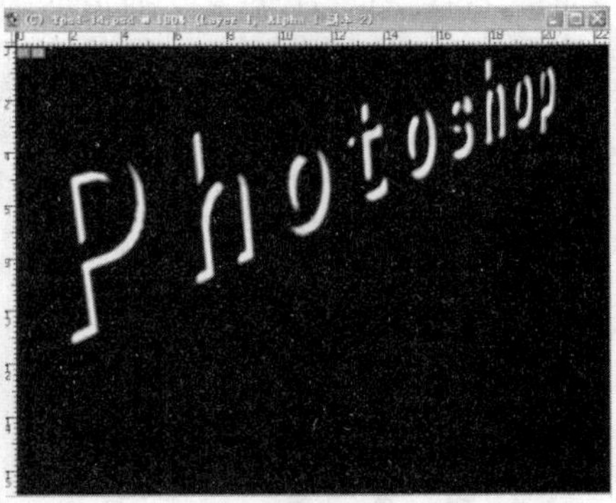


图 4-14k

第 10 步：激活通道 Alpha1 副本，再执行“图像”＞“调整”＞“色阶”命令，设置如图 4-14l 所示；单击“好”按钮，效果如图 4-14m 所示。

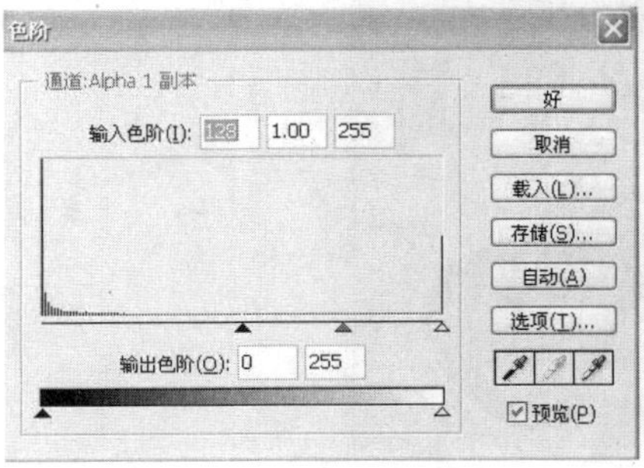


图 4-14l

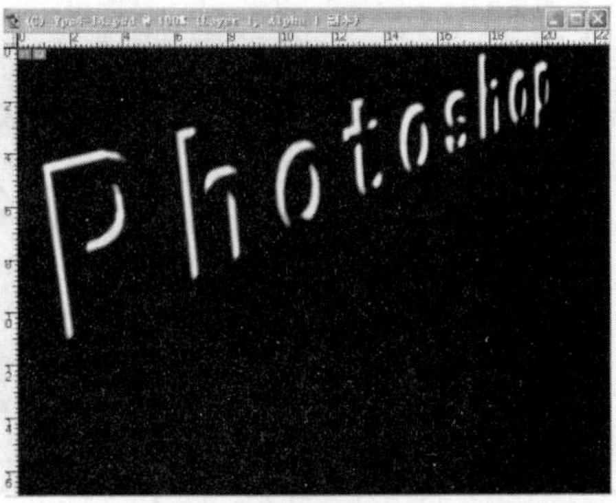


图 4-14m

3. 图层编辑

第 11 步：在通道面板上，单击 RGB 复合通道，把 Alpha1 通道拖到面板下方的 按钮上，加载 Alpha1 选区。把吉他拖移到一旁，在图层面板里建立图层 1，在背景层按 Ctrl+C 组合键复制，在图层 1 里按 Ctrl+V 组合键粘贴。

第 12 步：点选 Alpha1 副本通道拖到面板下方的 按钮上，加载 Alpha1 副本选区。在图层 1 中执行“图像”>“调整”>“色阶”命令，在对话框中移动三角滑块向左移动，亮化选区，如图 4-14n 所示，得到如图 4-14o 所示效果。

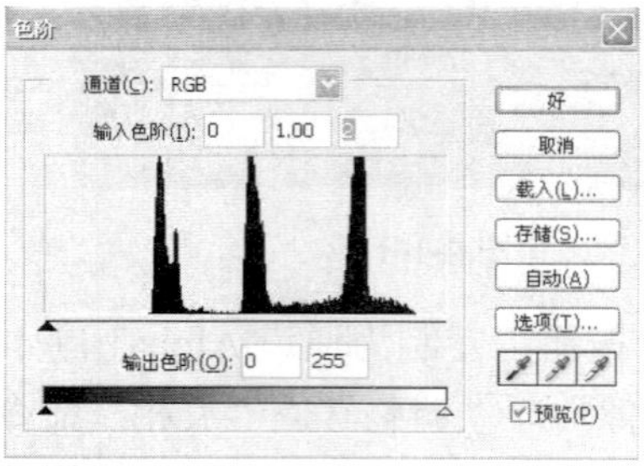


图 4-14n

图 4-14o

第 13 步：点选 Alpha1 副本 2 通道拖到面板下方的 按钮上，加载 Alpha1 副本 2 为当前选区；在图层 1 中执行“图像”>“调整”>“色阶”命令，在对话框中移动三角滑块向右移动，暗化选区，如图 4-14p 所示，取消选区，得到如图 4-14q 所示效果。

第 14 步：把吉他移到合适的位置，最终效果如图 4-14r 所示。

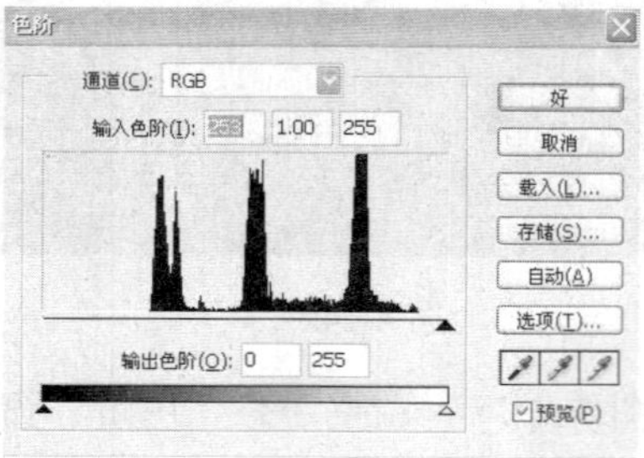


图 4-14p

图 4-14q

图 4-14r

4. 保存文件

第 15 步：将最终效果以 Xps4-14.psd 为文件名保存在考生文件夹下。

## 4.15　第 15 题解答

1. 打开文件

第 1 步：打开 C:\2003PS7\Yps4-15.psd 文件，如图 4-15a 所示。

图 4-15a

2. 图层编辑

第 2 步：在图层面板选择图层 Layer1（人物图层），执行“编辑”＞“变换”＞“缩放”命令，按 Shift 键成比例缩小人物，调整人物和大厅相和谐的比例，按回车键确认，如图 4-15b 所示。

第 3 步：复制图层 Layer1 为图层 Layer1 副本，然后再执行“编辑”＞“变换”＞“垂直翻转”命令，按回车键确认，在图层面板中调整图层 Layer1 副本的不透明度为 40%，如图 4-15c 所示。

图 4-15b

图 4-15c

第 4 步：在图层面板中单击图层 Layer1 副本眼睛后面的图标，单击图层面板右上角的三角形按钮，弹出下拉菜单，在对话框里选择“合并链接图层”，如图 4-15d 所示。

第 5 步：复制合并后的图层为图层 2，执行“编辑”＞“变换”＞“缩放”命令，缩小人物，按回车键确认；再执行“编辑”＞“变换”＞“水平翻转”命令，按回车键确认。

为了区别两个人物远近虚实的透视效果，可调整图层2的透明度为70%，最终效果如图4-15e所示。

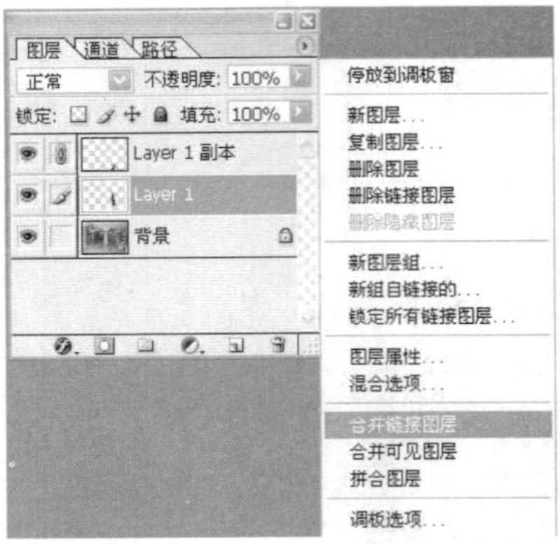


图 4-15d

图 4-15e

3. 保存文件

第 6 步：将最终效果以 Xps4-15.psd 为文件名保存在考生文件夹下。

## 4.16　第 16 题解答

1. 打开文件

第 1 步：打开 C:\2003PS7\Yps4-16.psd 文件，如图 4-16a 所示。

图 4-16a

2. 选择区域

第 2 步：单击图层面板中的新建快捷按钮，直接在图像的上方创建图层 1，并成为当前层，如图 4-16b 所示。

第 3 步：选择魔棒工具，在选项栏里设置“容差”为 42，选中“消除锯齿”和“连续的”两个选项，将蓝色“0”选中，按 Ctrl+X 组合键剪切蓝色“0”，如图 4-16c 所示；在图层 1 里按 Ctrl+V 组合键粘贴蓝色“0”，如图 4-16d 所示。

图 4-16b

图 4-16c

图 4-16d

3．图层编辑

第 4 步：对图层 1 中的蓝色“0”执行“编辑”>“变换”>“旋转”命令，效果如图 4-16e 所示。

第 5 步：选择套索工具，在选项栏里选中“消除锯齿”，然后用套索工具选择蓝色“0”和绿色“0”下面的相交处，羽化 10 个像素，如图 4-16f 所示。

图 4-16e

图 4-16f

第 6 步：执行“图层”>“新建”>“通过剪切的图层”命令，将选择的蓝色“0”的一部分放置在新图层中，为图层 2，图层面板如图 4-16g 所示。

第 7 步：在图层面板中拖动图层 2 放置在图层 Layer2 的下方，背景层的上方，图层面板如图 4-16h 所示，图像最终效果如图 4-16i 所示。

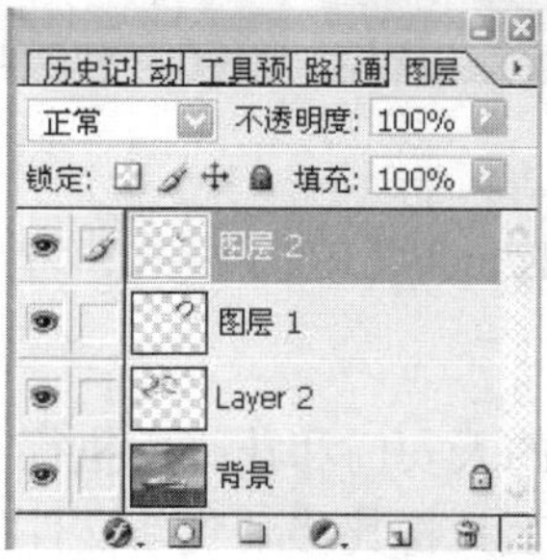


图 4-16g

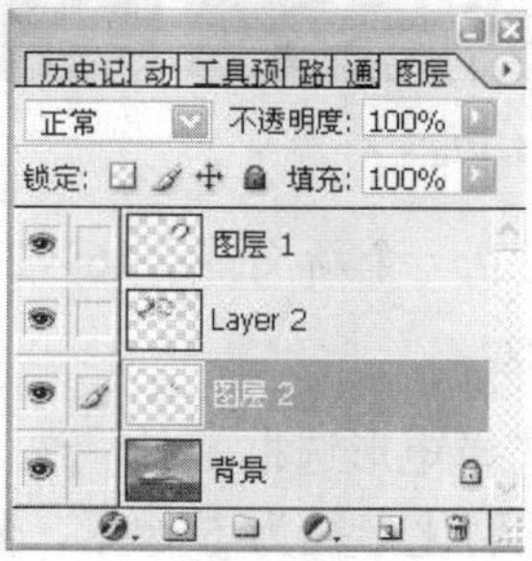


图 4-16h

图 4-16i

4. 保存文件

第 8 步：将最终效果以 Xps4-16.psd 为文件名保存在考生文件夹下。

## 4.17 第 17 题解答

1. 打开文件

第 1 步：打开 C:\2003PS7\Yps4a-17.tif、C:\2003PS7\Yps4b-17.tif 和 C:\2003PS7\Yps4c-17.tif 文件，如图 4-17a、4-17b 和 4-17c 所示。

图 4-17a

图 4-17b

图 4-17c

第 2 步：建立一个新文件：16×20cm、72 pixels/inch、RGB 模式、背景色为白色。

2. 建立选区

第 3 步：选择矩形选框工具，选中图 4-17b 中的天安门和花卉，执行“选择”＞“羽化”命令，设置羽化半径为 5 像素，然后选择移动工具将其移动到新文件的最上面，在新文件中生成图层 1，如图 4-17d 所示。

第 4 步：同步骤 3，选中图 4-17a 中的图形，选择移动工具将其移动到新文件的中间，在新文件中生成图层 2，如图 4-17e 所示。

图 4-17d

图 4-17e

第 5 步：同步骤 3，选中图 4-17c 中的图形，选择移动工具将其移动到新文件的下方，在新文件中生成图层 3，如图 4-17f 所示。

3. 图层编辑

第 6 步：选择新文件中的图层 2，用橡皮擦工具，在选项板里设置画笔为 100，不透明度为 10%，其他为默认，然后用橡皮擦工具擦除图层 2 和图层 1 的衔接处，使其自然融合，效果如图 4-17g 所示。

图 4-17f

图 4-17g

第 7 步：选择新文件中的图层 3，用橡皮擦工具，在选项板里设置画笔为 100，不透明度为 10%，其他为默认，然后用橡皮擦工具擦除图层 3 和图层 2 的衔接处，使其自然融合，效果如图 4-17h 所示。

图 4-17h

4. 保存文件

第 8 步：将最终效果以 Xps4-17.psd 为文件名保存在考生文件夹下。

## 4.18　第 18 题解答

1. 打开文件

第 1 步：打开 C:\2003PS7\Yps4a-18.tif、C:\2003PS7\Yps4b-18.tif 和 C:\2003PS7\Yps4c-18.tif 文件，如图 4-18a、4-18b 和 4-18c 所示。

图 4-18a

图 4-18b

图 4-18c

2. 图层编辑

第 2 步：选择椭圆选框工具选中图 4-18a 中的图形，执行“选择”＞“羽化”命令，设置羽化半径为 5 像素，然后选择移动工具将其移动到图 4-18c 的左上部，生成图层 1，执行“编辑”＞“变换”＞“缩放”命令，缩小图像，如图 4-18d 所示。

第 3 步：在图层面板里双击背景层，在弹出的对话框中单击“好”按钮，把背景层设为图层 0，在图层面板里把图层 1 移至图层 0 的下方。

第 4 步：选择新文件中的图层 1，用橡皮擦工具，在选项板里设置画笔为 50，不透明度为 10%，其他为默认，也可根据具体情况来设置画笔的大小和不透明度，然后用橡皮擦工具擦除图层 1 和图层 0 的衔接处，使其自然融合，效果如图 4-18e 所示。

图 4-18d

图 4-18e

第 5 步：选择魔棒工具，在选项板里设置容差为 42，选中消除锯齿。在图 4-18b 中点击背景然后按住 Shift 键进行加选，直至背景全部被选中，执行“选择”>“反选”命令，如图 4-18f 所示。

第 6 步：选择移动工具将其移动到图 4-18e 的左下角，生成图层 2，在图层面板里把图层 2 移至图层 0 的上面。选择矩形选框工具选中多余部分，并按 Delete 键删除，再执行“编辑”>“变换”>“缩放”命令，缩小图像。

第 7 步：选择图层 2，用橡皮擦工具，在选项板里根据具体情况设置画笔和不透明度，然后用橡皮擦工具擦除图层 2 和图层 0 的衔接处，使其自然融合，效果如图 4-18g 所示。

图 4-18f

图 4-18g

3. 保存文件

第 8 步：将最终效果以 Xps4-18.psd 为文件名保存在考生文件夹下。

## 4.19　第 19 题解答

1. 打开文件

第 1 步：打开 C:\2003PS7\Yps4a-19.psd 和 C:\2003PS7\Yps4b-19.tif 文件，如图 4-19a 和 4-19b 所示。

图 4-19a

图 4-19b

2. 图层编辑

第 2 步：在工具箱中选择移动工具将图 4-19b 移入图 4-19a 中，生成图层 1，调整图层顺序，图层面板如图 4-19c 所示。

第 3 步：在图层面板里双击背景层，激活背景层为图层 0。

第 4 步：对图层 Layer1 执行“图层”>“图层样式”命令，设置如图 4-19d 所示；图像效果如图 4-19e 所示。

第 5 步：选择椭圆选框工具，画出椭圆选区，如图 4-19f 所示。

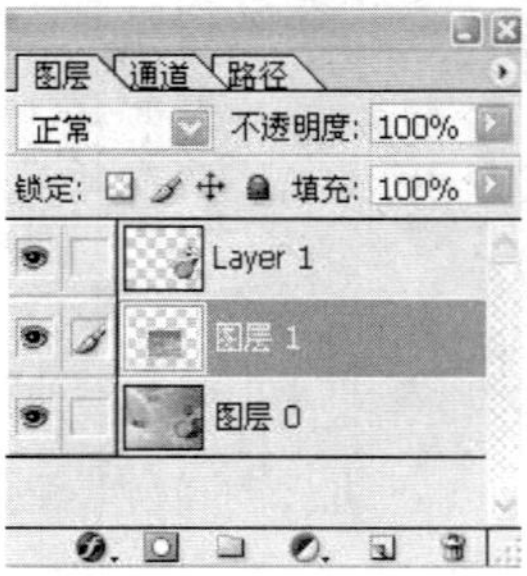


图 4-19c

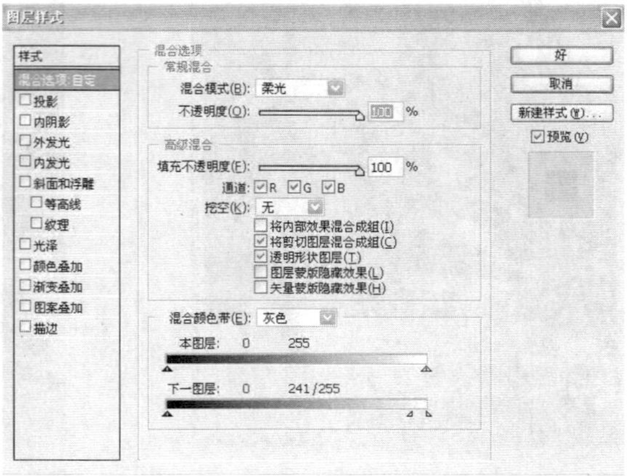


图 4-19d

图 4-19e

图 4-19f

第 6 步：在图层 1 状态下，按 Ctrl+C 组合键复制选区内容，在图层面板中建立图层 2，在图层 2 里按 Ctrl+V 组合键粘贴，然后把图层 1 删除，在图层面板调整图层 2 的不透明度为 70%，效果如图 4-19g 所示。

第 7 步：用同样的方法做出另外一个怀表，注意底纹明暗和这个不同，最终效果如图 4-19h 所示。

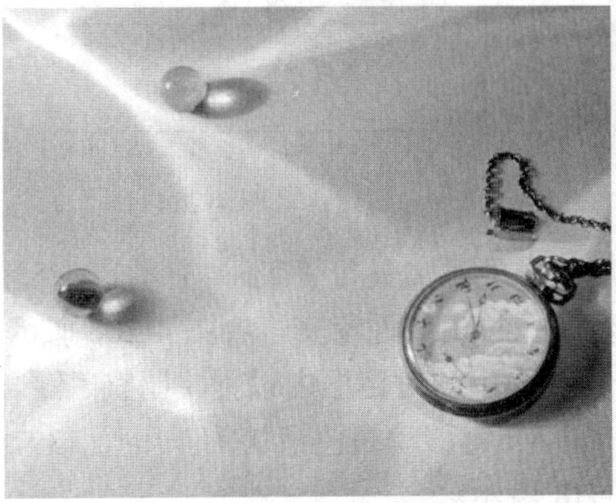

图 4-19g

图 4-19h

3. 保存文件

第 8 步：将最终效果以 Xps4-19.psd 为文件名保存在考生文件夹下。

## 4.20　第 20 题解答

1. 打开文件

第 1 步：打开 C:\2003PS7\Yps4a-20.tif 和 C:\2003PS7\Yps4b-20.tif 文件，如图 4-20a 和 4-20b 所示。

2. 图层编辑

第 2 步：在工具箱选择移动工具，将图 4-20b 移入图 4-20a 中，生成图层 1，如图 4-20c 所示；图层面板如图 4-20d 所示。

图 4-20a

图 4-20b

图 4-20c

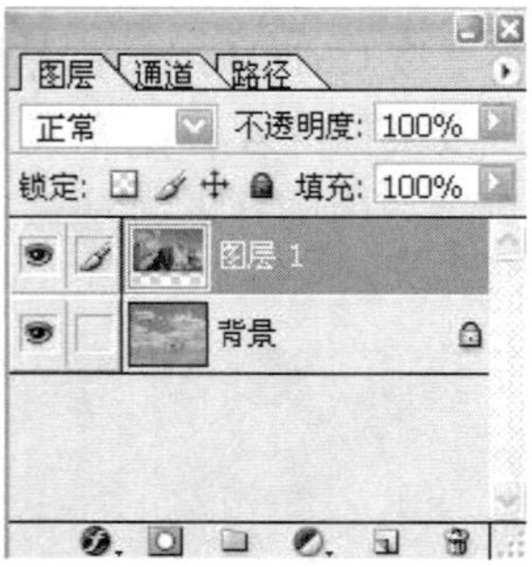


图 4-20d

第 3 步：对图层 1 执行图层蒙版，单击图层下方的添加矢量蒙版按钮，选择渐变工具，设置前景色为黑色，背景色为白色，然后对图像拉出线性渐变，如图 4-20e 所示。

第 4 步：执行“图层”>“图层样式”命令，在弹出的对话框中设置，调整“混合颜色带”中的选项“下一图层”下的白色三角滑块，按 Alt 键移动白色滑块的一半至 139，再按 Alt 键移动白色滑块的另一半至 210 处，如图 4-20f 所示。

图 4-20e

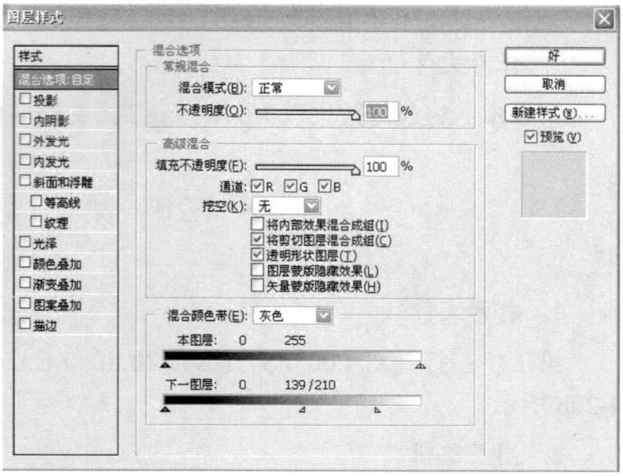


图 4-20f

第 5 步：最终效果如图 4-20g 所示。

图 4-20g

3. 保存文件

第 6 步：将最终效果以 Xps4-20.psd 为文件名保存在考生文件夹下。

# 第 5 单元　色彩修饰

## 5.1　第 1 题解答

1. 打开文件

第 1 步：打开 C:\2003PS7\Yps5-01.tif 文件，如图 5-01a 所示。

图 5-01a

2. 色彩调整

第 2 步：选择“图像”>“模式”>“RGB 颜色”，再执行“图像”>“调整”>“色彩平衡”命令，设置红色为 100，如图 5-01b 所示。

第 3 步：连续执行“图像”>“调整”>“色彩平衡”命令 3 次，最终效果如图 5-01c 所示。

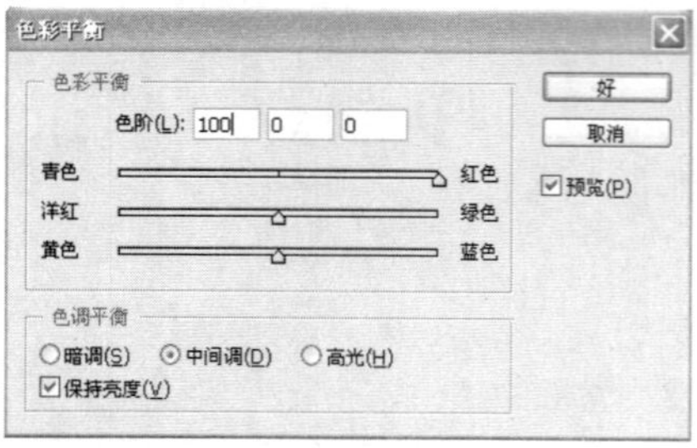


图 5-01b

图 5-01c

3. 保存文件

第 4 步：将最终效果以 Xps5-01.tif 为文件名保存在考生文件夹下。

# 5.2　第 2 题解答

1. 打开文件

第 1 步：打开 C:\2003PS7\Yps5-02.tif 文件，如图 5-02a 所示。

图 5-02a

2. 色彩调整

第 2 步：执行“图像”>“调整”>“色彩平衡”命令，调整绿色为+100，效果如图 5-02b 所示。

第 3 步：选择魔棒工具，设置容差为 32 像素，选择小花，然后执行“选择”>“扩大选区”命令，执行“选择”>“选取相似”命令，再按住 Shift 键加选，直至把小花全部选中，如图 5-02c 所示。

图 5-02b

图 5-02c

第 4 步：对小花选区执行“图像”>“调整”>“色彩平衡”命令，设置如图 5-02d 所示；如此执行三次色彩平衡，效果如图 5-02e 所示。

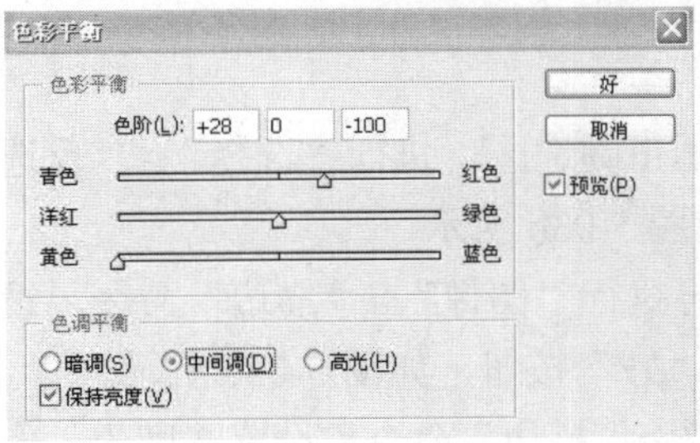


图 5-02d

图 5-02e

第 5 步：执行“图像”>“调整”>“曲线”命令，设置如图 5-02f 所示；取消选区，最终效果如图 5-02g 所示。

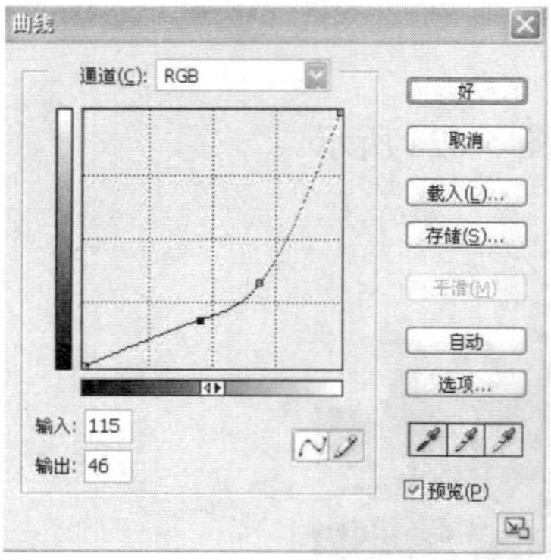


图 5-02f

图 5-02g

3. 保存文件

第 6 步：将最终效果以 Xps5-02.tif 为文件名保存在考生文件夹下。

## 5.3 第 3 题解答

1. 打开文件

第 1 步：打开 C:\2003PS7\Yps5-03.tif 文件，如图 5-03a 所示。

图 5-03a

2. 色彩调整

第 2 步：选择椭圆选框工具，按 Shift 键画正圆选区，执行“选择”>“反选”命令，再执行“图像”>“调整”>“去色”命令，如图 5-03b 所示。

第 3 步：执行“选择”>“反选”命令，再执行“图像”>“描边”命令，设置宽度为 2 像素，颜色为白色，模式为正常，然后单击“好”按钮，如图 5-03c 所示。

第 4 步：选择单行选框工具，执行“图像”>“描边”命令，设置宽度为 1 像素，颜色为白色，模式为正常，然后单击“好”按钮，双击图像取消选区。

图 5-03b

图 5-03c

第 5 步：选择单列选框工具，执行“图像”>“描边”命令，设置和第 4 步一样，然后双击图像取消选区，如图 5-03d 所示。

第 6 步：选择魔棒工具，设置容差为 80，其他为默认，然后按 Shift 键加选，效果如图 5-03e 所示。

图 5-03d

图 5-03e

第 7 步：对其执行“图像”>“调整”>“色相/饱和度”命令，设置如图 5-03f 所示，效果如图 5-03g 所示。

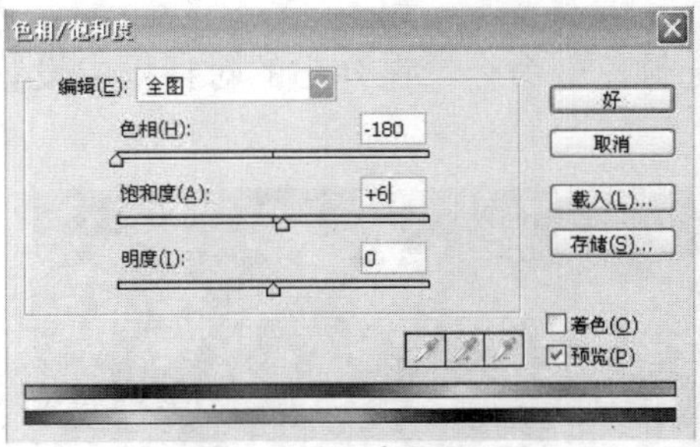


图 5-03f

图 5-03g

第 8 步：再选择魔棒工具，设置和第 7 步一样，如图 5-03h 所示。

第 9 步：对其执行“图像”>“调整”>“色相/饱和度”命令，调整色相和饱和度，最终效果如图 5-03i 所示。

图 5-03h

图 5-03i

3. 保存文件

第 10 步：将最终效果以 Xps5-03.tif 为文件名保存在考生文件夹下。

## 5.4　第 4 题解答

1. 打开文件

第 1 步：打开 C:\2003PS7\Yps5-04.tif 文件，如图 5-04a 所示。

图 5-04a

2. 色彩调整

第 2 步：执行“图像”>“调整”>“可选颜色”命令，在弹出的对话框中设置，设置如图 5-04b 所示；图像效果如图 5-04c 所示。

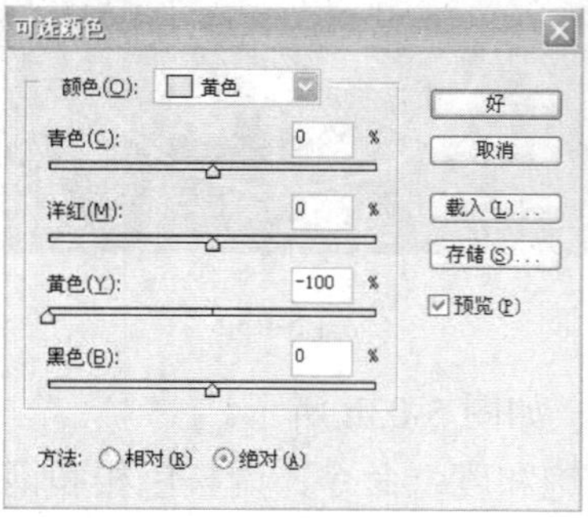


图 5-04b

图 5-04c

第 3 步：执行“图像”>“调整”>“色阶”命令，在弹出的对话框中设置，调整中间的三角滑块，如图 5-04d 所示；图像效果如图 5-04e 所示。

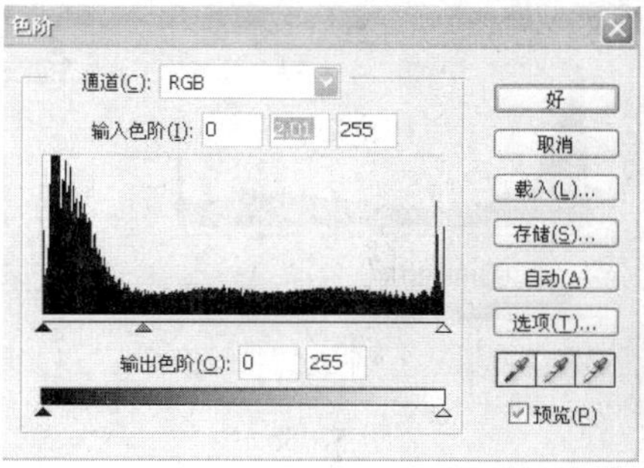


图 5-04d

图 5-04e

第 4 步：执行“图像”>“调整”>“色彩平衡”命令，在弹出的对话框中设置，移动黄色下面的三角滑块，如图 5-04f 所示；图像效果如图 5-04g 所示。

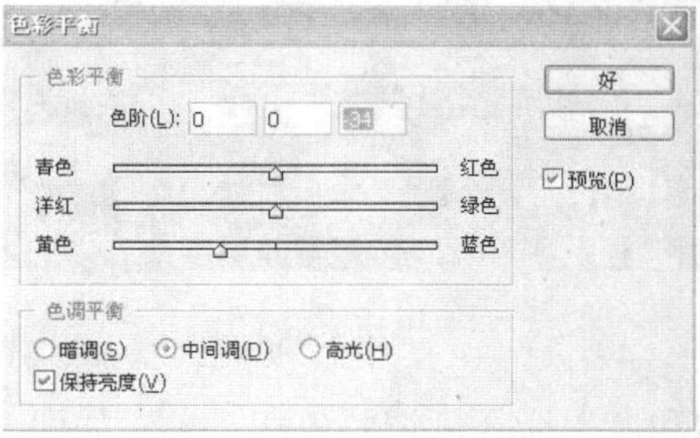


图 5-04f

图 5-04g

3. 保存文件

第 5 步：将最终效果以 Xps5-04.tif 为文件名保存在考生文件夹下。

## 5.5　第 5 题解答

1. 打开文件

第 1 步：打开 C:\2003PS7\Yps5-05.tif 文件，如图 5-05a 所示。

2. 色彩调整

第 2 步：执行“图像”>“调整”>“色阶”命令，调整色阶，设置如图 5-05b 所示，效果如图 5-05c 所示。

第 3 步：选择魔棒工具，在选项栏里设置容差为 30 像素，选中黄色的小花，执行“选择”>“扩大选区”命令，再执行“选择”>“选区相似”命令，如图 5-05d 所示。

图 5-05a

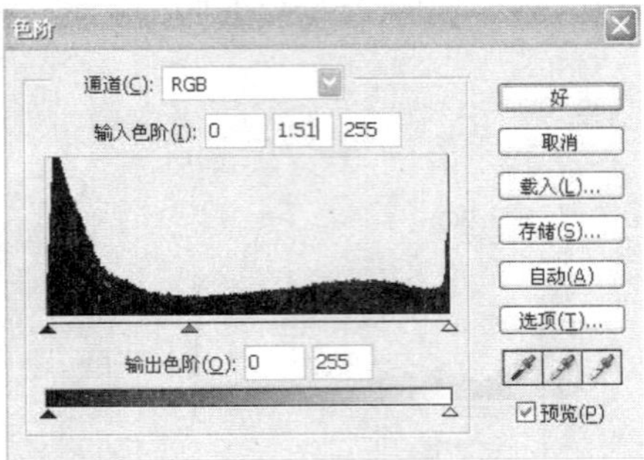


图 5-05b

图 5-05c

图 5-05d

第 4 步：执行“图像”>“调整”>“色相/饱和度”命令，调整色相，设置如图 5-05e 所示，单击“好”按钮，然后取消选区，效果如图 5-05f 所示。

图 5-05e

图 5-05f

3. 保存文件

第 5 步：将最终效果以 Xps5-05.tif 为文件名保存在考生文件夹下。

# 5.6　第 6 题解答

1. 打开文件

第 1 步：打开 C:\2003PS7\Yps5-06.tif 文件，如图 5-06a 所示。

图 5-06a

2. 色彩调整

第 2 步：执行“图像”>“调整”>“反相”命令，如图 5-06b 所示。

第 3 步：选择矩形选框工具选中图像的右边，如图 5-06c 所示。

图 5-06b

图 5-06c

第 4 步：执行“图像”>“调整”>“色调分离”命令，设置如图 5-06d 所示，单击“好”按钮。

第 5 步：效果如图 5-06e 所示。

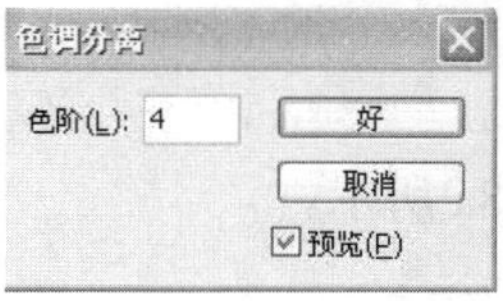


图 5-06d

图 5-06e

3. 保存文件

第 6 步：将最终效果以 Xps5-06.tif 为文件名保存在考生文件夹下。

## 5.7 第 7 题解答

1. 打开文件

第 1 步：打开 C:\2003PS7\Yps5-07.jpg 文件，如图 5-07a 所示。

2. 色彩调整

第 2 步：执行“图像”>“调整”>“亮度/对比度”命令，设置如图 5-07b 所示，单击“好”按钮。

第 3 步：执行“图像”>“调整”>“色彩平衡”命令，设置如图 5-07c 所示，单击“好”按钮。最终效果如图 5-07d 所示。

图 5-07a

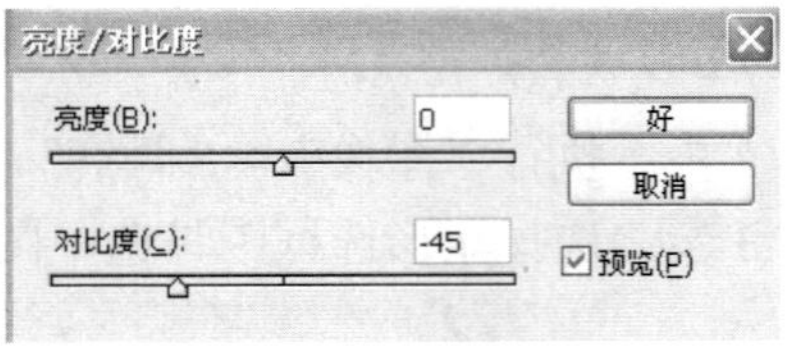


图 5-07b

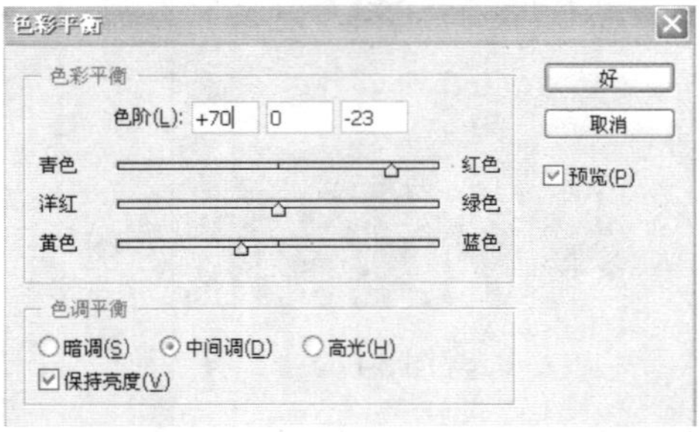


图 5-07c

图 5-07d

3. 保存文件

第 4 步：将最终效果以 Xps5-07.tif 为文件名保存在考生文件夹下。

## 5.8 第 8 题解答

1. 打开文件

第 1 步：打开 C:\2003PS7\Yps5-08.tif 文件，如图 5-08a 所示。

图 5-08a

2．色彩调整

第 2 步：对图像执行“图像”>“调整”>“通道混合器”命令，在弹出的对话框中设置，如图 5-08b 所示，单击“好”按钮，效果如图 5-08c 所示。

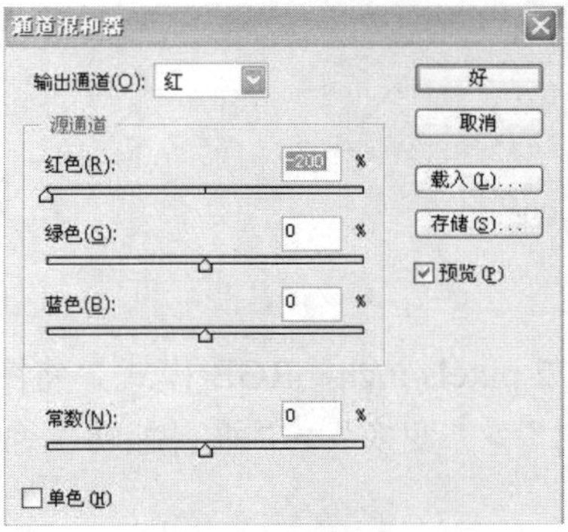


图 5-08b

图 5-08c

第 3 步：再执行“图像”>“调整”>“色阶”命令，在弹出的对话框中设置，如图 5-08d 所示，单击“好”按钮，效果如图 5-08e 所示。

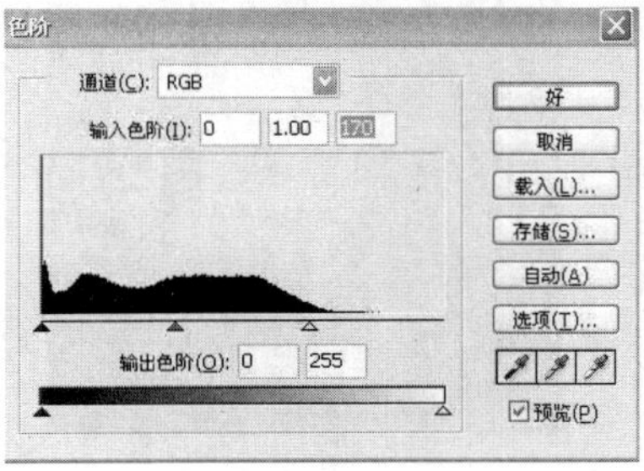


图 5-08d

图 5-08e

3．保存文件

第 4 步：将最终效果以 Xps5-08.tif 为文件名保存在考生文件夹下。

## 5.9 第 9 题解答

1．打开文件

第 1 步：打开 C:\2003PS7\Yps5-09. tif 文件，如图 5-09a 所示。

图 5-09a

2．色彩调整

第 2 步：建立一个新文件：12×15 cm、72 pixels/inch、RGB 模式。将图 5-09a 用移动工具移至新文件中，生成图层 1，执行“编辑”>“变换”>“垂直翻转”命令，效果如图 5-09b 所示。

第 3 步：再执行“编辑”>“变换”>“水平翻转”命令，效果如图 5-09c 所示。

第 4 步：执行“图像”>“调整”>“色彩平衡”命令，设置如图 5-09d 所示，单击“确定”按钮，最终效果如图 5-09e 所示。

图 5-09b

图 5-09c

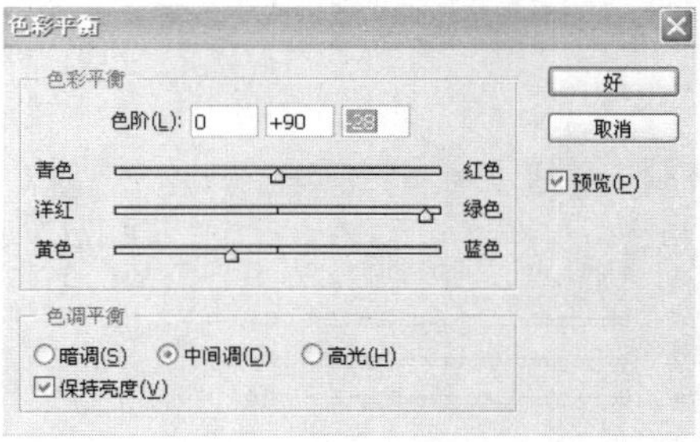


图 5-09d

图 5-09e

3. 保存文件

第 5 步：将最终效果以 Xps5-09.tif 为文件名保存在考生文件夹下。

## 5.10　第 10 题解答

1. 打开文件

第 1 步：打开 C:\2003PS7\Yps5-10.tif 文件，如图 5-10a 所示。

图 5-10a

2. 色彩调整

第 2 步：选择钢笔工具勾勒出图 5-10a 中的一朵玫瑰，在路径面板下方单击 按钮，将路径作为选区载入，如图 5-10b 所示。

第 3 步：对玫瑰花选区执行“图像”>“调整”>“色彩平衡”命令，在弹出的对话框中移动滑块到洋红，数值为-100，如图 5-10c 所示；再执行“选择”>“反选”命令，如图 5-10d 所示。

第 4 步：然后执行“图像”>“调整”>“去色”命令，再执行“图像”>“调整”>“色彩平衡”命令，在弹出的对话框中调整滑块到绿色，数值为 100，如图 5-10e 所示，效果如图 5-10f 所示。

图 5-10b

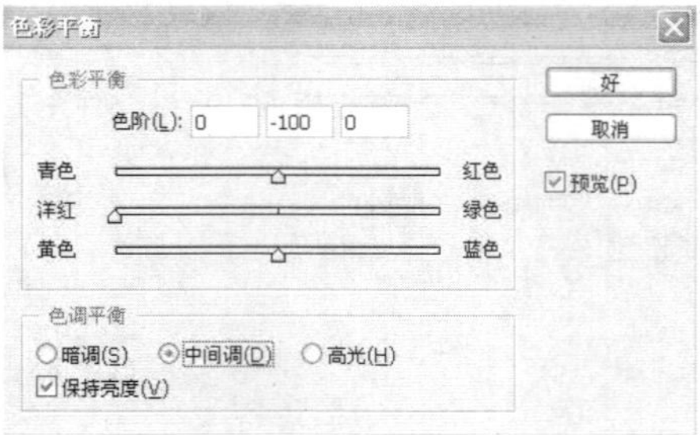


图 5-10c

图 5-10d

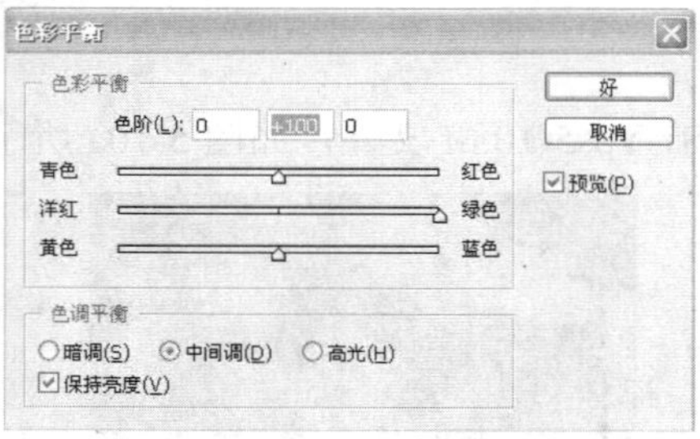


图 5-10e

图 5-10f

第 5 步：执行“图像”>“调整”>“色阶”命令，在弹出的对话框中，调整滑块，如图 5-10g 所示；最终效果如图 5-10h 所示。

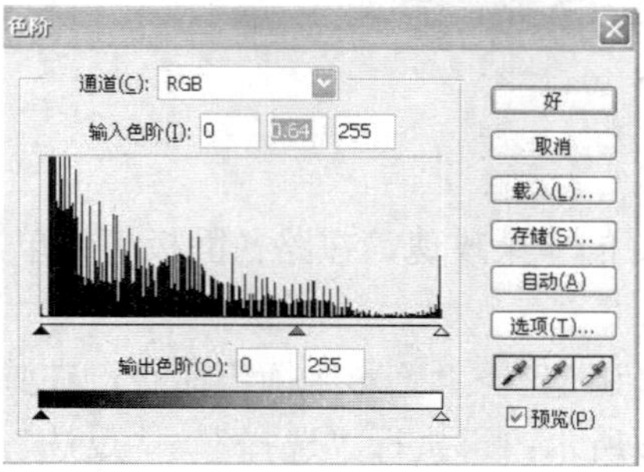


图 5-10g

图 5-10h

3. 保存文件

第 6 步：将最终效果以 Xps5-10.tif 为文件名保存在考生文件夹下。

## 5.11　第 11 题解答

1. 打开文件

第 1 步：打开 C:\2003PS7\Yps5-11. tif 文件，如图 5-11a 所示。备份一个图像。

图 5-11a

2. 色彩调整

第 2 步：选择魔棒工具，在魔棒选项栏里设置容差为 32，执行“选择”>“扩大选区”命令，如图 5-11b 所示。

第 3 步：对选区执行“图像”>“调整”>“去色”命令，取消选区，效果如图 5-11c 所示。

图 5-11b

图 5-11c

3. 保存文件

第 4 步：将最终效果以 Xps5a-11.tif 为文件名保存在考生文件夹下。

4．色彩调整

第 5 步：打开刚才备份的图像，执行以上步骤，在去色以后，继续执行“图像”>“调整”>“色彩平衡”命令，在弹出的色彩平衡对话框中，设置如图 5-11e 所示，单击“好”按钮，最终效果如图 5-11f 所示。

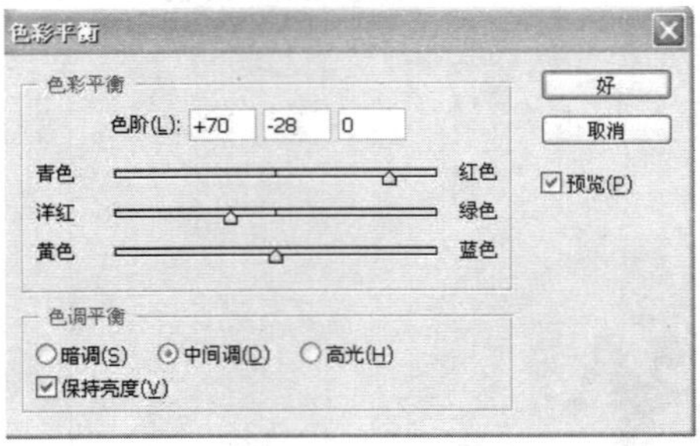


图 5-11e

图 5-11f

5．保存文件

第 6 步：将最终效果以 Xps5b-11.tif 为文件名保存在考生文件夹下。

## 5.12　第 12 题解答

1．打开文件

第 1 步：打开 C:\2003PS7\Yps5-12.tif 文件，如图 5-12a 所示。

图 5-12a

2．色彩调整

第 2 步：执行“图像”>“调整”>“色调分离”命令，设置如图 5-12b 所示。

第 3 步：效果如图 5-12c 所示。

图 5-12b

图 5-12c

第 4 步：打开“图像”>“画布大小”对话框，设置“宽度”为 17 cm，“高度”为 15 cm，如图 5-12d 所示。

第 5 步：最终效果如图 5-12e 所示。

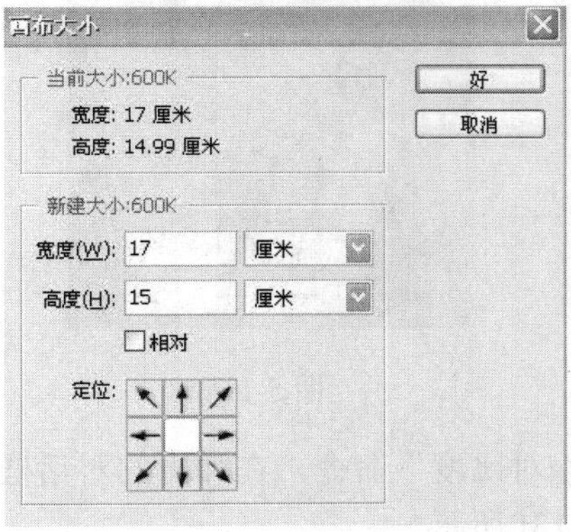


图 5-12d

图 5-12e

3. 保存文件

第 6 步：将最终效果以 Xps5-12.tif 为文件名保存在考生文件夹下。

## 5.13　第 13 题解答

1. 打开文件

第 1 步：打开 C:\2003PS7\Yps5-13.tif 文件，如图 5-13a 所示。

2. 色彩调整

第 2 步：选择钢笔工具勾勒出花的形状，在路径面板下方单击按钮，载入选区，如图 5-13b 所示。

第 3 步：执行“图像”>“调整”>“色相/饱和度”命令，在弹出的对话框中设置，如图 5-13c 所示，单击“好”按钮，效果如图 5-13d 所示。

图 5-13a

图 5-13b

图 5-13c

图 5-13d

第 4 步：再执行“图像”>“调整”>“亮度/对比度”命令，在弹出的对话框中设置，如图 5-13e 所示，单击“好”按钮，效果如图 5-13f 所示。

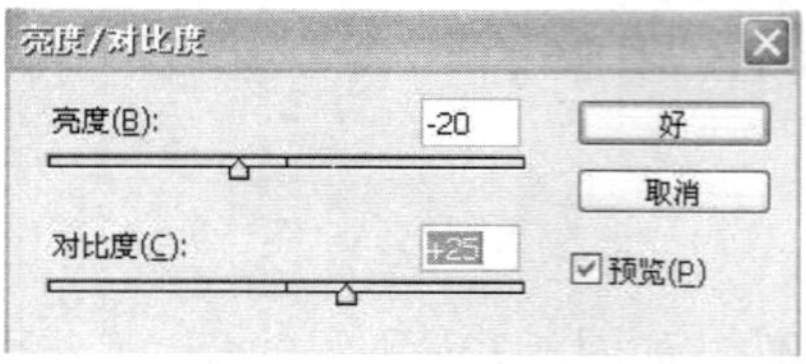


图 5-13e

图 5-13f

第 5 步：执行“选择”>“反选”命令，如图 5-13g 所示。

第 6 步：然后执行“图像”>“调整”>“色彩平衡”命令，设置如图 5-13h 所示；效果如图 5-13i 所示。

第 7 步：执行“图像”>“调整”>“曲线”命令，调整曲线，如图 5-13j 所示，单击“好”按钮，最终效果如图 5-13k 所示。

图 5-13g

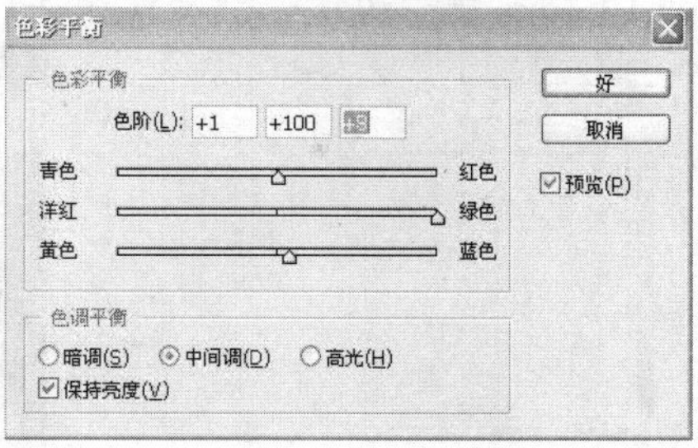


图 5-13h

图 5-13i

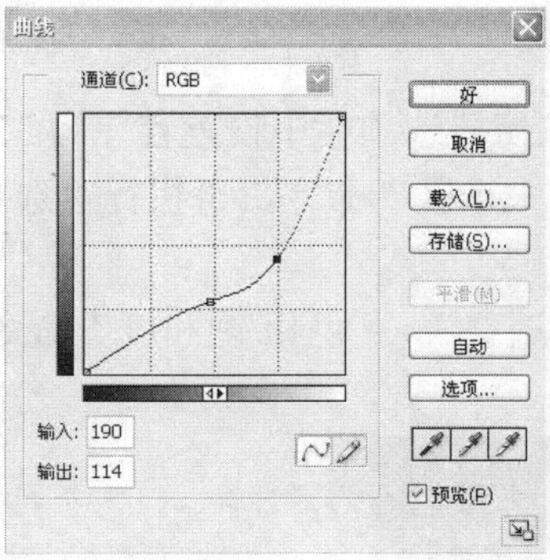


图 5-13j

图 5-13k

3. 保存文件

第 8 步：将最终效果以 Xps5-13.tif 为文件名保存在考生文件夹下。

## 5.14　第 14 题解答

1. 打开文件

第 1 步：打开 C:\2003PS7\Yps5-14.tif 文件，如图 5-14a 所示。

图 5-14a

2. 色彩调整

第 2 步：对图像执行“图像”>“调整”>“曲线”命令，在弹出的对话框中设置，如图 5-14b 所示，单击“好”按钮，效果如图 5-14c 所示。

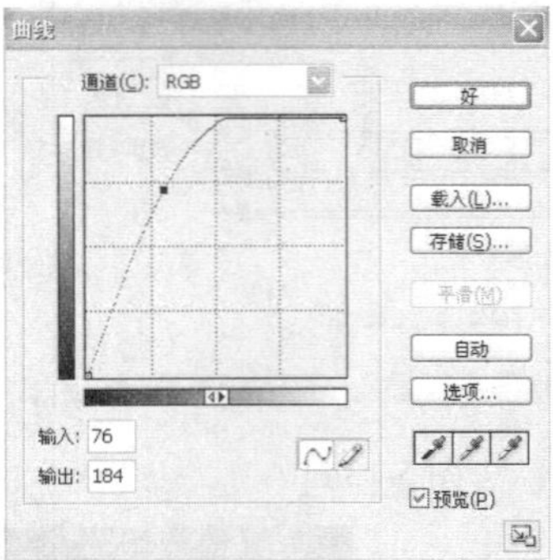


图 5-14b

图 5-14c

第 3 步：选择魔棒工具，在魔棒选项栏中设置容差为 32 像素，其他为默认，然后选择黄色花蕊，执行“选择”>“扩大选区”命令，再执行“选择”>“选取相似”命令，如图 5-14d 所示。

第 4 步：执行“图像”>“调整”>“色相/饱和度”命令，在弹出的对话框中设置，如图 5-14e 所示。

图 5-14d

图 5-14e

第 5 步：最终效果如图 5-14f 所示。

图 5-14f

3. 保存文件

第 6 步：将最终效果以 Xps5-14.tif 为文件名保存在考生文件夹下。

# 5.15　第 15 题解答

1. 打开文件

第 1 步：打开 C:\2003PS7\Yps5-15.tif 文件，如图 5-15a 所示。

图 5-15a

2. 色彩调整

第 2 步：对图 5-15a 执行“图像”>“调整”>“亮度/对比度”命令，在弹出的对话框中设置，如图 5-15b 所示。

第 3 步：单击“好”按钮，效果如图 5-15c 所示。

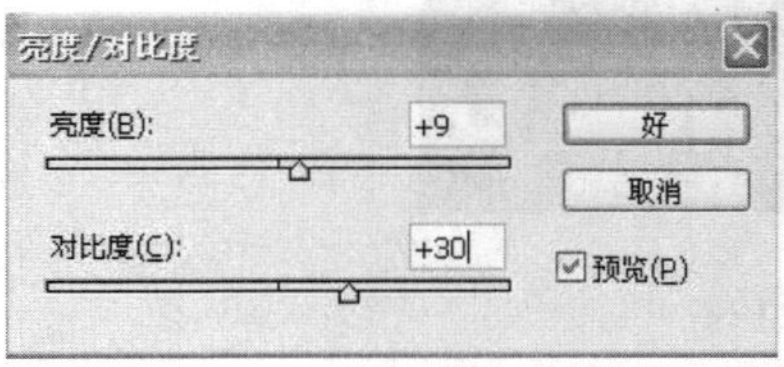


图 5-15b

图 5-15c

第 4 步：再执行“图像”>“调整”>“色相/饱和度”命令，在弹出的对话框中按图 5-15d 所示设置。

第 5 步：单击“好”按钮，效果如图 5-15e 所示。

图 5-15d

图 5-15e

3．保存文件

第 6 步：将最终效果以 Xps5-15.tif 为文件名保存在考生文件夹下。

## 5.16　第 16 题解答

1．打开文件

第 1 步：打开 C:\2003PS7\Yps5-16.tif 文件，如图 5-16a 所示。

图 5-16a

2．色彩调整

第 2 步：对图 5-16a 执行“图像”>“调整”>“色相/饱和度”命令，设置如图 5-16b 所示，单击“好”按钮，效果如图 5-16c 所示。

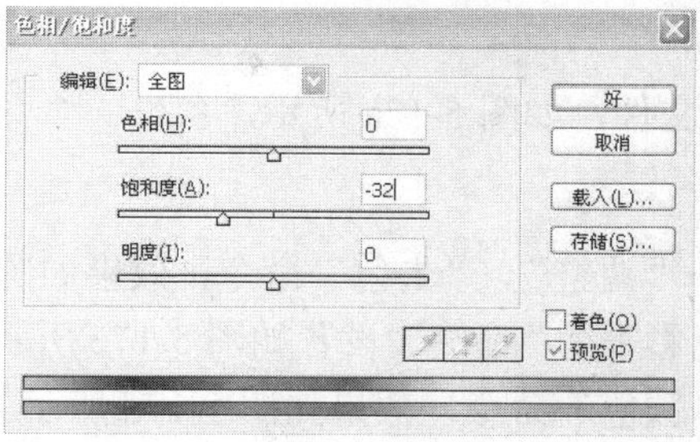


图 5-16b

图 5-16c

第 3 步：再执行“图像”>“调整”>“色阶”命令，设置如图 5-16d 所示，单击“好”按钮，效果如图 5-16e 所示。

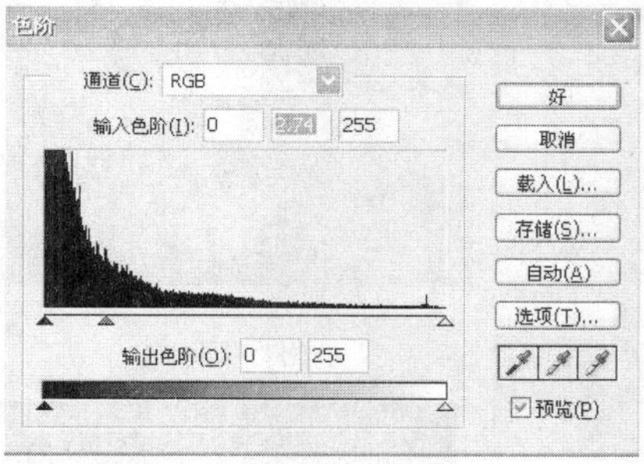


图 5-16d

图 5-16e

第 4 步：然后执行“图像”>“调整”>“亮度/对比度”命令，设置如图 5-16f 所示，单击“好”按钮，效果如图 5-16g 所示。

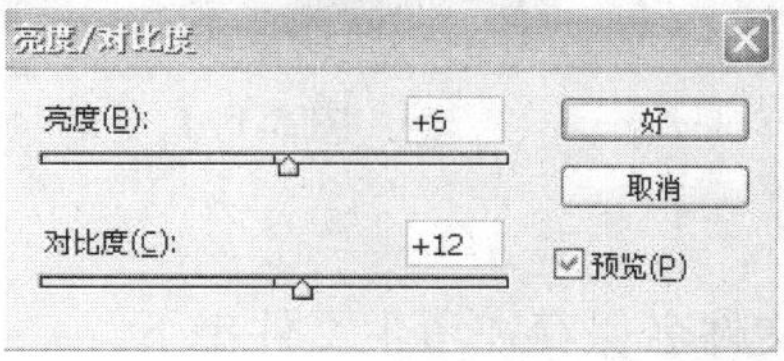


图 5-16f

图 5-16g

3. 保存文件

第 5 步：将最终效果以 Xps5-16.tif 为文件名保存在考生文件夹下。

## 5.17　第 17 题解答

1. 打开文件

第 1 步：打开 C:\2003PS7\Yps5-17.tif 文件，如图 5-17a 所示。备份一个图像。

2. 色彩调整

第 2 步：对第一个图像执行“图像”>“调整”>“去色”命令，效果如图 5-17b 所示。

第 3 步：执行“图像”>“调整”>“色彩平衡”命令，设置如图 5-17c 所示，单击“好”按钮，执行“图像”>“模式”>“CMYK 颜色”命令，效果如图 5-17d 所示。

图 5-17a

图 5-17b

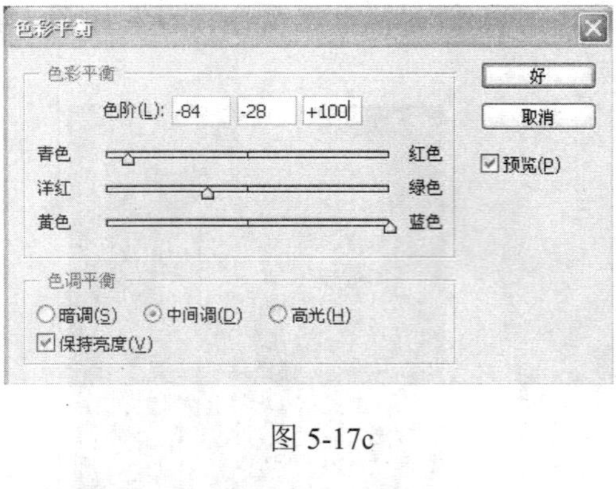


图 5-17c

图 5-17d

3. 保存文件

第 4 步：将最终效果以 Xps5a-17.tif 为文件名保存在考生文件夹下。

4. 色彩调整

第 5 步：对备份的另一个图像执行“图像”>“模式”>“灰度”命令，如图 5-17e 所示。

第 6 步：执行“图像”>“模式”>“双色调”命令，设置“类型”为单色调，单击“油墨”旁边的颜色框，弹出拾色器，颜色设置为（R252、G91、B110）。单击“好”按钮，回到双色调对话框，如图 5-17f 所示；再单击“好”按钮，效果如图 5-17g 所示。

图 5-17e

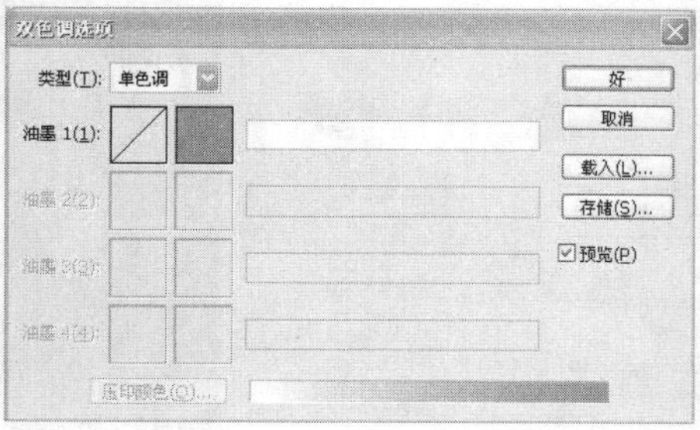


图 5-17f

图 5-17g

5. 保存文件

第 7 步：将最终效果以 Xps5b-17.tif 为文件名保存在考生文件夹下。

## 5.18　第 18 题解答

1. 打开文件

第 1 步：打开 C:\2003PS7\Yps5-18.tif 文件，如图 5-18a 所示。

2. 色彩调整

第 2 步：选择套索工具勾勒图 5-18a 左上角的一朵花，设置羽化半径为 15 像素，如图 5-18b 所示。

图 5-18a

图 5-18b

第 3 步：按 Ctrl+C 组合键复制选区，在图层面板建立图层 1，在图层 1 中按 Ctrl+V 组合键粘贴选区，然后执行“图像” > “调整” > “去色”命令。

第 4 步：执行“图像” > “调整” > “色相/饱和度”命令，设置如图 5-18c 所示，效果如图 5-18d 所示。

图 5-18c

图 5-18d

第 5 步：选择椭圆选框工具，选择中间的一朵花，设置羽化半径为 20 像素，如图 5-18e 所示。

第 6 步：对其执行“图像” > “调整” > “反相”命令，最终效果如图 5-18f 所示。

图 5-18e

图 5-18f

3. 保存文件

第 7 步：将最终效果以 Xps5b-18.tif 为文件名保存在考生文件夹下。

## 5.19　第 19 题解答

1. 打开文件

第 1 步：打开 C:\2003PS7\Yps5-19. tif 文件，如图 5-19a 所示。

2. 色彩调整

第 2 步：对图 5-19a 执行“图像”>“模式”>“灰度”命令，效果如图 5-19b 所示。

图 5-19a

图 5-19b

第 3 步：再执行“图像”>“模式”>“位图”命令，在弹出的对话框中设置“输出”为 72 像素，“方法”使用扩散仿色，如图 5-19c 所示。

第 4 步：单击“好”按钮，效果如图 5-19d 所示。

图 5-19c

图 5-19d

3. 保存文件

第 5 步：将最终效果以 Xps5a-19.tif 为文件名保存在考生文件夹下。

4. 色彩调整

第 6 步：再对原图 5-19a 执行“图像”>“模式”>“灰度”命令，再执行“图像”>“模式”>“双色调”命令，在弹出的对话框中设置单色 M100%，如图 5-19e 所示。

第 7 步：单击“好”按钮，效果如图 5-19f 所示。

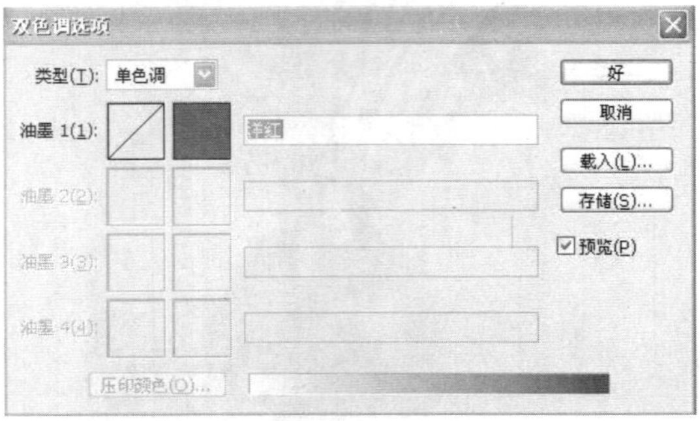


图 5-19e

图 5-19f

5. 保存文件

第 8 步：将最终效果以 Xps5b-19.tif 为文件名保存在考生文件夹下。

## 5.20 第 20 题解答

1. 打开文件

第 1 步：打开 C:\2003PS7\Yps5-20.tif 文件，如图 5-20a 所示。

2. 色彩调整

第 2 步：执行“图像” > “旋转画布” > “90 度（逆时针）”命令，如图 5-20b 所示。

图 5-20a

图 5-20b

第 3 步：再执行“图像”>“调整”>“亮度/对比度”命令，设置如图 5-20c 所示，单击“好”按钮，效果如图 5-20d 所示。

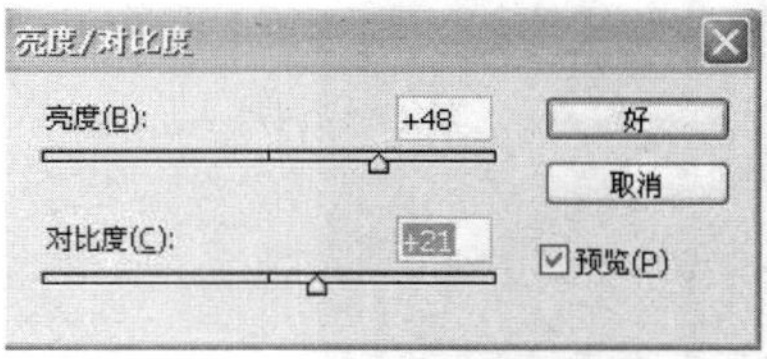


图 5-20c

图 5-20d

第 4 步：然后执行“图像”>“调整”>“色彩平衡”命令，加重绿色，设置如图 5-20e 所示，单击“好”按钮，最终效果如图 5-20f 所示。

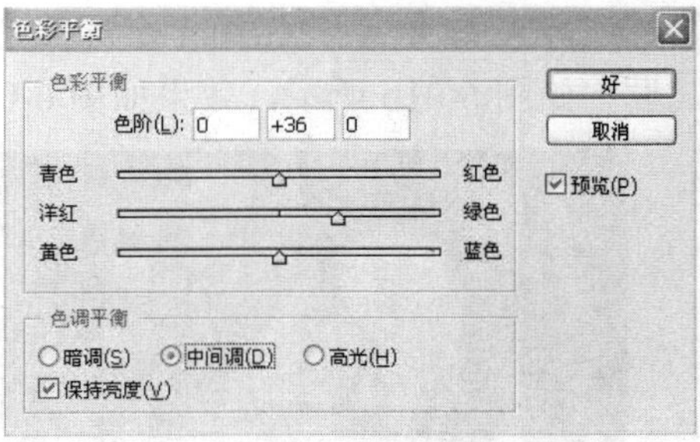


图 5-20e

图 5-20f

3. 保存文件

第 5 步：将最终效果以 Xps5-20.tif 为文件名保存在考生文件夹下。

# 第 6 单元　滤镜效果

## 6.1　第 1 题解答

1. 打开文件

第 1 步：打开 C:\2003PS7\Yps6a-01.tif 文件，如图 6-01a 所示。

图 6-01a

2. 滤镜操作

第 2 步：对图 6-01a 做出落地灯的光线效果（白光、绿光），先做第 1 个灯白光的效果，执行“滤镜”>“渲染”>“光照效果”命令，设置如图 6-01b 所示，效果如图 6-01c 所示。

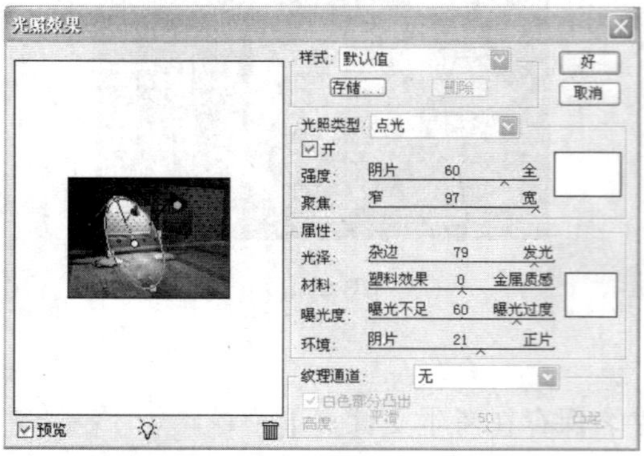


图 6-01b

图 6-01c

第 3 步：再做第 2 个灯绿光的效果，执行“滤镜”>“渲染”>“光照效果”命令，设置如图 6-01d 所示，效果如图 6-01e 所示。

3. 保存文件

第 4 步：将最终效果以 Xps6a-01.tif 为文件名保存在考生文件夹下。

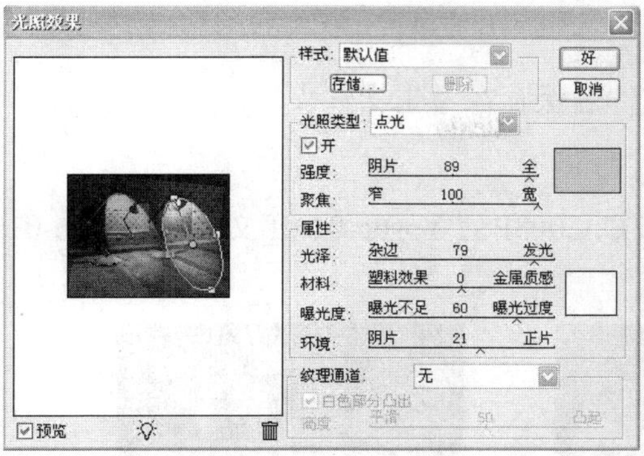


图 6-01d

图 6-01e

4．打开文件

第 5 步：打开 C:\2003PS7\Yps6b-01.tif 文件，如图 6-01f 所示。

图 6-01f

5．滤镜操作

第 6 步：对图像做出镜头折射效果，执行“滤镜”>“渲染”>“镜头光晕”命令，设置如图 6-01g 所示，效果如图 6-01h 所示。

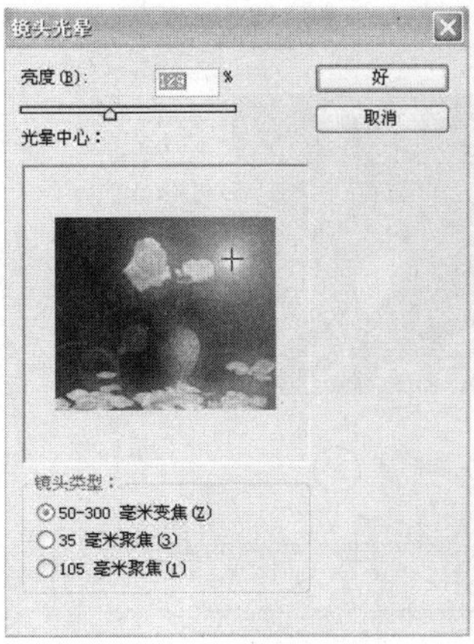


图 6-01g

图 6-01h

6. 保存文件

第 7 步：将最终效果以 Xps6b-01.tif 为文件名保存在考生文件夹下。

7. 打开文件

第 8 步：打开 C:\2003PS7\Yps6a-01.tif 和 C:\2003PS7\Yps6c-01.tif 文件，如图 6-01a 和 6-01i 所示。

图 6-01a

图 6-01i

8. 滤镜操作

第 9 步：选择魔棒工具，在选项栏里设置容差为 42，点击图 6-01i 中的黑色背景，执行“选择”>“反选”命令，如图 6-01j 所示。

第 10 步：在图 6-01a 中，选择通道面板，在通道面板中建立 Alpha1 通道，选择移动工具将苹果和篮子的选区移入通道 Alpha1 中。

第 11 步：复制通道 Alpha1 为通道 Alpha1 副本，对其执行“滤镜”>“风格化”>“浮雕”命令，在弹出的对话框中按图 6-01k 所示进行设置，单击“好”按钮。复制通道 Alpha1 副本为通道 Alpha1 副本 2，回到通道 Alpha1 副本中，对其执行“图像”>“调整”>“色阶”命令，在弹出的色阶对话框中设置，如图 6-01l 所示；在通道 Alpha1 副本 2 中，执行“图像”>“调整”>“反相”命令，再对其执行“图像”>“调整”>“色阶”命令，在弹出的色阶对话框中设置，如图 6-01l 所示，通道面板如图 6-01m 所示。

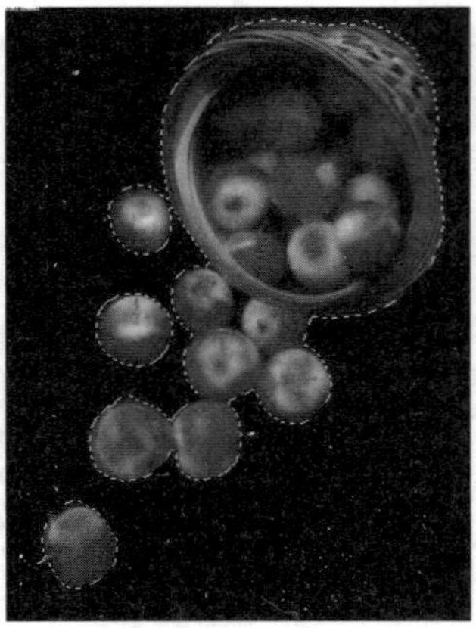

图 6-01j

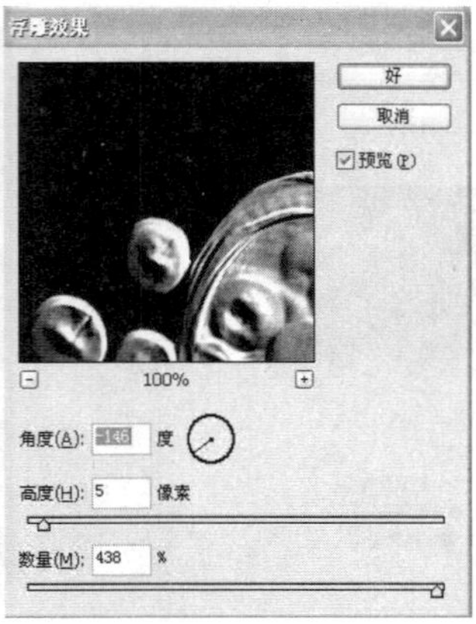


图 6-01k

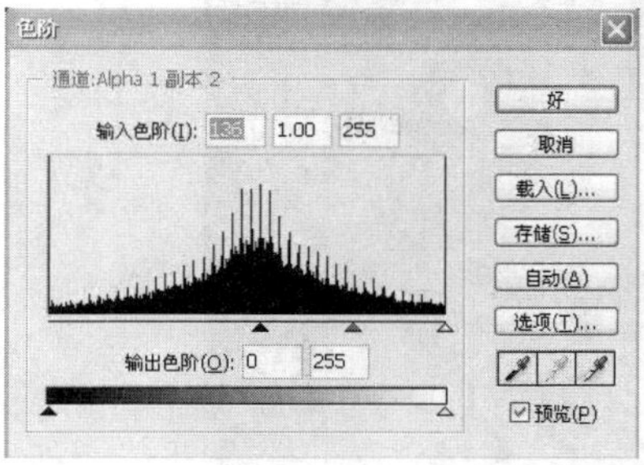


图 6-01l

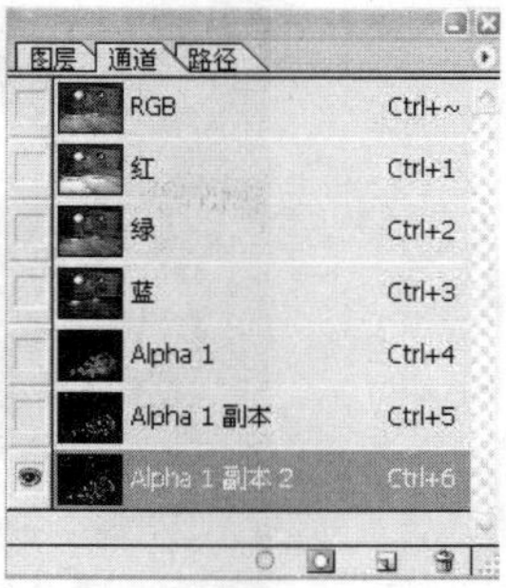


图 6-01m

第 12 步：在通道面板单击 RGB 通道，把通道 Alpha1 副本拖入通道面板下方的按钮上，载入选区，对其执行“图像”>“调整”>“色阶”命令，在弹出的色阶对话框中按图 6-01n 所示进行设置。再把通道 Alpha1 副本 2 拖入通道面板下方的按钮上，载入选区，对其执行“图像”>“调整”>“色阶”命令，在弹出的色阶对话框中按图 6-01o 所示进行设置。

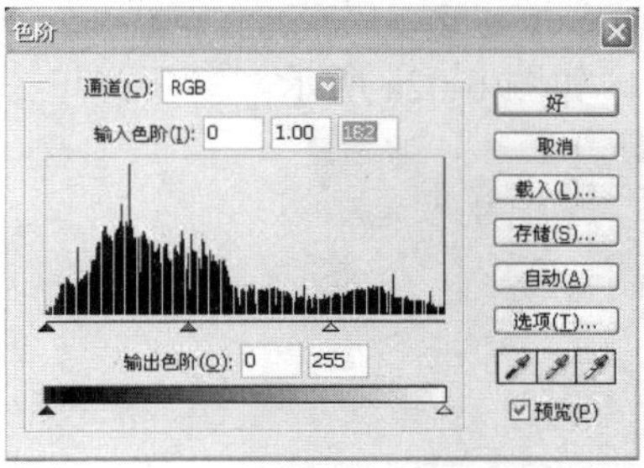


图 6-01n

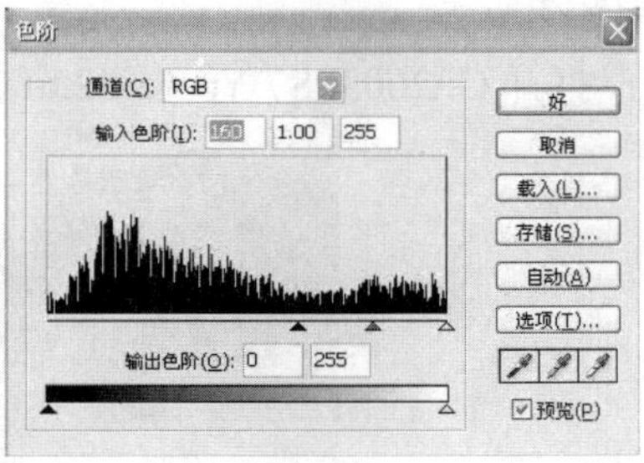


图 6-01o

第 13 步：取消选区，图像效果如图 6-01p 所示。

第 14 步：执行“滤镜”>“渲染”>“光照效果”命令，在弹出的光照效果对话框里设置，如图 6-01q 所示；最终效果如图 6-01r 所示。

图 6-01p

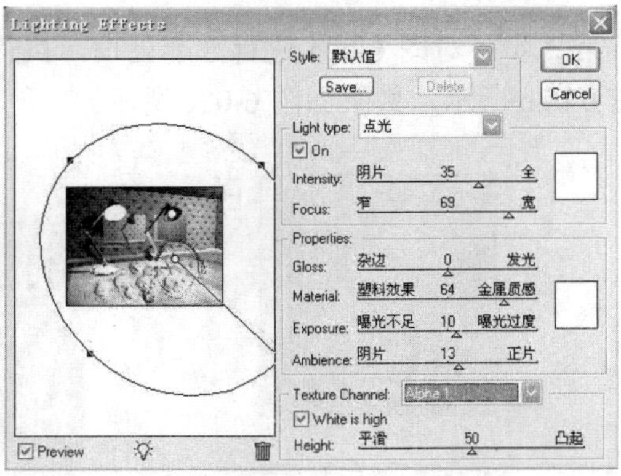


图 6-01q

9. 保存文件

第 15 步：将最终效果以 Xps6c-01.tif 为文件名保存在考生文件夹下。

图 6-01r

# 6.2　第 2 题解答

1．打开文件

第 1 步：打开 C:\2003PS7\Yps6a-02.tif 文件，如图 6-02a 所示。

图 6-02a

2．滤镜操作

第 2 步：对图 6-02a 进行浮雕处理，执行“滤镜”>“风格化”>“浮雕”命令，设置如图 6-02b 所示，效果如图 6-02c 所示。

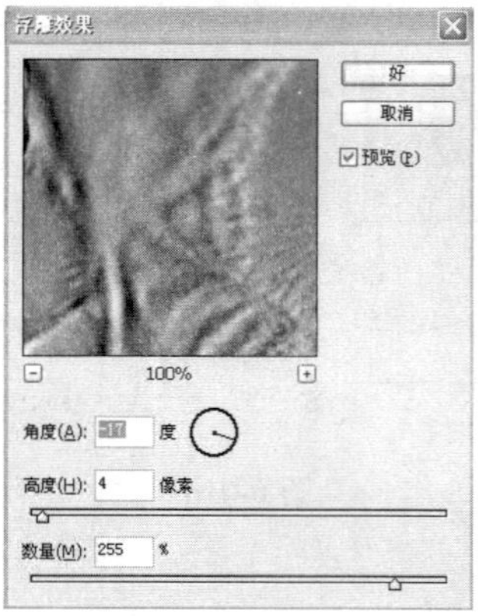


图 6-02b

图 6-02c

第 3 步：再对图像进行漫射处理，执行“滤镜”>“扭曲”>“扩散亮光”命令，设置如图 6-02d 所示，效果如图 6-02e 所示。

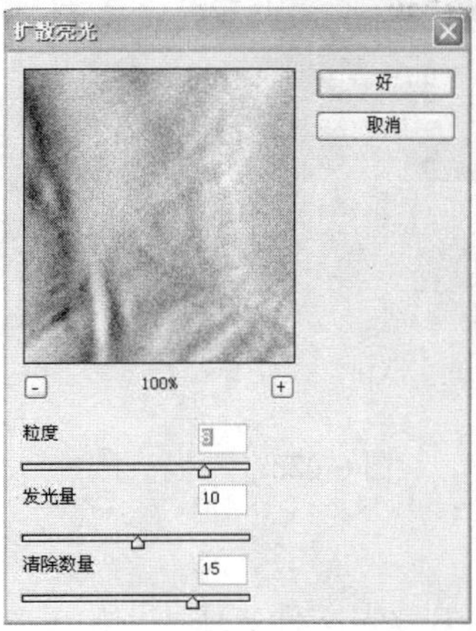


图 6-02d

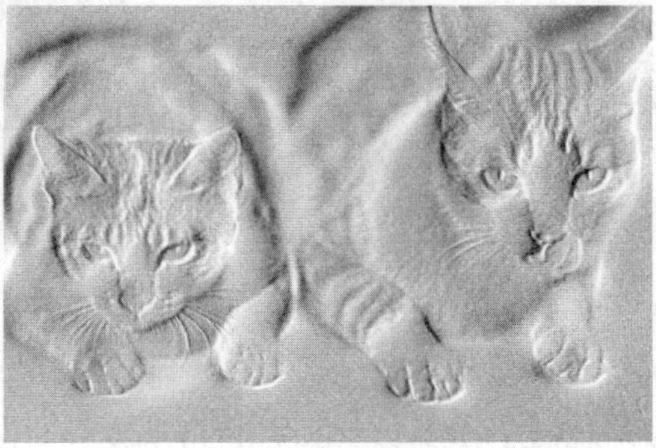

图 6-02e

3. 保存文件

第 4 步：将最终效果以 Xps6a-02.tif 为文件名保存在考生文件夹下。

4. 滤镜操作

第 5 步：打开图 6-02a，对图像进行勾勒边界的效果处理，执行“滤镜”>“风格化”>“查找边缘”命令，效果如图 6-02f 所示。

图 6-02f

5. 保存文件

第 6 步：将最终效果以 Xps6b-02.tif 为文件名保存在考生文件夹下。

6. 滤镜操作

第 7 步：打开图 6-02a，对图像进行磁砖效果处理，执行“滤镜”>“风格化”>“拼贴”命令，设置如图 6-02g 所示，效果如图 6-02h 所示。

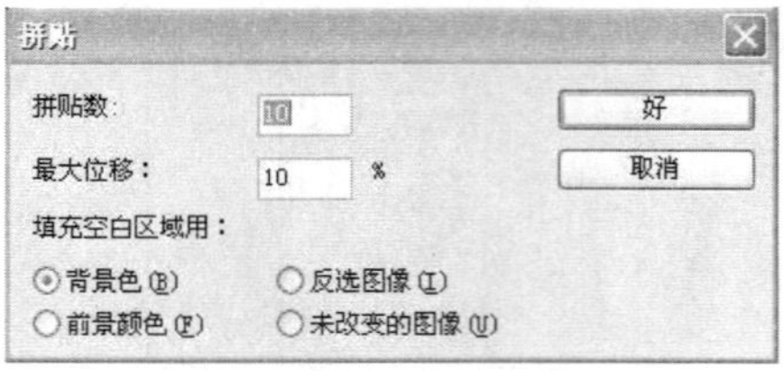


图 6-02g

图 6-02h

7. 保存文件

第 8 步：将最终效果以 Xps6c-02.tif 为文件名保存在考生文件夹下。

## 6.3 第 3 题解答

1. 打开文件

第 1 步：打开 C:\2003PS7\Yps6a-03.psd 文件，如图 6-03a 所示。

图 6-03a

2. 滤镜操作

第 2 步：选择钢笔工具勾勒出飞机，在路径面板下方单击“将路径作为选区载入”按钮，如图 6-03b 所示；按 Ctrl+C 组合键复制飞机选区，在图层面板建立图层 1，按 Ctrl+V 组合键在图层 1 中粘贴飞机选区，图层面板如图 6-03c 所示。

第 3 步：选择套索工具，在图层 1 里勾勒飞机的后半部分，执行“选择”>“羽化”命令，设置“羽化半径”为 30 像素，如图 6-03d 所示。

图 6-03b

图 6-03c

图 6-03d

第 4 步：执行“滤镜”>“模糊”>“动感模糊”命令，设置“角度”为 48，“距离”为 660 像素，如图 6-03e 所示；执行“滤镜”>“模糊”>“动感模糊”命令，设置“角度”为 48，“距离”为 415 像素；再执行“滤镜”>“模糊”>“动感模糊”命令，设置“角度”为 48，“距离”为 100 像素；最终效果如图 6-03f 所示。

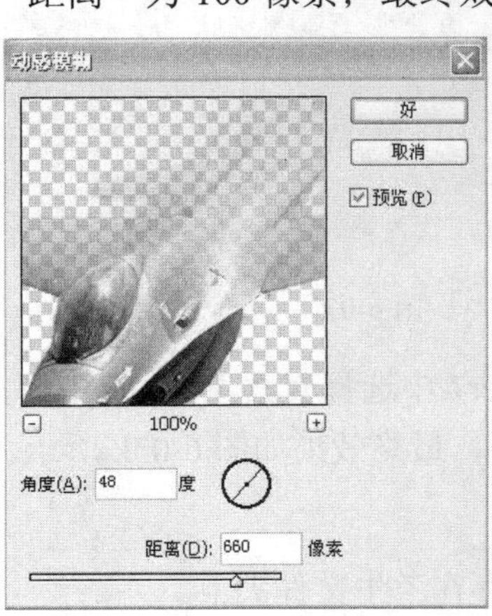


图 6-03e

图 6-03f

3. 保存文件

第 5 步：将最终效果以 Xps6a-03.tif 为文件名保存在考生文件夹下。

4. 打开文件

第 6 步：打开 C:\2003PS7\Yps6b-03.psd 文件，如图 6-03g 所示。

5. 滤镜操作

第 7 步：对图层 Layer1 中的箭进行旋转，执行“编辑”>“变换”>“旋转”命令，旋转 30°；再执行“编辑”>“变换”>“扭曲”命令；效果如图 6-03h 所示。

图 6-03g

图 6-03h

第 8 步：在图层面板双击背景层，在弹出的对话框中单击“好”按钮，激活背景层，此时为图层 0。对图层 0 执行“滤镜”>“模糊”>“径向模糊”命令，设置如图 6-03i 所示。连续执行此命令 3 次，效果如图 6-03j 所示。

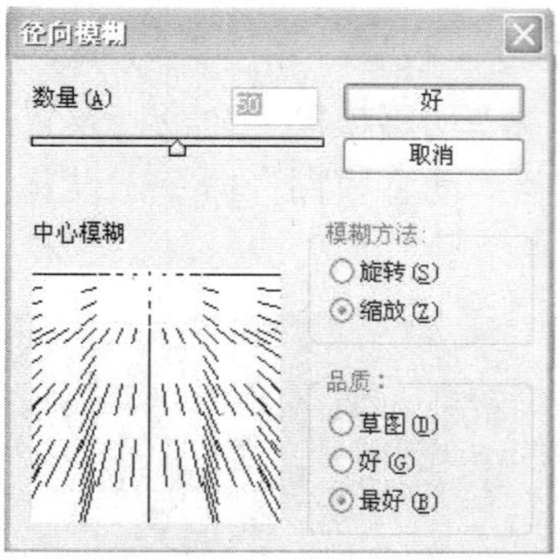


图 6-03i

图 6-03j

第 9 步：为了使远近透视效果更逼真，在图层 Layer1 中选择套索工具，选中箭头部分，羽化 10 像素，执行“滤镜”>“模糊”>“模糊”命令，最终效果如图 6-03k 所示。

6. 保存文件

第 10 步：将最终效果以 Xps6b-03.tif 为文件名保存在考生文件夹下。

图 6-03k

7．打开文件

第 11 步：打开 C:\2003PS7\Yps7-05.tif 文件，如图 6-03l 所示。

图 6-03l

8．滤镜操作

第 12 步：对图像进行勾勒边界的效果处理，执行“滤镜”>“模糊”>“径向模糊”命令，设置如图 6-03m 所示，效果如图 6-03n 所示。

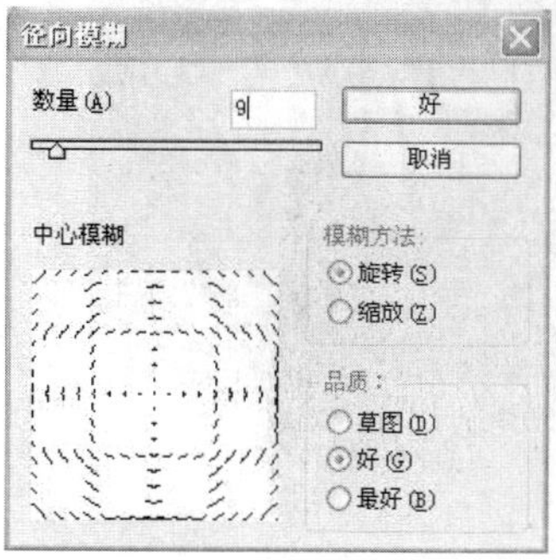


图 6-03m

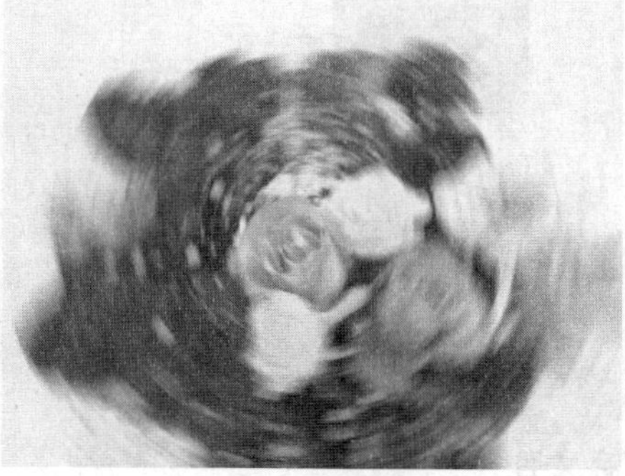

图 6-03n

9．保存文件

第 13 步：将最终效果以 Xps6c-03.tif 为文件名保存在考生文件夹下。

# 6.4 第 4 题解答

1. 打开文件

第 1 步：打开 Yps8b-20.tif 文件，如图 6-04a 所示。

图 6-04a

2. 滤镜操作

第 2 步：对图 6-04a 所示图像进行变形处理，执行“滤镜”>“扭曲”>“极坐标”命令，设置如图 6-04b 所示，效果如图 6-04c 所示。

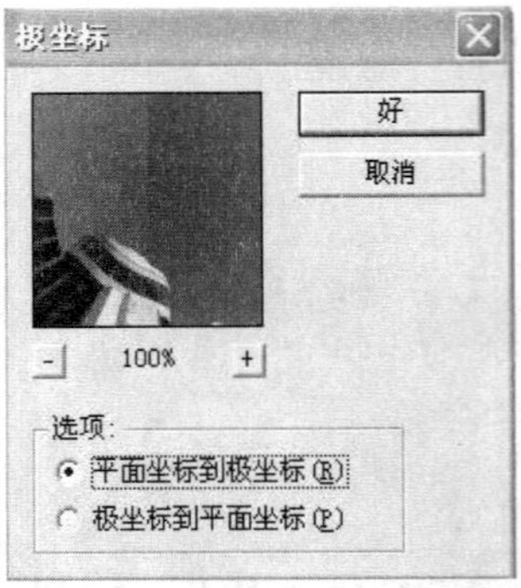


图 6-04b

图 6-04c

3. 保存文件

第 3 步：将最终效果以 Xps6a-04.tif 为文件名保存在考生文件夹下。

4. 打开文件

第 4 步：打开 C:\2003PS7\Yps7-05.tif 文件，如图 6-04d 所示。

图 6-04d

5. 滤镜操作

第 5 步：对图 6-04d 所示图像进行变形处理，执行“滤镜”>“扭曲”>“旋转扭曲”命令，设置如图 6-04e 所示，效果如图 6-04f 所示。

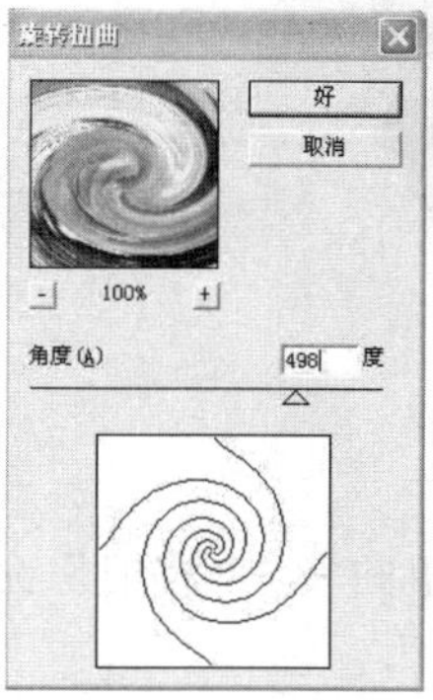


图 6-04e

图 6-04f

6. 保存文件

第 6 步：将最终效果以 Xps6b-04.tif 为文件名保存在考生文件夹下。

7. 滤镜操作

第 7 步：对图 6-04d 所示图像进行水波纹理处理，执行“滤镜”>“扭曲”>“海洋波纹”命令，设置如图 6-04g 所示，效果如图 6-04h 所示。

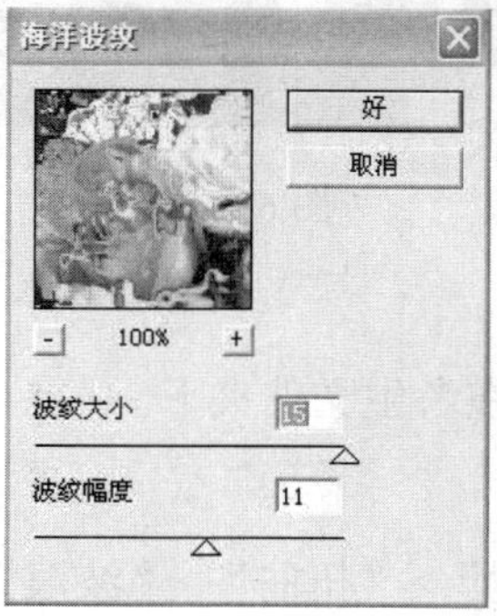


图 6-04g

图 6-04h

8．保存文件

第 8 步：将最终效果以 Xps6c-04.tif 为文件名保存在考生文件夹下。

## 6.5　第 5 题解答

1．打开文件

第 1 步：打开 C:\2003PS7\Yps7-05.tif 文件，如图 6-05a 所示。

图 6-05a

2．滤镜操作

第 2 步：对图像进行正弦波处理，执行“滤镜”>“扭曲”>“波浪”命令，设置如图 6-05b 所示，效果如图 6-05c 所示。

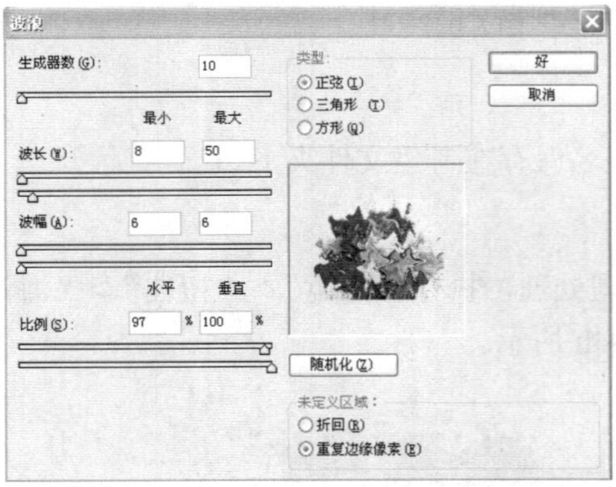


图 6-05b

图 6-05c

3．保存文件

第 3 步：将最终效果以 Xps6a-05.tif 为文件名保存在考生文件夹下。

4．滤镜操作

第 4 步：对图 6-05a 进行三角波处理，执行“滤镜”>“扭曲”>“波浪”命令，设置如图 6-05d 所示，效果如图 6-05e 所示。

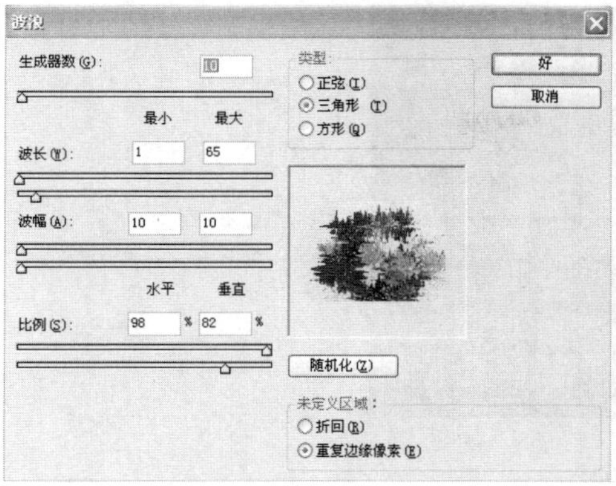


图 6-05d

图 6-05e

5. 保存文件

第 5 步：将最终效果以 Xps6b-05.tif 为文件名保存在考生文件夹下。

6. 滤镜操作

第 6 步：打开图 6-05a，对图像进行方波处理，执行“滤镜”>“扭曲”>“波浪”命令，设置如图 6-05f 所示，效果如图 6-05g 所示。

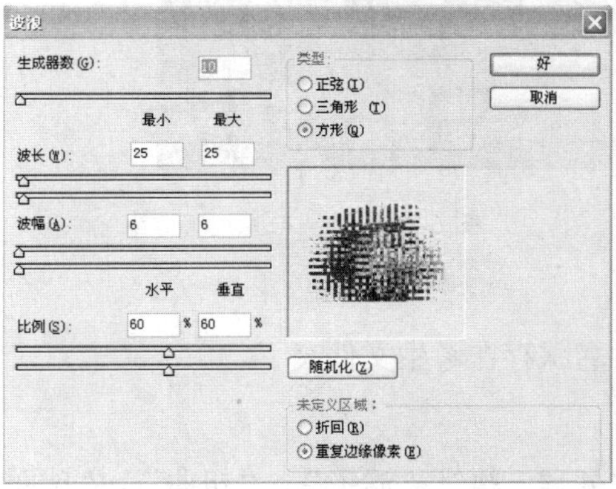


图 6-05f

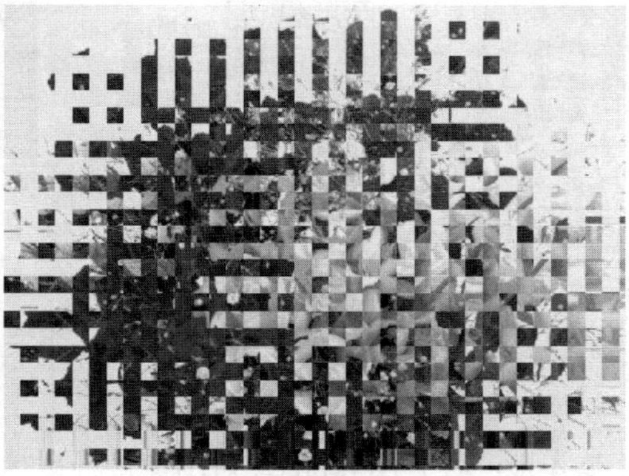

图 6-05g

7. 保存文件

第 7 步：将最终效果以 Xps6c-05.tif 为文件名保存在考生文件夹下。

## 6.6　第 6 题解答

1. 打开文件

第 1 步：打开 C:\2003PS7\Yps6a-06.tif 文件，如图 6-06a 所示。

2. 滤镜操作

第 2 步：对图像进行挤压处理，执行“滤镜”>“扭曲”>“挤压”命令，设置如图 6-06b 所示，效果如图 6-06c 所示。

图 6-06a

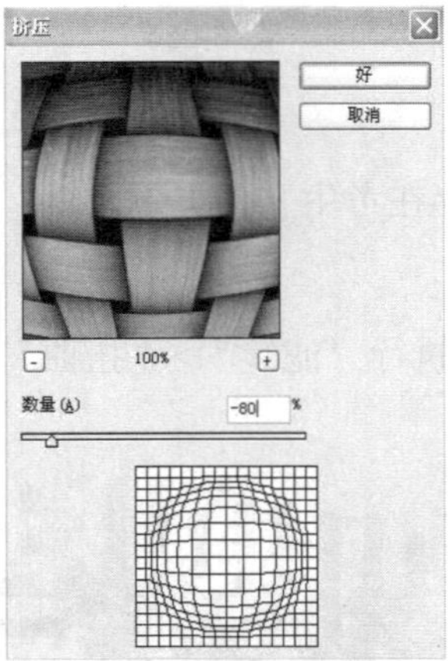


图 6-06b

图 6-06c

3. 保存文件

第 3 步：将最终效果以 Xps6a-06.tif 为文件名保存在考生文件夹下。

4. 滤镜操作

第 4 步：打开图 6-06a，对图像进行球体化处理，执行“滤镜”>“扭曲”>“球面化”命令，设置如图 6-06d 所示，效果如图 6-06e 所示。

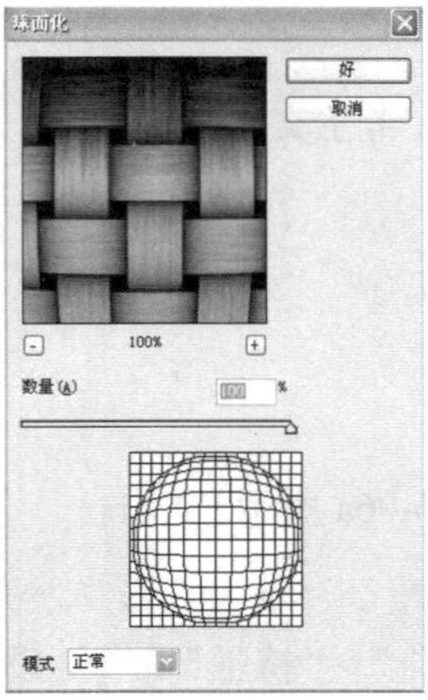


图 6-06d

图 6-06e

5. 保存文件

第 5 步：将最终效果以 Xps6b-06.tif 为文件名保存在考生文件夹下。

6. 打开文件

第 6 步：打开 C:\2003PS7\Yps6c-06.tif 文件，如图 6-06f 所示。

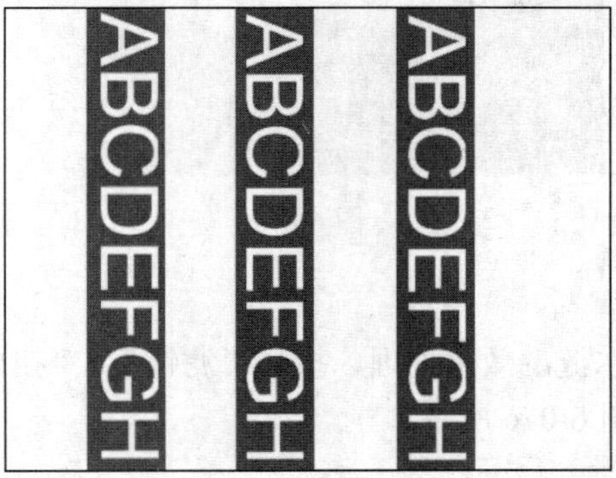


图 6-06f

7. 滤镜操作

第 7 步：对图像进行扭曲处理，执行“滤镜”>“扭曲”>“切变”命令，设置如图 6-06g 所示，效果如图 6-06h 所示。

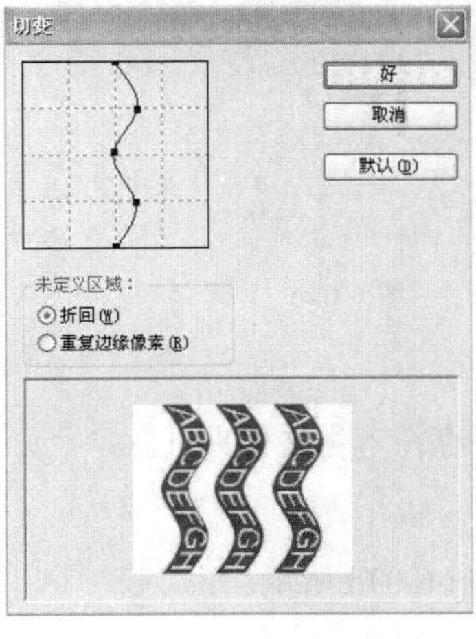


图 6-06g

图 6-06h

8. 保存文件

第 8 步：将最终效果以 Xps6c-06.tif 为文件名保存在考生文件夹下。

## 6.7　第 7 题解答

1. 打开文件

第 1 步：打开 C:\2003PS7\Yps6a-07.tif 文件，如图 6-07a 所示。

图 6-07a

2. 滤镜操作

第 2 步：对图像进行水涟漪效果处理，执行“滤镜”>“扭曲”>“水波”命令，设置如图 6-07b 所示，效果如图 6-07c 所示。

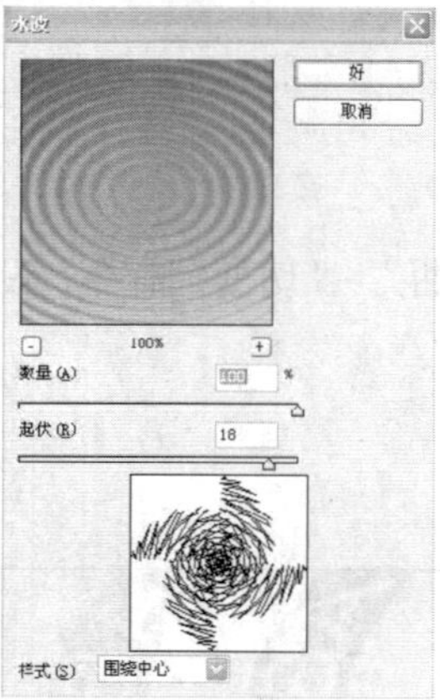


图 6-07b

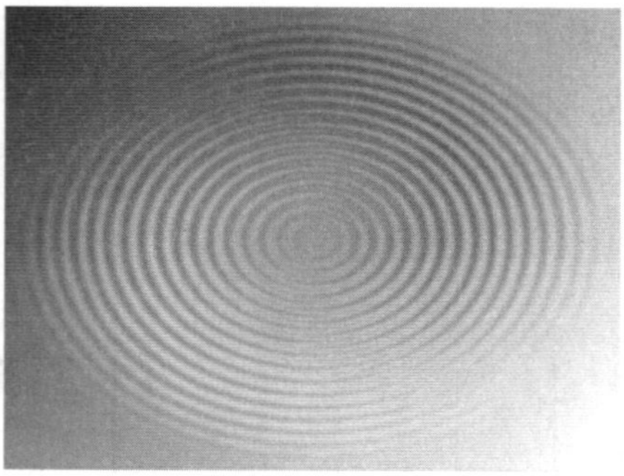

图 6-07c

3. 保存文件

第 3 步：将最终效果以 Xps6a-07.tif 为文件名保存在考生文件夹下。

4. 打开文件

第 4 步：打开 C:\2003PS7\Yps7-05.tif 文件，如图 6-07d 所示。

图 6-07d

5. 滤镜操作

第 5 步：对图像进行风的效果处理，执行“滤镜”>“风格化”>“风”命令，设置如图 6-07e 所示，效果如图 6-07f 所示。

图 6-07e

图 6-07f

6. 保存文件

第 6 步：将最终效果以 Xps6b-07.tif 为文件名保存在考生文件夹下。

7. 滤镜操作

第 7 步：打开图 6-07d，对图像进行玻璃质地的效果处理，执行“滤镜”>“扭曲”>“玻璃”命令，设置如图 6-07g 所示，效果如图 6-07h 所示。

图 6-07g

图 6-07h

8. 保存文件

第 8 步：将最终效果以 Xps6c-07.tif 为文件名保存在考生文件夹下。

# 6.8　第 8 题解答

1. 打开文件

第 1 步：打开 C:\2003PS7\Yps7-05.tif 文件，如图 6-08a 所示。

图 6-08a

2. 滤镜操作

第 2 步：对图像进行晶体化效果处理，执行“滤镜”>“像素化”>“晶格化”命令，设置如图 6-08b 所示，效果如图 6-08c 所示。

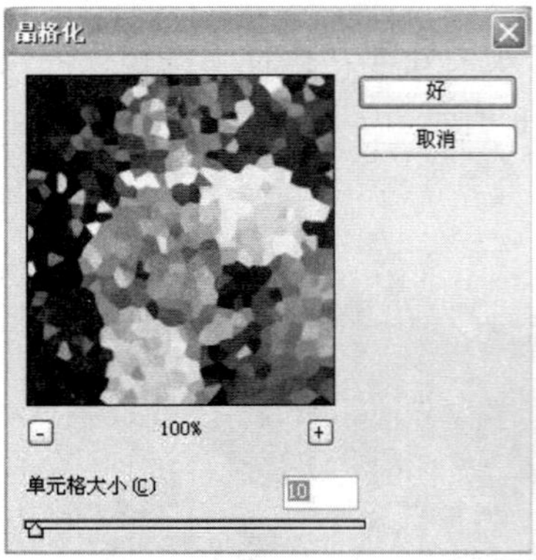


图 6-08b

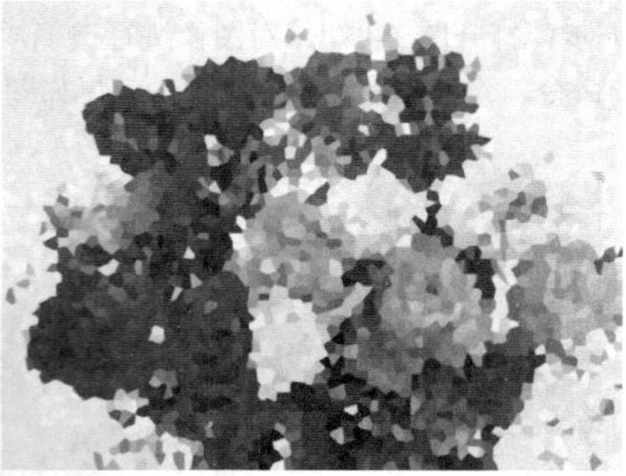

图 6-08c

3. 保存文件

第 3 步：将最终效果以 Xps6a-08.tif 为文件名保存在考生文件夹下。

4. 滤镜操作

第 4 步：打开图 6-08a，对图像进行圆点分块效果处理，执行“滤镜”>“像素化”>“点状化”命令，设置如图 6-08d 所示，效果如图 6-08e 所示。

5. 保存文件

第 5 步：将最终效果以 Xps6b-08.tif 为文件名保存在考生文件夹下。

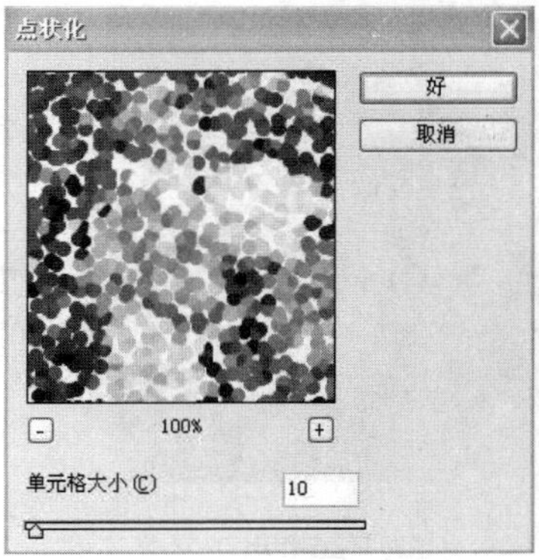


图 6-08d

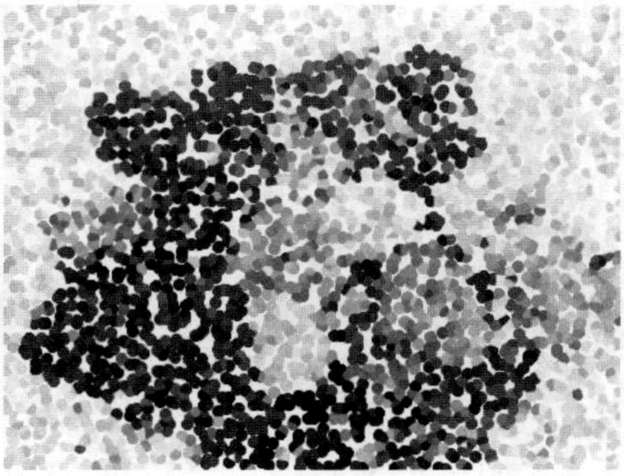

图 6-08e

6. 滤镜操作

第 6 步：打开图 6-08a，对图像进行彩色半调效果处理，执行“滤镜”>“像素化”>“彩色半调”命令，设置如图 6-08f 所示，效果如图 6-08g 所示。

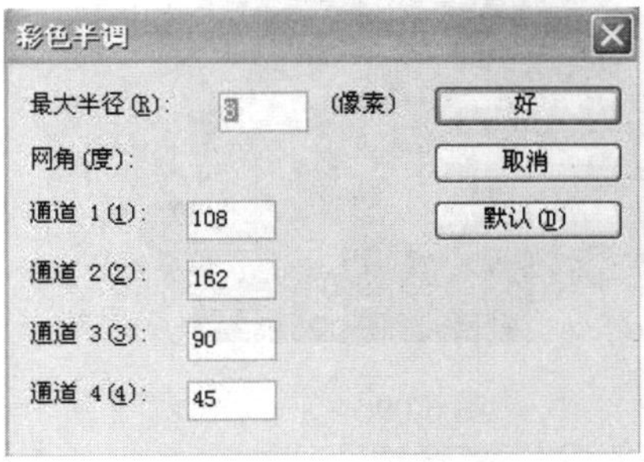


图 6-08f

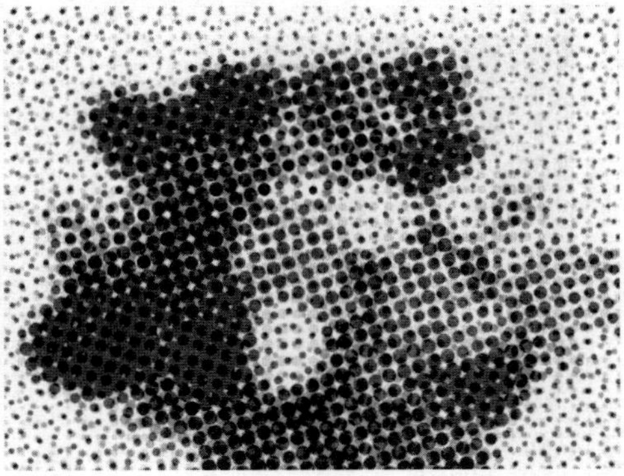

图 6-08g

7. 保存文件

第 7 步：将最终效果以 Xps6c-08.tif 为文件名保存在考生文件夹下。

## 6.9　第 9 题解答

1. 打开文件

第 1 步：打开 C:\2003PS7\Yps7-05.tif 文件，如图 6-09a 所示。

2. 滤镜操作

第 2 步：对图像进行不聚焦虚化处理，执行“滤镜”>“像素化”>“碎片”命令，效果如图 6-09b 所示。

3. 保存文件

第 3 步：将最终效果以 Xps6a-09.tif 为文件名保存在考生文件夹下。

图 6-09a

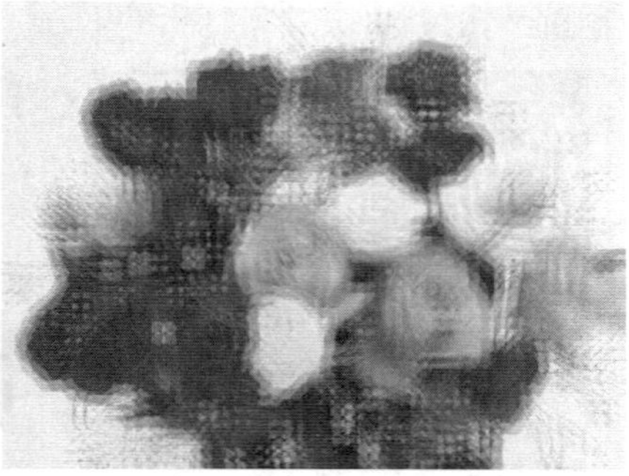

图 6-09b

4. 滤镜操作

第 4 步：打开图 6-09a，对图像进行处理，执行“滤镜”>“像素化”>“铜板雕刻”命令，设置如图 6-09c 所示，效果如图 6-09d 所示。

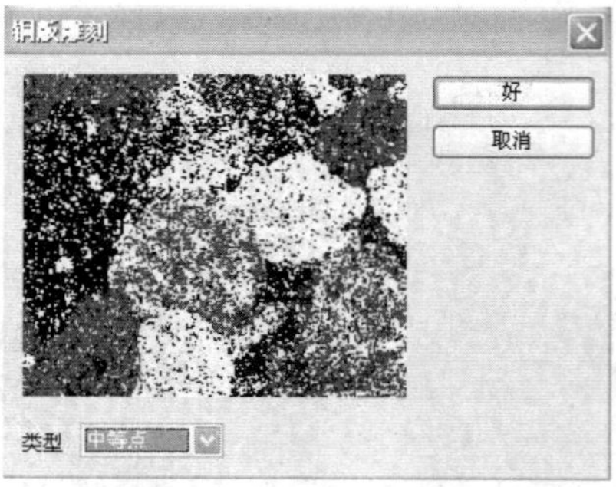


图 6-09c

图 6-09d

5. 保存文件

第 5 步：将最终效果以 Xps6b-09.tif 为文件名保存在考生文件夹下。

6. 滤镜操作

第 6 步：打开图 6-09a 所示，对图像进行处理，执行“滤镜”>“像素化”>“马赛克”命令，设置如图 6-09e 所示，效果如图 6-09f 所示。

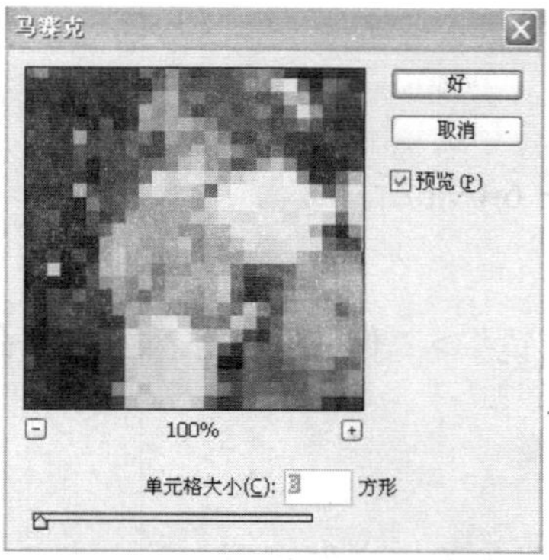


图 6-09e

图 6-09f

7. 保存文件

第 7 步：将最终效果以 Xps6c-09.tif 为文件名保存在考生文件夹下。

## 6.10　第 10 题解答

1. 打开文件

第 1 步：打开 C:\2003PS7\Yps6a-10.tif 文件，如图 6-10a 所示。

图 6-10a

2. 滤镜操作

第 2 步：对图像进行立体块状化处理，执行“滤镜”>“风格化”>“凸出”命令，设置如图 6-10b 所示，效果如图 6-10c 所示。

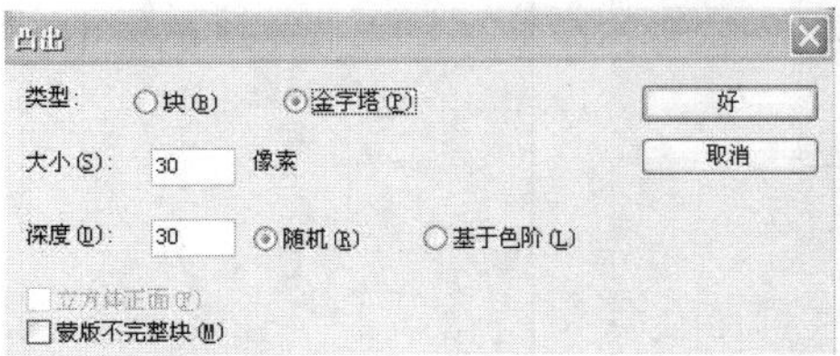


图 6-10b

图 6-10c

3. 保存文件

第 3 步：将最终效果以 Xps6a-10.tif 为文件名保存在考生文件夹下。

4. 打开文件

第 4 步：打开 C:\2003PS7\Yps6b-10.tif 文件，如图 6-10d 所示。

5. 滤镜操作

第 5 步：对图像进行彩色勾边处理，执行“滤镜”>“风格化”>“照亮边缘”命令，设置如图 6-10e 所示，效果如图 6-10f 所示。

图 6-10d

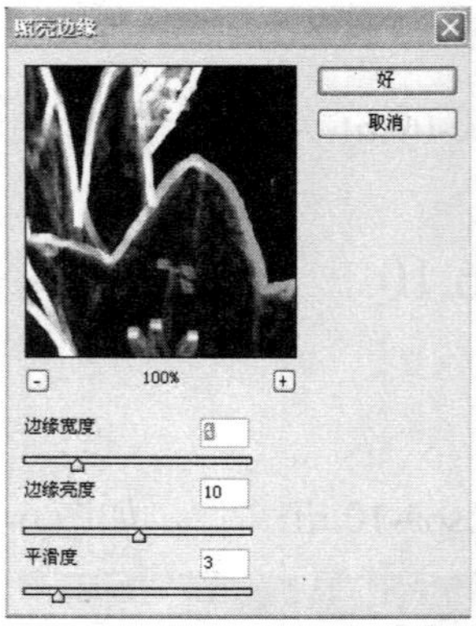


图 6-10e

图 6-10f

6. 保存文件

第 6 步：将最终效果以 Xps6b-10.tif 为文件名保存在考生文件夹下。

7. 打开文件

第 7 步：打开 C:\2003PS7\Yps6c-10.tif 文件，如图 6-10g 所示。

8. 滤镜操作

第 8 步：对图像进行描边处理，执行“滤镜”>“风格化”>“等高线”命令，设置如图 6-10h 所示，效果如图 6-10i 所示。

图 6-10g

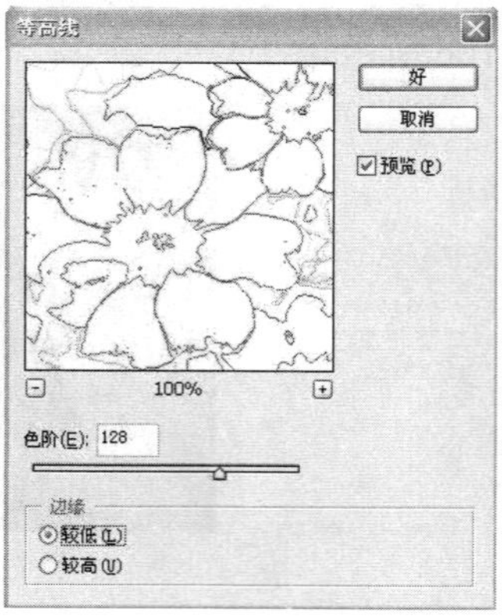


图 6-10h

图 6-10i

9. 保存文件

第 9 步：将最终效果以 Xps6c-10.tif 为文件名保存在考生文件夹下。

## 6.11　第 11 题解答

1. 打开文件

第 1 步：打开 C:\2003PS7\Yps6a-11.tif 文件，如图 6-11a 所示。

图 6-11a

2. 滤镜操作

第 2 步：对图 6-11a 所示图像进行质地处理，执行“滤镜”>“纹理”>“龟裂缝”命令，设置如图 6-11b 所示，效果如图 6-11c 所示。

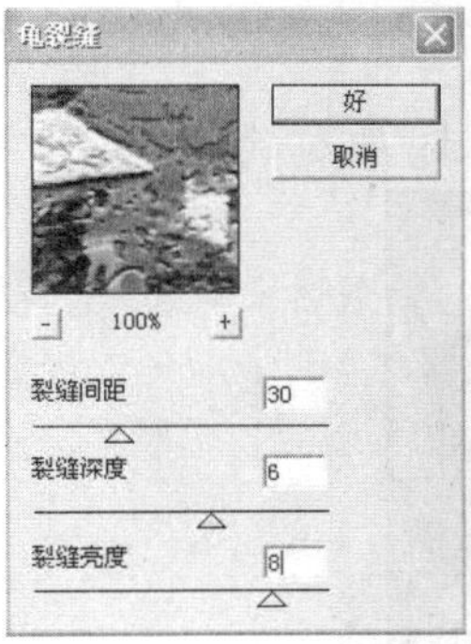


图 6-11b

图 6-11c

3. 保存文件

第 3 步：将最终效果以 Xps6a-11.tif 为文件名保存在考生文件夹下。

4. 打开文件

第 4 步：打开 C:\2003PS7\Yps6b-11.tif 文件，如图 6-11d 所示。

图 6-11d

5. 滤镜操作

第 5 步：对图 6-11d 所示进行质地处理，执行“滤镜”>“纹理”>“马赛克拼贴”命令，设置如图 6-11e 所示，效果如图 6-11f 所示。

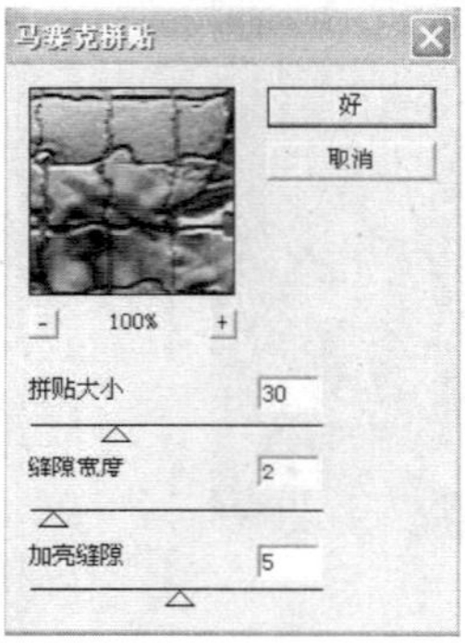


图 6-11e

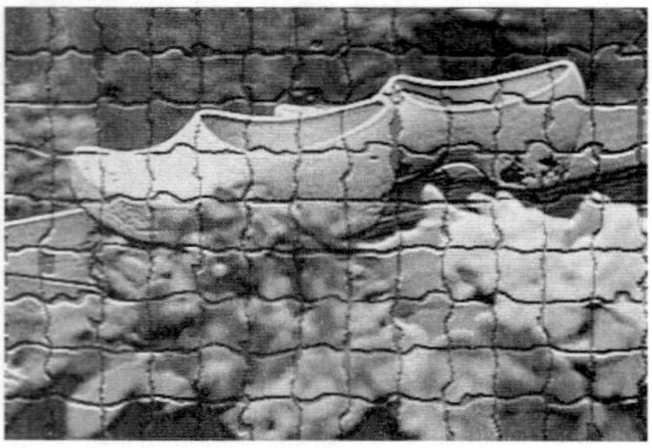

图 6-11f

6. 保存文件

第 6 步：将最终效果以 Xps6b-11.tif 为文件名保存在考生文件夹下。

7. 打开文件

第 7 步：打开 C:\2003PS7\Yps6c-11.tif 文件，如图 6-11g 所示。

图 6-11g

8. 滤镜操作

第 8 步：对图像进行处理，执行“滤镜”>“像素化”>“马赛克”命令，设置如图 6-11h 所示，效果如图 6-11i 所示。

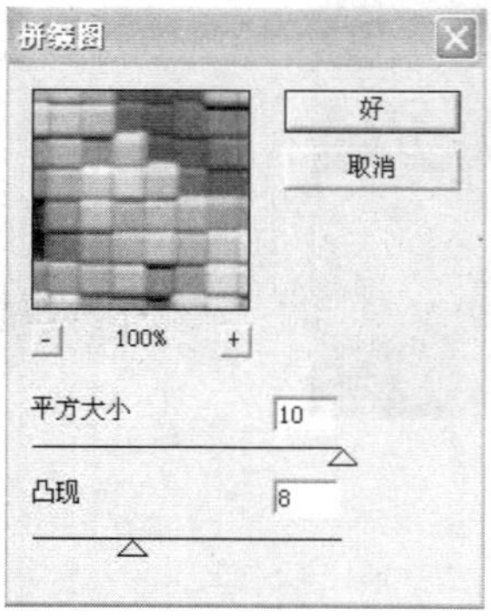


图 6-11h

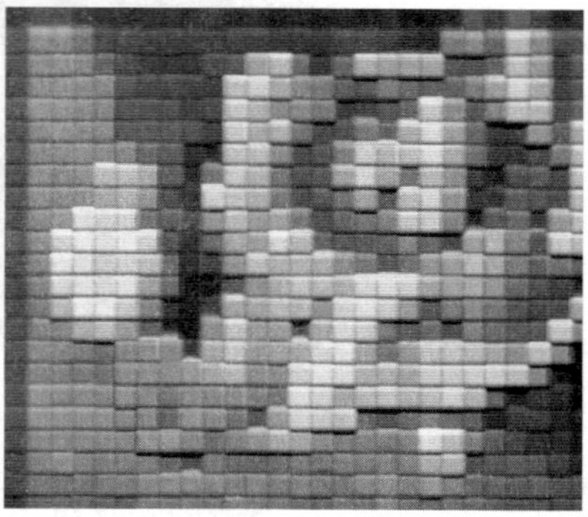

图 6-11i

9．保存文件

第 9 步：将最终效果以 Xps6c-11.tif 为文件名保存在考生文件夹下。

## 6.12　第 12 题解答

1．打开文件

第 1 步：打开 C:\2003PS7\Yps6a-12.tif 文件，如图 6-12a 所示。

图 6-12a

2．滤镜操作

第 2 步：对图 6-12a 所示图像进行玻璃质地处理，执行“滤镜”>“纹理”>“染色玻璃”命令，设置如图 6-12b 所示，效果如图 6-12c 所示。

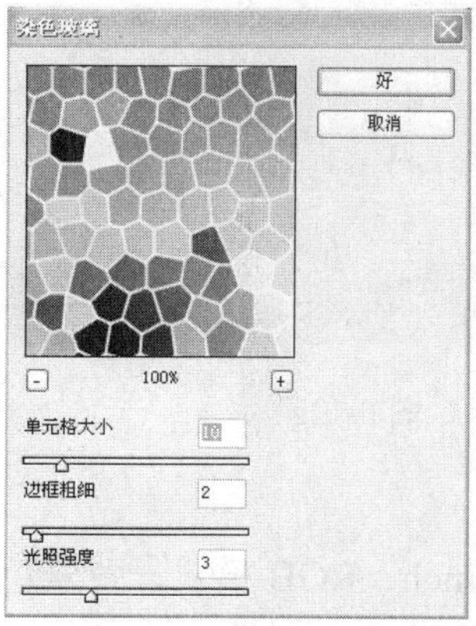


图 6-12b

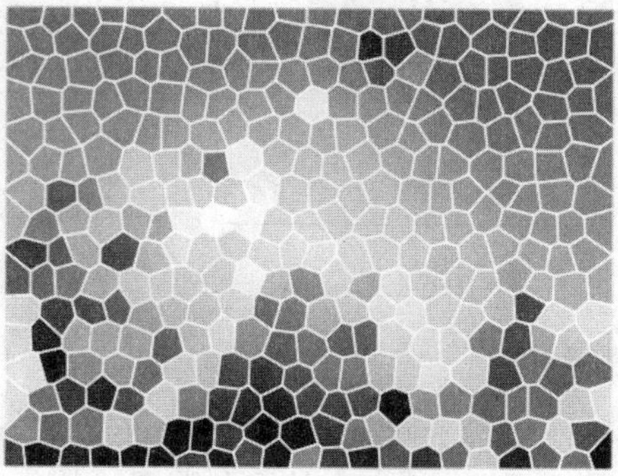

图 6-12c

3．保存文件

第 3 步：将最终效果以 Xps6a-12.tif 为文件名保存在考生文件夹下。

4．打开文件

第 4 步：再对图 6-12a 所示图像进行凹凸质地处理，执行“滤镜”>“纹理”>“纹理化”命令，设置如图 6-12d 所示，效果如图 6-12e 所示。

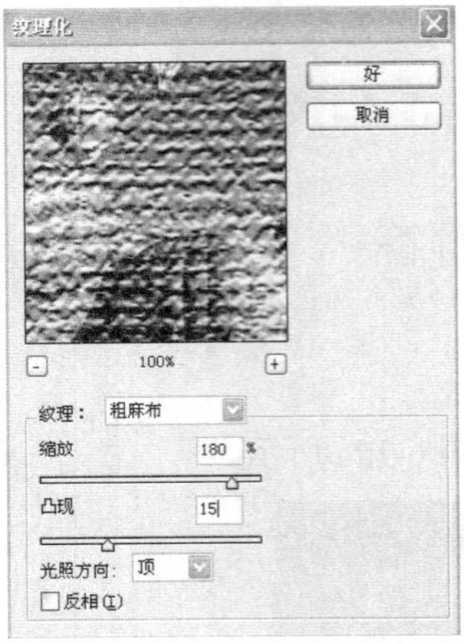


图 6-12d

图 6-12e

5. 保存文件

第 5 步：将最终效果以 Xps6b-12.tif 为文件名保存在考生文件夹下。

6. 打开文件

第 6 步：打开 C:\2003PS7\Yps6c-12.psd 和 C:\2003PS7\Yps6d-12.tif 文件，如图 6-12f 和 6-12g 所示。

图 6-12f

图 6-12g

7. 滤镜操作

第 7 步：建立一个新文件：3.5×4 cm、72 pixels/inch、RGB 模式、背景色为透明色。选择魔棒工具选择图 6-12f 中的白色背景，执行“选择”>“反选”命令，选中叶子，选择移动工具将叶子移入新建文件中，执行“编辑”>“定义图案”命令，在弹出的对话框中按图 6-12h 所示进行设置。

图 6-12h

第 8 步：在图 6-12g 为当前文件下，在通道面板中建立 Alpha1 通道，执行“编辑”>“填充”命令，如图 6-12i 所示。

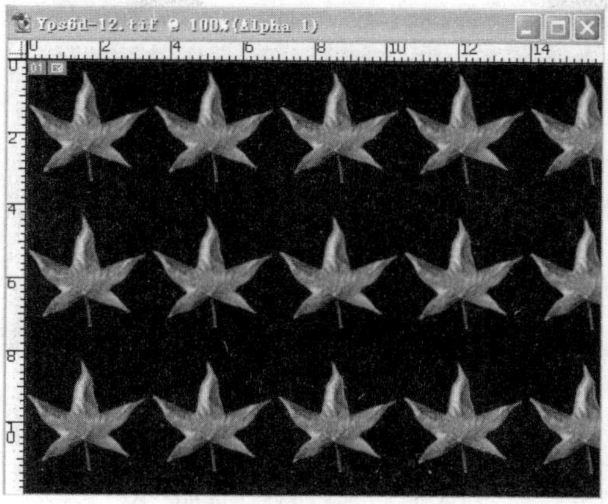

图 6-12i

第 9 步：复制 Alpha1 通道为 Alpha2 通道，载入选区，执行“滤镜”>“风格化”>“浮雕效果”命令，设置如图 6-12j 所示。

第 10 步：复制 Alpha2 通道为 Alpha3 通道，执行“图像”>“调整”>“色阶”命令，设置如图 6-12k 所示。

第 11 步：回到 Alpha2 通道，执行“图像”>“调整”>“反相”命令，再执行“图像”>“调整”>“色阶”命令，设置如图 6-12k 所示。

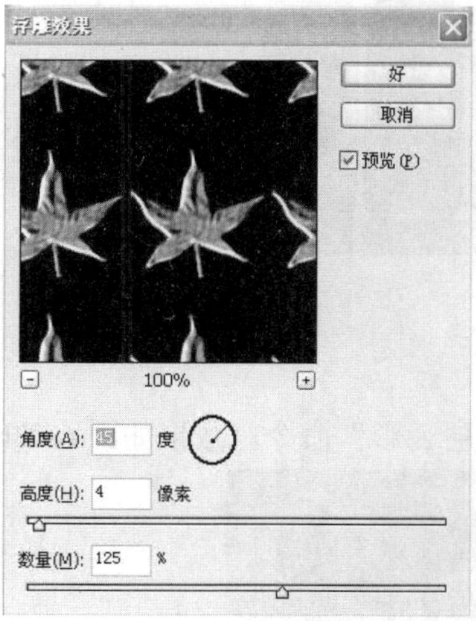


图 6-12j

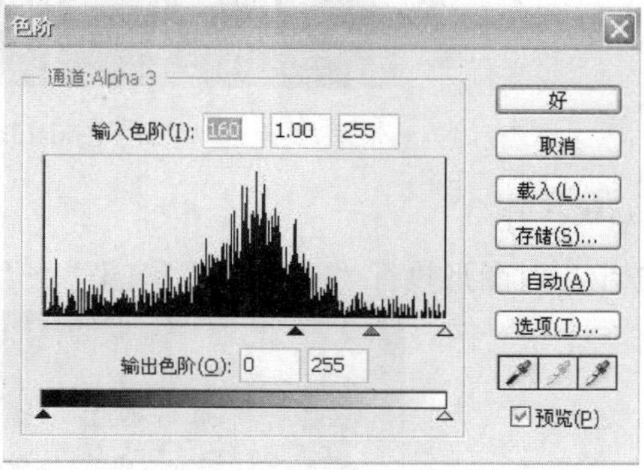


图 6-12k

第 12 步：回到 RGB 通道，把 Alpha2 通道和 Alpha3 通道分别载入选区，调整“色阶”，最终效果如图 6-12l 所示。

8. 保存文件

第 13 步：将最终效果以 Xps6c-12.tif 为文件名保存在考生文件夹下。

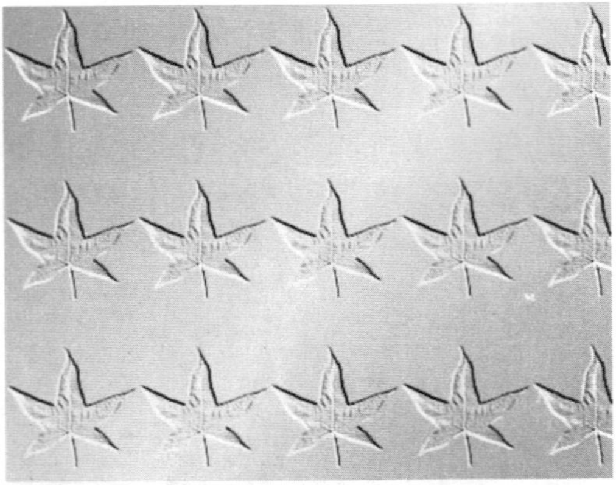

图 6-12l

# 6.13 第 13 题解答

1. 打开文件

第 1 步：打开 C:\2003PS7\Yps6a-13.tif 文件，如图 6-13a 所示。

图 6-13a

2. 滤镜操作

第 2 步：对图形执行“滤镜”>“渲染”>“分层云彩”命令，效果如图 6-13b 所示。

图 6-13b

3. 保存文件

第 3 步：将最终效果以 Xps6a-13.tif 为文件名保存在考生文件夹下。

4. 滤镜操作

第 4 步：对图 6-13a 执行“滤镜”>“像素化”>“铜板雕刻”命令，弹出铜板雕刻对话框中设置“类型”为短线，设置如图 6-13c 所示；效果如图 6-13d 所示。

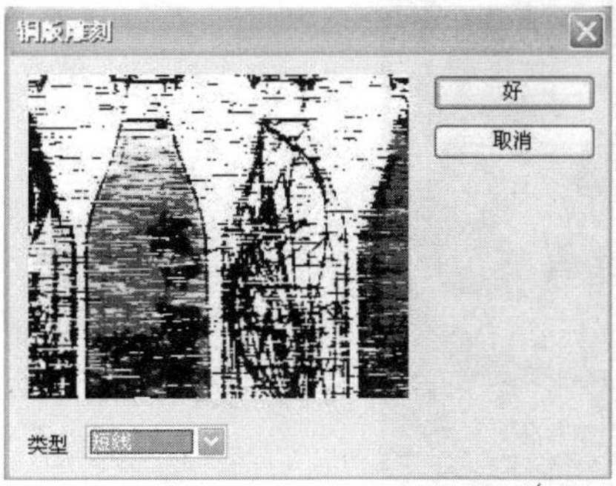


图 6-13c

图 6-13d

5. 保存文件

第 5 步：将最终效果以 Xps6b-13.tif 为文件名保存在考生文件夹下。

6. 滤镜操作

第 6 步：对图 6-13a 执行“滤镜”>“扭曲”>“极坐标”命令，弹出极坐标对话框，在极坐标对话框中选择“选项”下的“极坐标到平面坐标”，设置如图 6-13e 所示，效果如图 6-13f 所示。

图 6-13e

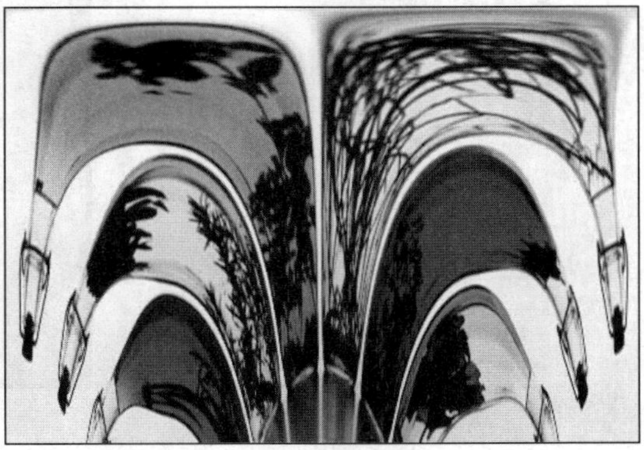

图 6-13f

7. 保存文件

第 7 步：将最终效果以 Xps6c-13.tif 为文件名保存在考生文件夹下。

# 6.14　第 14 题解答

1. 打开文件

第 1 步：打开 C:\2003PS7\Yps6a-14.tif 文件，如图 6-14a 所示。

图 6-14a

2. 滤镜操作

第 2 步：对图 6-14a 所示图像进行塑料包装效果处理，执行“滤镜”>“艺术效果”>“塑料包装”命令，设置“高光强度”为 20，“细节”为 11，“平滑度”为 12，如图 6-14b 所示，图像最终效果如图 6-14c 所示。

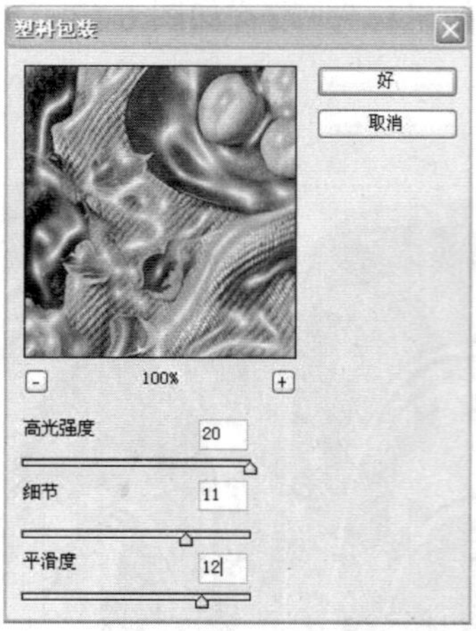


图 6-14b

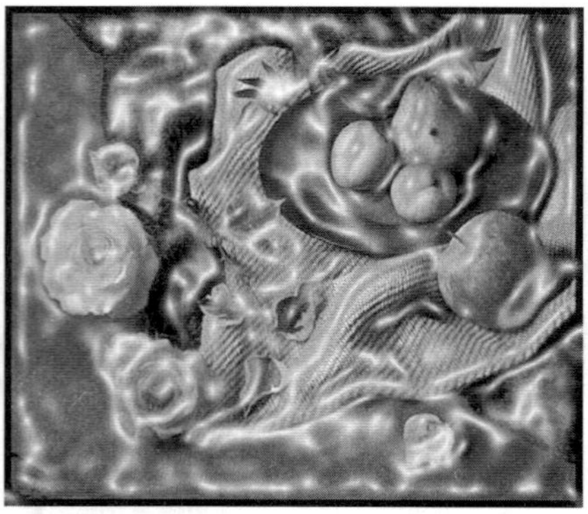

图 6-14c

3. 保存文件

第 3 步：将最终效果以 Xps6a-14.tif 为文件名保存在考生文件夹下。

4. 打开文件

第 4 步：打开 C:\2003PS7\Yps6b-14.tif 文件，如图 6-14d 所示。

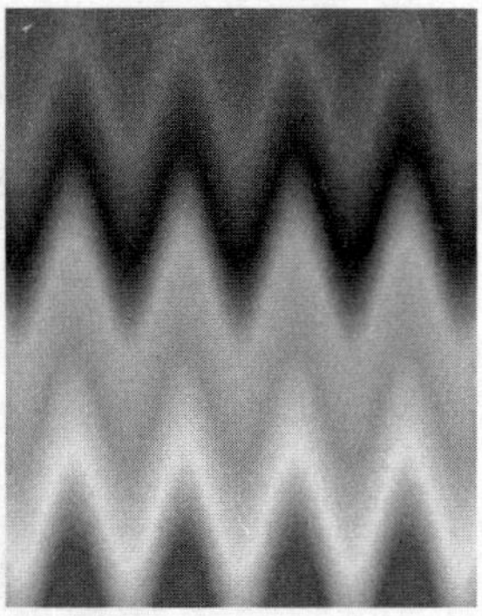

图 6-14d

5．滤镜操作

第 5 步：对图 6-14d 所示图像进行压印效果处理（将前景色设置为 R255、G0、B0），执行“滤镜”>“素描”>“便条纸”命令，设置“图像平衡”为 27，“粒度”为 13，“凸现”为 16，如图 6-14e 所示；图像最终效果如图 6-14f 所示。

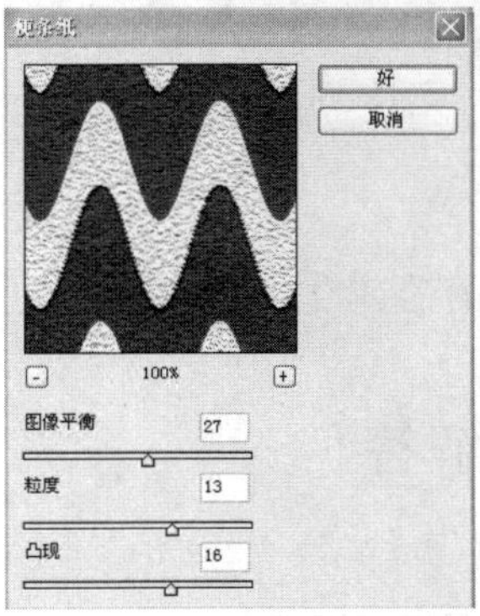


图 6-14e

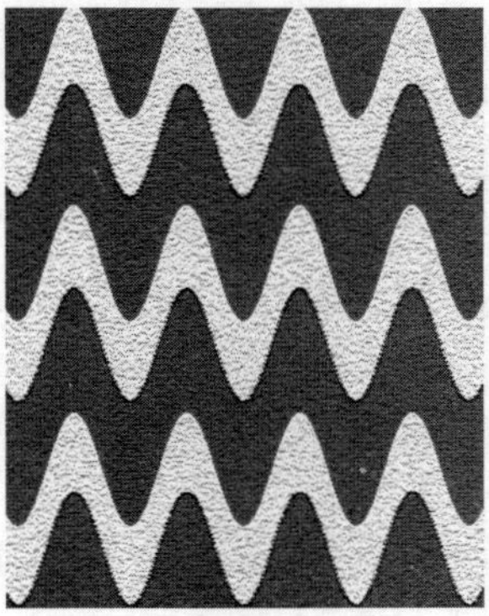

图 6-14f

6．保存文件

第 6 步：将最终效果以 Xps6b-14.tif 为文件名保存在考生文件夹下。

7．打开文件

第 7 步：打开 C:\2003PS7\Yps6c-14.tif 文件，如图 6-14g 所示。

图 6-14g

8. 滤镜操作

第 8 步：对图 6-14g 所示图像网线阴影效果处理，执行“滤镜”>“画笔描边”>“阴影线”命令，设置“线条长度”为 40，“锐化程度”为 10，“强度”为 2，如图 6-14h 所示；图像最终效果如图 6-14i 所示。

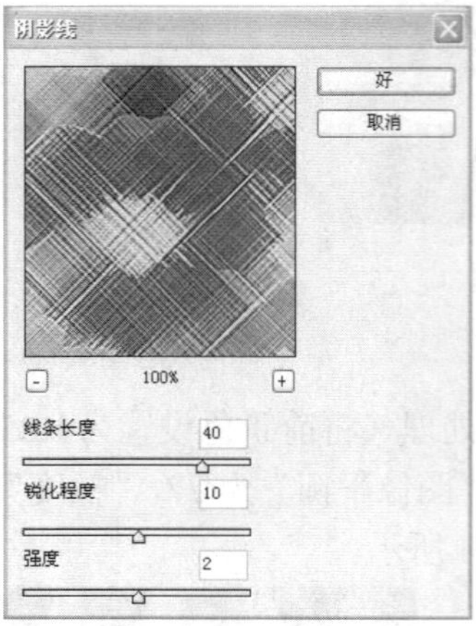


图 6-14h

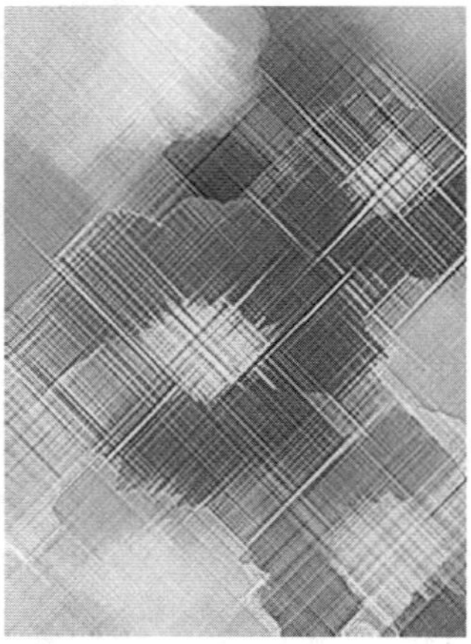

图 6-14i

9. 保存文件

第 9 步：将最终效果以 Xps6c-14.tif 为文件名保存在考生文件夹下。

## 6.15 第 15 题解答

1. 打开文件

第 1 步：打开 C:\2003PS7\Yps6a-06.tif 文件，如图 6-15a 所示。

图 6-15a

2. 滤镜操作

第 2 步：对图 6-15a 所示图像进行挤压处理，执行“滤镜”>“扭曲”>“挤压”命令，设置如图 6-15b 所示，效果如图 6-15c 所示。

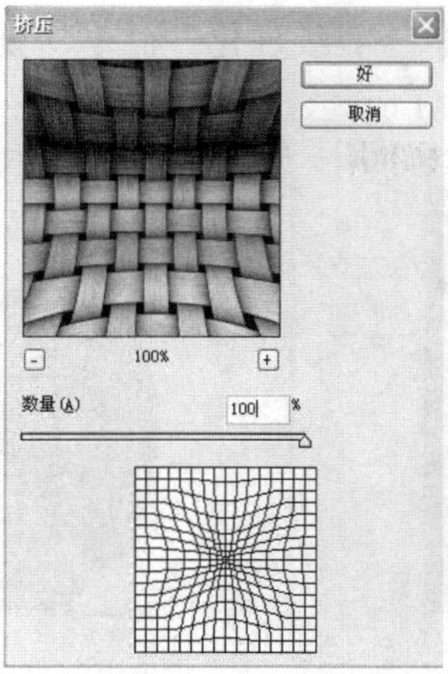


图 6-15b

图 6-15c

3. 保存文件

第 3 步：将最终效果以 Xps6a-15.tif 为文件名保存在考生文件夹下。

4. 打开文件

第 4 步：打开 C:\2003PS7\Yps6b-15.tif 文件，如图 6-15d 所示。

5. 滤镜操作

第 5 步：对图 6-15d 所示图像进行质地处理，执行“滤镜”>“风格化”>“查找边缘”命令，效果如图 6-15e 所示。

图 6-15d

图 6-15e

6. 保存文件

第 6 步：将最终效果以 Xps6b-15.tif 为文件名保存在考生文件夹下。

7. 打开文件

第 7 步：打开 C:\2003PS7\Yps6c-15.tif 文件，如图 6-15f 所示。

8. 滤镜操作

第 8 步：对图 6-15f 图像进行质地化处理，选择魔棒工具，设置容差为“42”，选择鹦鹉以外的黑色背景，如图 6-15g 所示，按 Delete 键删除黑色背景，然后填充为白色背景，如图 6-15h 所示。取消选区，执行“滤镜”>“纹理”>“纹理化”命令，设置如图 6-15i 所示，效果如图 6-15j 所示。

图 6-15f

图 6-15g

图 6-15h

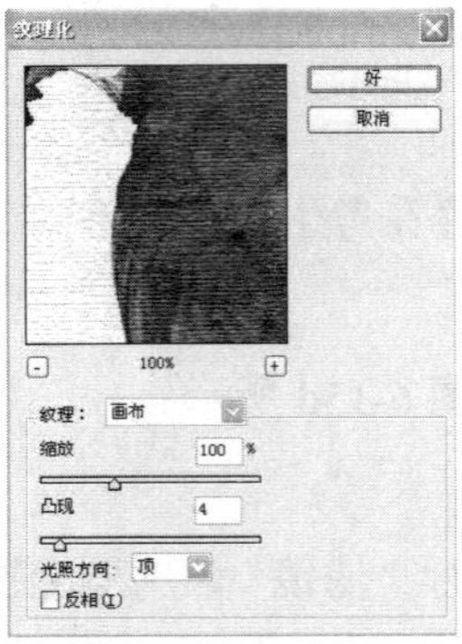


图 6-15i

图 6-15j

9. 保存文件

第 9 步：将最终效果以 Xps6c-15.tif 为文件名保存在考生文件夹下。

## 6.16 第 16 题解答

1. 打开文件

第 1 步：打开 C:\2003PS7\Yps6a-16.tif 文件，如图 6-16a 所示。

图 6-16a

2. 滤镜操作

第 2 步：对图 6-16a 所示图像进行镜头灯光处理，执行“滤镜”>“渲染”>“镜头光晕”命令，设置如图 6-16b 所示，效果如图 6-16c 所示。

图 6-16b

图 6-16c

3. 保存文件

第 3 步：将最终效果以 Xps6a-16.tif 为文件名保存在考生文件夹下。

4. 打开文件

第 4 步：打开 C:\2003PS7\Yps6b-16.tif 文件，如图 6-16d 所示。

5. 滤镜操作

第 5 步：对图 6-16b 所示图像进行浅浮雕处理，执行“滤镜”>“素描”>“基底凸现”命令，设置如图 6-16e 所示，效果如图 6-16f 所示。

图 6-16d

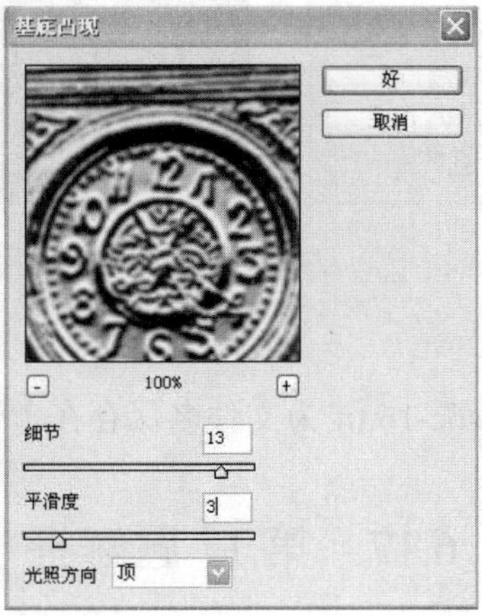


图 6-16e

图 6-16f

6. 保存文件

第 6 步：将最终效果以 Xps6b-16.tif 为文件名保存在考生文件夹下。

7. 打开文件

第 7 步：打开 C:\2003PS7\Yps6c-16.tif 文件，如图 6-16g 所示。

8. 滤镜操作

第 8 步：对图 6-16g 所示图像进行辐射模糊处理，用魔棒工具选择太阳花，按住 Shift 键并点击鼠标，进行加选，直到把太阳花全部选中，（也可选择钢笔工具勾勒出太阳花然后载入选区）如图 6-16h 所示；执行“选择”>“反选”命令，再执行“滤镜”>“模糊”>“径向模糊”命令，设置如图 6-16i 所示，效果如图 6-16j 所示。

图 6-16g

图 6-16h

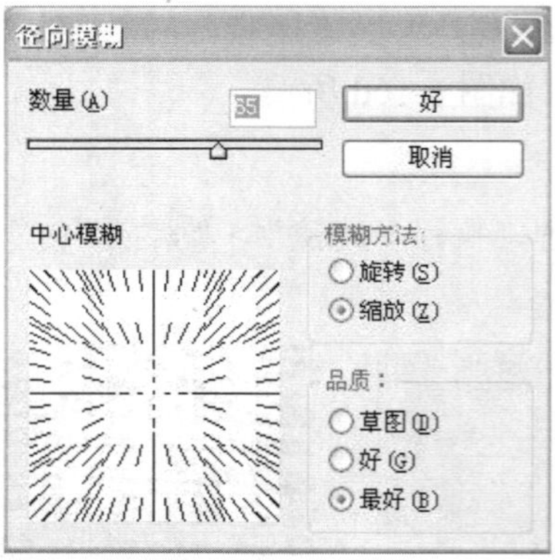


图 6-16i

图 6-16j

9. 保存文件

第 9 步：将最终效果以 Xps6c-16.tif 为文件名保存在考生文件夹下。

## 6.17　第 17 题解答

1. 打开文件

第 1 步：打开 C:\2003PS7\Yps6a-17.tif 文件，如图 6-17a 所示。

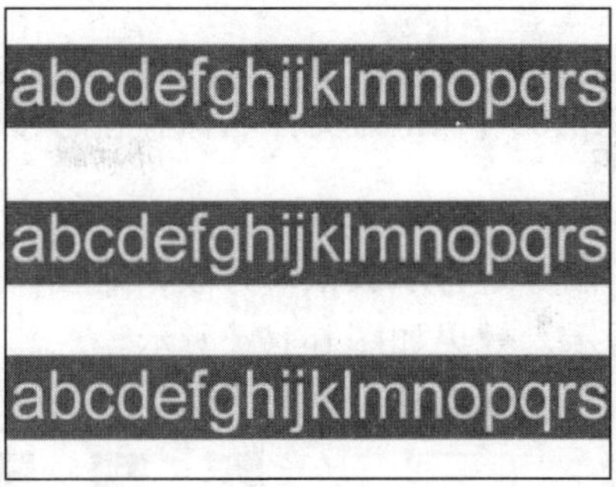


图 6-17a

2．滤镜操作

第 2 步：对图 6-17a 所示图像进行极坐标处理，执行“滤镜”>“扭曲”>“极坐标”命令，设置如图 6-17b 所示，效果如图 6-17c 所示。

图 6-17b

图 6-17c

3．保存文件

第 3 步：将最终效果以 Xps6a-17.tif 为文件名保存在考生文件夹下。

4．滤镜操作

第 4 步：对图 6-17a 所示进行水波浪（三角波）处理，执行“滤镜”>“扭曲”>“波浪”命令，设置如图 6-17d 所示，效果如图 6-17e 所示。

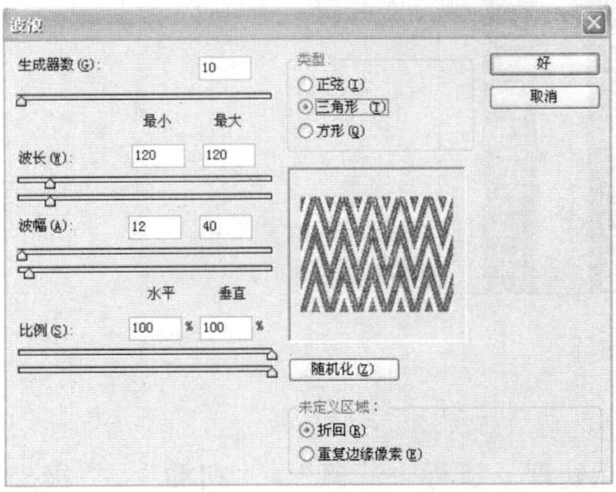


图 6-17d

图 6-17e

5. 保存文件

第 5 步：将最终效果以 Xps6b-17.tif 为文件名保存在考生文件夹下。

6. 滤镜操作

第 6 步：对图 6-17a 所示图像进行水波浪（方波）处理，执行“滤镜”>“扭曲”>“波浪”命令，设置如图 6-17f 所示，效果如图 6-17g 所示。

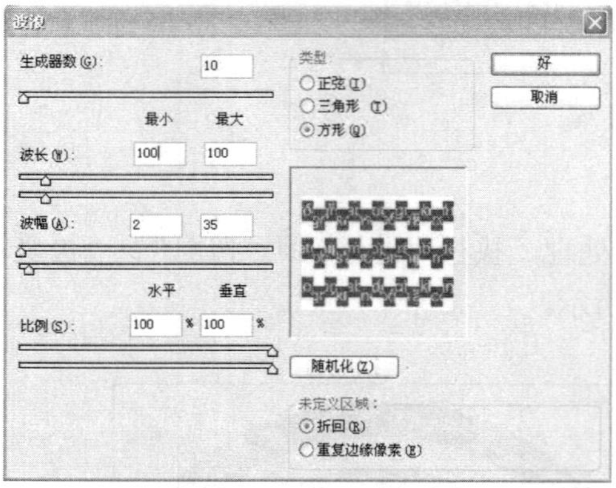


图 6-17f

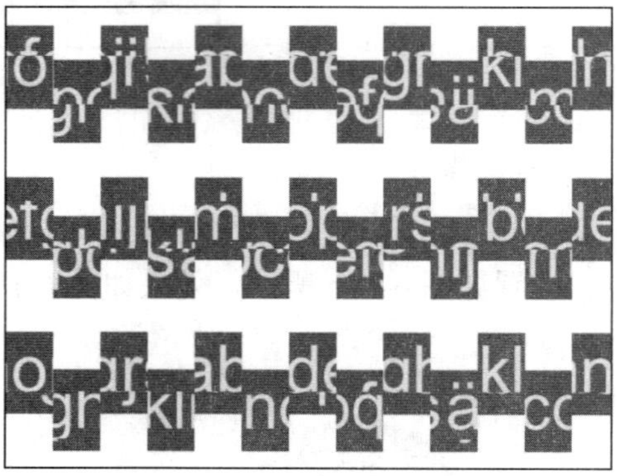

图 6-17g

7. 保存文件

第 7 步：将最终效果以 Xps6c-17.tif 为文件名保存在考生文件夹下。

## 6.18 第 18 题解答

1. 打开文件

第 1 步：打开 C:\2003PS7\Yps6a-18.tif 文件，如图 6-18a 所示。

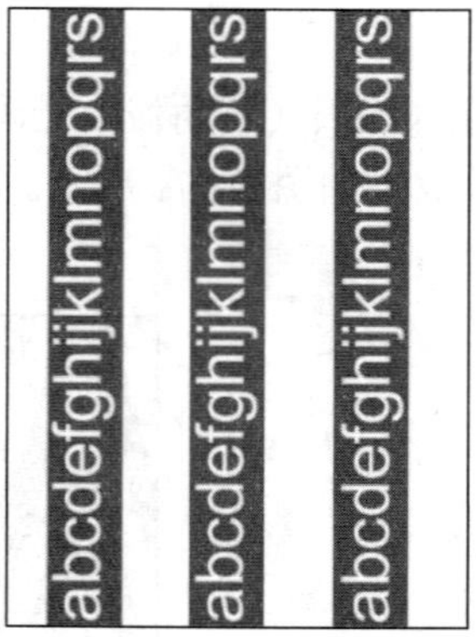


图 6-18a

2. 滤镜操作

第 2 步：对图 6-18a 所示图像进行极坐标处理，执行“滤镜”>“扭曲”>“极坐标”命令，设置如图 6-18b 所示，效果如图 6-18c 所示。

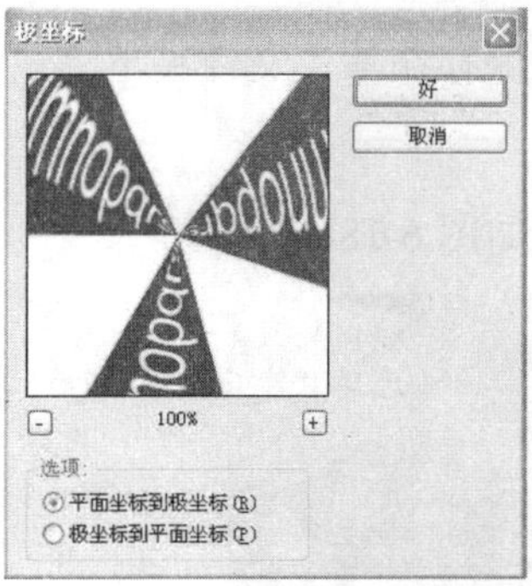


图 6-18b

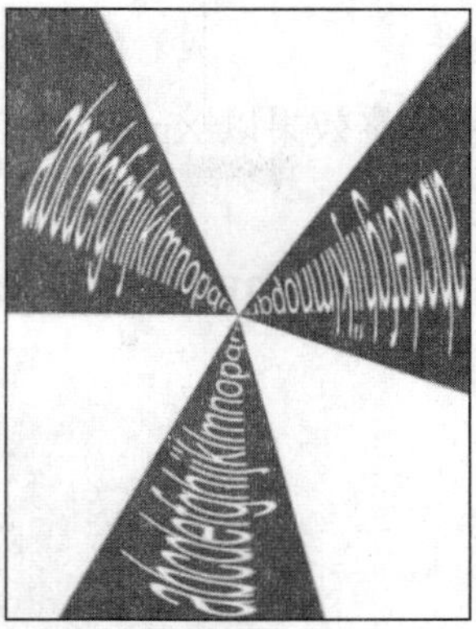

图 6-18c

3. 保存文件

第 3 步：将最终效果以 Xps6a-18.tif 为文件名保存在考生文件夹下。

4. 打开文件

第 4 步：打开 C:\2003PS7\Yps6b-18.tif 文件，如图 6-18d 所示。

5. 滤镜操作

第 5 步：对图 6-18d 所示图像进行块状化处理，选择椭圆选框选中玫瑰花中心，如图 6-18e 所示；然后执行“选择”>“反选”命令，可羽化 5~10 个像素，再执行“滤镜”>“像素化”>“晶格化”命令，设置如图 6-18f 所示，效果如图 6-18g 所示。

图 6-18d

图 6-18e

图 6-18f

图 6-18g

6. 保存文件

第 6 步：将最终效果以 Xps6b-18.tif 为文件名保存在考生文件夹下。

7. 打开文件

第 7 步：打开 C:\2003PS7\Yps6c-18.tif 文件，如图 6-18h 所示。

图 6-18h

8. 滤镜操作

第 8 步：对图 6-18h 所示图像进行光照效果处理，执行“滤镜”>“渲染”>“光照效果”命令，设置如图 6-18i 所示，效果如图 6-18j 所示。

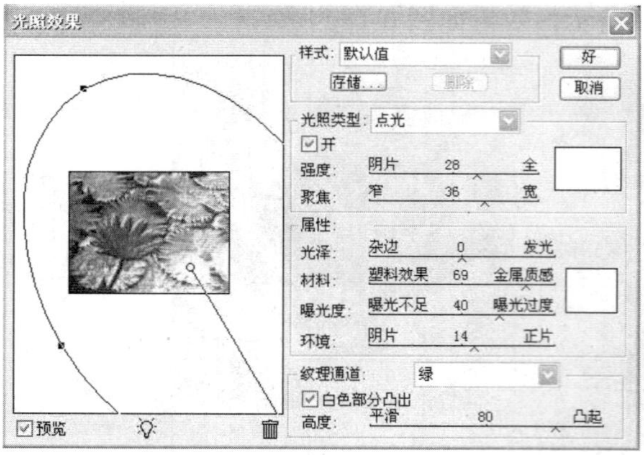


图 6-18i

图 6-18j

9. 保存文件

第 9 步：将最终效果以 Xps6c-18.tif 为文件名保存在考生文件夹下。

## 6.19　第 19 题解答

1. 打开文件

第 1 步：打开 C:\2003PS7\Yps6a-19.tif 文件，如图 6-19a 所示。

图 6-19a

2．滤镜操作

第 2 步：对图 6-19a 所示图像进行块状化处理，执行“滤镜”>“风格化”>“凸出”命令，设置如图 6-19b 所示，效果如图 6-19c 所示。

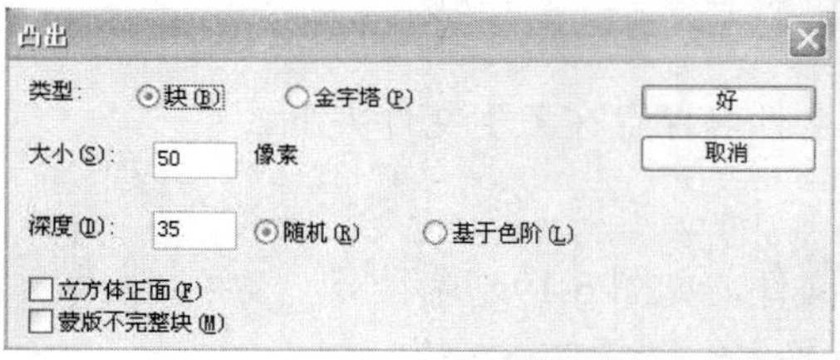


图 6-19b

图 6-19c

3．保存文件

第 3 步：将最终效果以 Xps6a-19.tif 为文件名保存在考生文件夹下。

4．打开文件

第 4 步：打开 C:\2003PS7\Yps6b-19.tif 文件，如图 6-19d 所示。

图 6-19d

5. 滤镜操作

第 5 步：对图 6-19d 进行灯光效果处理，执行“滤镜”>“渲染”>“光照效果”命令，设置如图 6-19e 所示，效果如图 6-19f 所示。

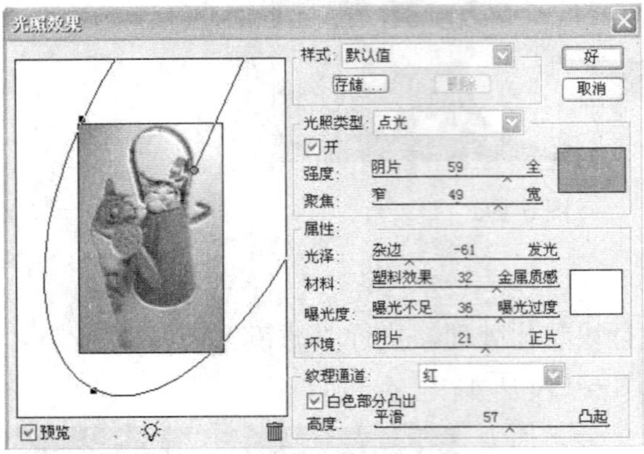


图 6-19e

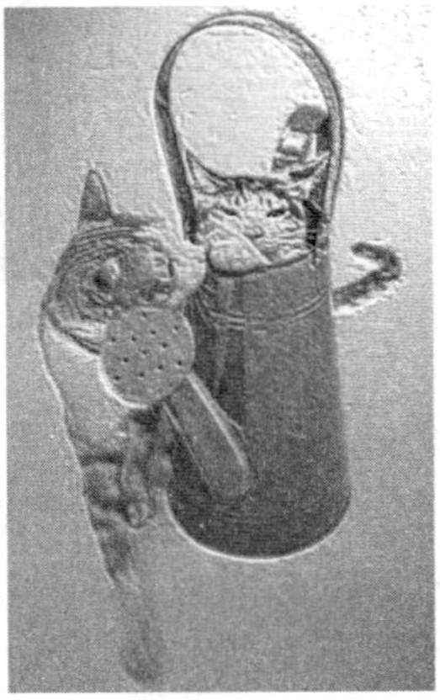

图 6-19f

6. 保存文件

第 6 步：将最终效果以 Xps6b-19.tif 为文件名保存在考生文件夹下。

7. 打开文件

第 7 步：打开 C:\2003PS7\Yps6c-19.tif 文件，如图 6-19g 所示。

图 6-19g

8. 滤镜操作

第 8 步：对图 6-19g 所示图像进行处理，执行“滤镜”>“扭曲”>“玻璃”命令，设置如图 6-19h 所示，效果如图 6-19i 所示。

9. 保存文件

第 9 步：将最终效果以 Xps6c-19.tif 为文件名保存在考生文件夹下。

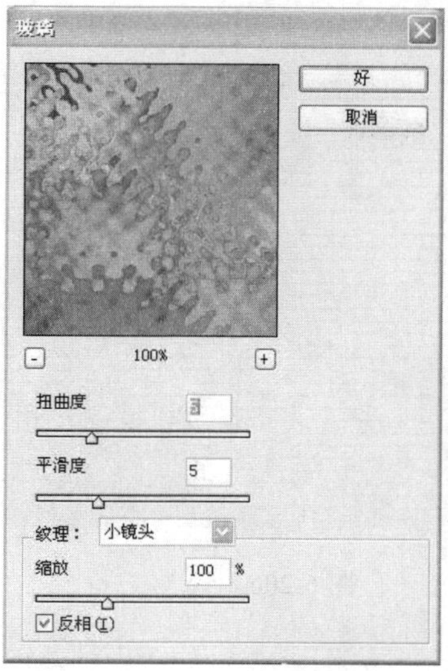


图 6-19h

图 6-19i

## 6.20　第 20 题解答

2. 打开文件

第 1 步：打开 C:\2003PS7\Yps6a-20.tif 文件，如图 6-20a 所示。

图 6-20a

2. 滤镜操作

第 2 步：对图 6-20a 所示图像进行质地处理，执行“滤镜”>“纹理”>“拼缀图”命令，设置如图 6-20b 所示，效果如图 6-20c 所示。

3. 保存文件

第 3 步：将最终效果以 Xps6a-20.tif 为文件名保存在考生文件夹下。

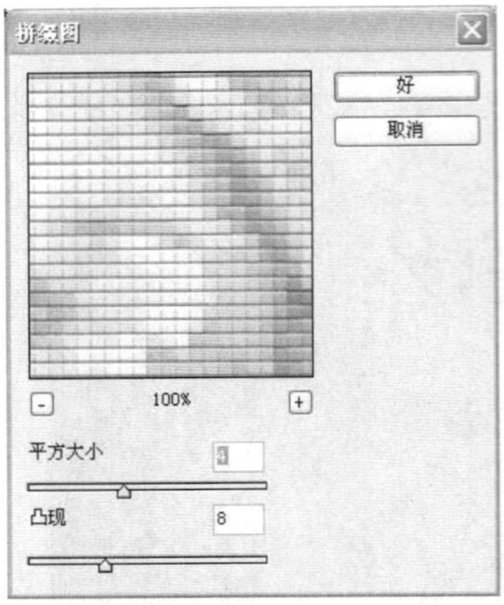


图 6-20b

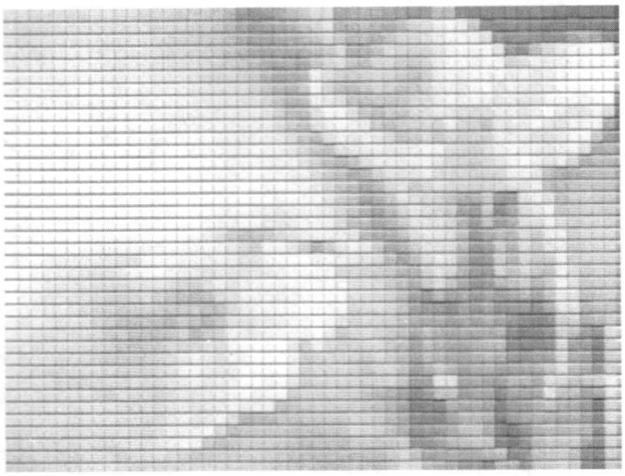

图 6-20c

4．打开文件

第 4 步：打开 Yps6b-20.tif 文件，如图 6-20d 所示。

5．滤镜操作

第 5 步：对图 6-20d 所示图像进行辐射模糊处理，选择椭圆选框，选中鹰的头部和身体，设置羽化为 5 个像素，如图 6-20e 所示，然后执行“选择”>“反选”命令，再执行“滤镜”>“模糊”>“径向模糊”命令，设置如图 6-20f 所示，效果如图 6-20g 所示。

图 6-20d

图 6-20e

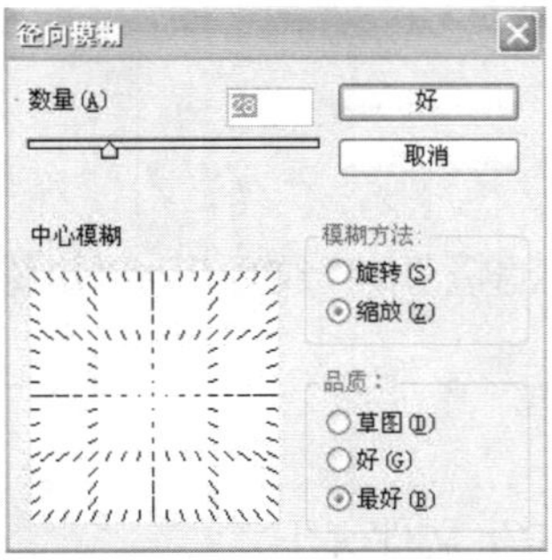


图 6-20f

图 6-20g

6．保存文件

第 6 步：将最终效果以 Xps6b-20.tif 为文件名保存在考生文件夹下。

7．打开文件

第 7 步：打开 C:\2003PS7\Yps6c-20.tif 文件，如图 6-20h 所示。

图 6-20h

8．滤镜操作

第 8 步：对图 6-20h 所示图像进行水波纹处理，执行“滤镜”>“扭曲”>“波浪”命令，设置如图 6-20i 所示，效果如图 6-20j 所示。

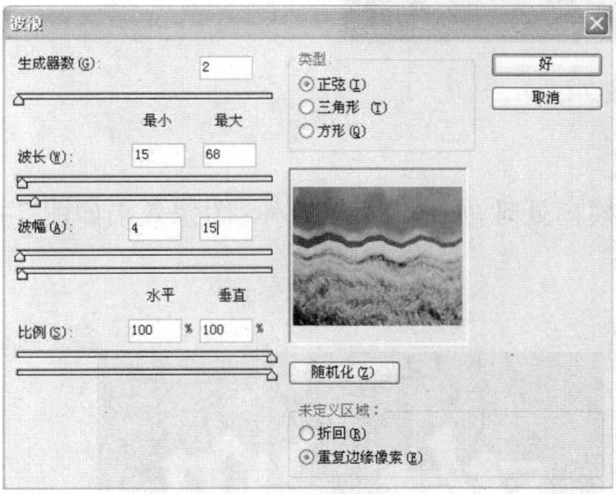


图 6-20i

图 6-20j

9．保存文件

第 9 步：将最终效果以 Xps6c-20.tif 为文件名保存在考生文件夹下。

# 第 7 单元　文字效果

## 7.1　第 1 题解答

1. 建立文件

第 1 步：建立一个新文件：16×12 cm、72 Pixels/inch、RGB 模式、背景填充为黑色。

2. 输入文字

第 2 步：在通道面板中创建 Alpha1 通道，输入“欢迎”字样，字体任选，文字大小为 160 Pixels，如图 7-01a 所示。取消选定，并将 Alpha 1 复制一个 Alpha 1 副本通道。

图 7-01a

3. 编辑文字

第 3 步：对 Alpha 1 副本通道进行高斯模糊处理，如图 7-01b 所示；图像效果如图 7-01c 所示。

图 7-01b　　图 7-01c

第 4 步：执行“图像”>“计算”命令，Alpha 1 通道和 Alpha 1 副本通道分别为源 1 和源 2，混合选项为差值。源 1 或源 2 上勾选反相选项，如图 7-01d 所示；效果如图 7-01e 所示。

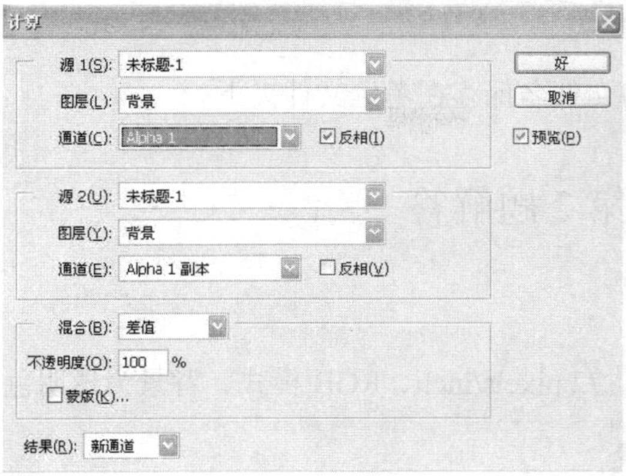


图 7-01d

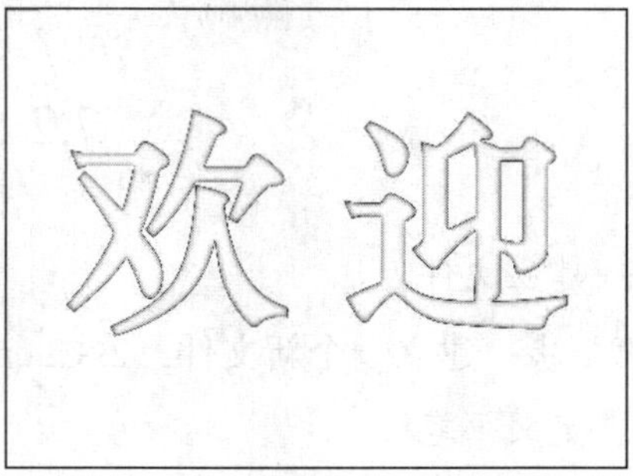


图 7-01e

第 5 步：Alpha 1 和 Alpha 1 副本混合后的结果在 Alpha 2 通道，按 Ctrl+A 组合键全选，然后按 Ctrl+C 组合键进行复制。

第 6 步：回到 RGB 复合通道，按 Ctrl+V 组合键将 Alpha 2 的内容粘贴出来，执行“图像”>“调整”>“反相”命令，如图 7-01f 所示。

第 7 步：点击 RGB 通道并按 Ctrl 键，载入选区，然后选择渐变工具，选择彩虹渐变，设置为线性渐变，如图 7-01g 所示。

图 7-01f

图 7-01g

第 8 步：在“欢迎”字样上作线性渐变，最终效果如图 7-01h 所示。

图 7-01h

4. 保存文件

第 9 步：将最终效果以 Xps7-01.tif 为文件名保存在考生文件夹下。

## 7.2 第 2 题解答

1. 建立文件

第 1 步：建立一个新文件：2×2 cm、72 pixels/inch、RGB 模式、背景为透明色。

2. 定义画笔

第 2 步：选择椭圆选框工具，并按 Shift 键画出正圆选区，选择渐变工具为角度渐变，设置为彩虹渐变色，对正圆选区拉出渐变，如图 7-02a 所示。

第 3 步：保留选区，执行“编辑”>“自定义画笔”命令，打开“画笔名称”对话框，如图 7-02b 所示。

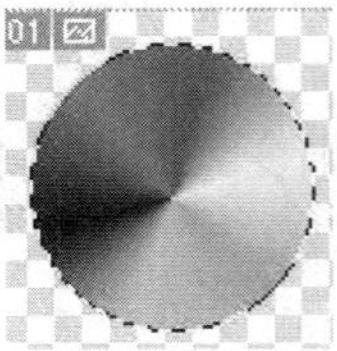

图 7-02a

图 7-02b

3. 编辑文字

第 4 步：再建立一个新文件：16×12 cm、72 Pixels/inch、RGB 模式、背景为白色。

第 5 步：打开路径面板，单击“创建新路径”按钮，选择钢笔工具绘制出“yes”单词，如图 7-02c 所示。

第 6 步：在工具箱中选择移动工具移动彩色圆形至新文件“yes”单词“y”字母的首部，如图 7-02d 所示。

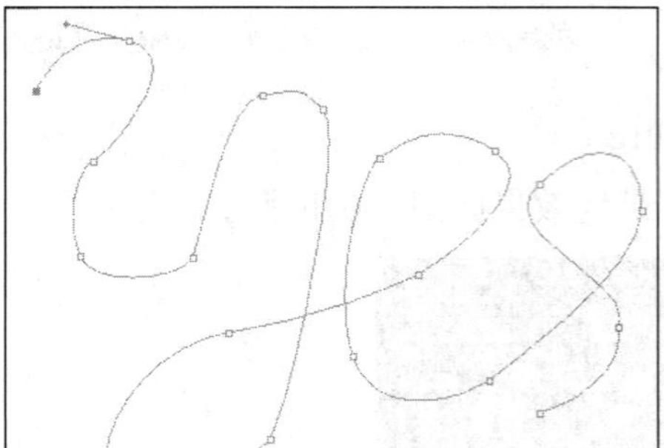

图 7-02c

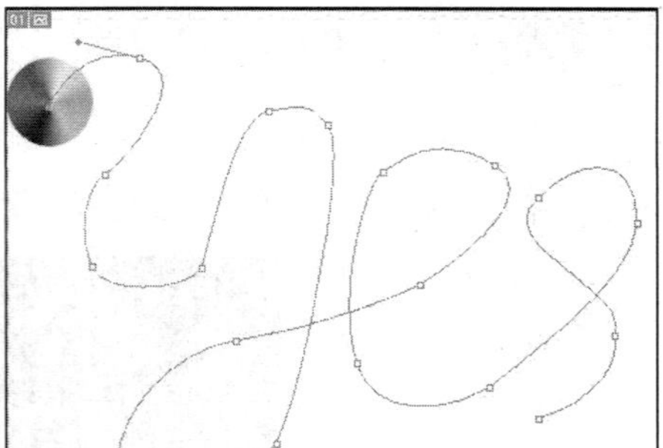

图 7-02d

第 7 步：在工具箱中选择涂抹工具，设置强度为 100%，并作用于图层，使用新建的画笔刷，然后按下路径面板下方的“用画笔描边路径”按钮，使用新定义的画笔刷对自由路径进行描边，形成彩虹状路径字体，如图 7-02e 所示。

图 7-02e

4. 保存文件

第 8 步：将最终效果以 Xps7-02.tif 为文件名保存在考生文件夹下。

## 7.3 第 3 题解答

1. 建立文件

第 1 步：建立一个新文件：16×12 cm、72 Pixels/inch、RGB 模式、背景为白色。

2. 输入文字

第 2 步：选择文字工具，输入文字“玻璃”，文字大小为 140 Pixels，字体任选，颜色为黑色，如图 7-03a 所示。

图 7-03a

3. 编辑文字

第 3 步：然后合并文字层和背景层，执行“滤镜”>“模糊”>“动感模糊”命令，设置如图 7-03b 所示，效果如图 7-03c 所示。

第 4 步：执行“滤镜”>“风格化”>“查找边缘”命令，效果如图 7-03d 所示。

第 5 步：再对图像执行“图像”>“调整”>“反相”命令，效果如图 7-03e 所示。

第 6 步：再对图像执行“图像”>“调整”>“色阶”命令，设置如图 7-03f 所示，效果如图 7-03g 所示。

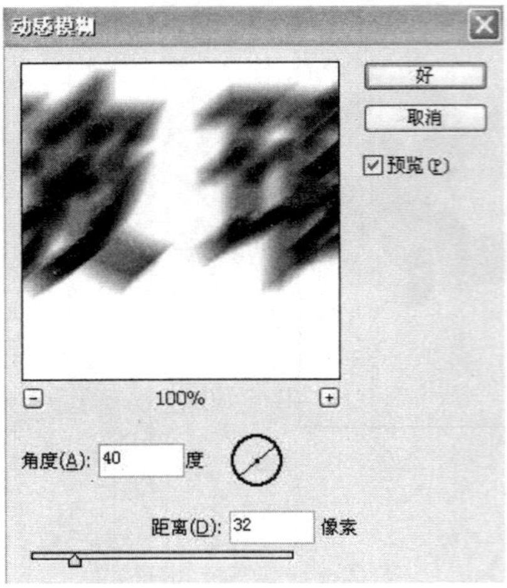


图 7-03b

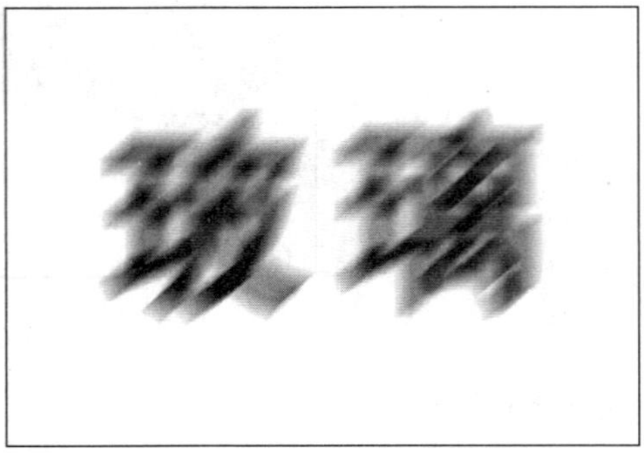

图 7-03c

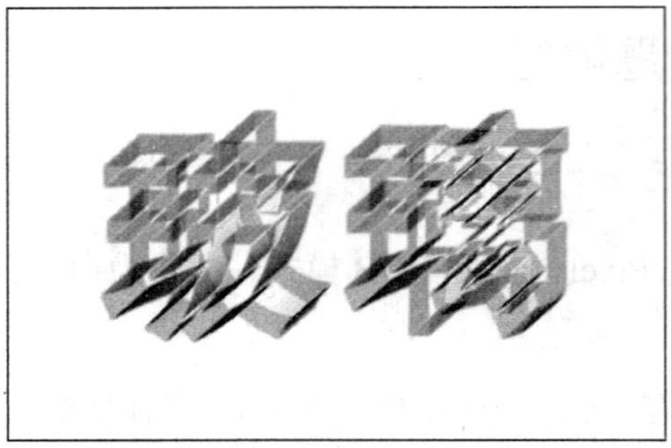

图 7-03d

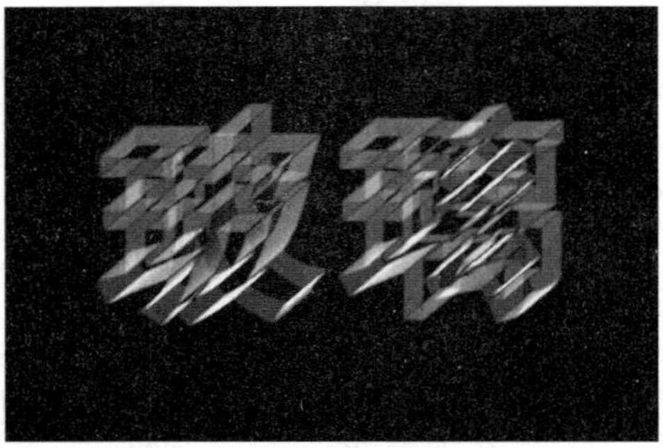

图 7-03e

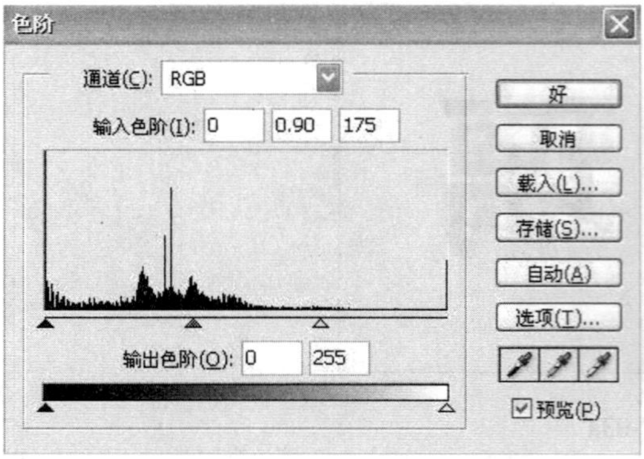


图 7-03f

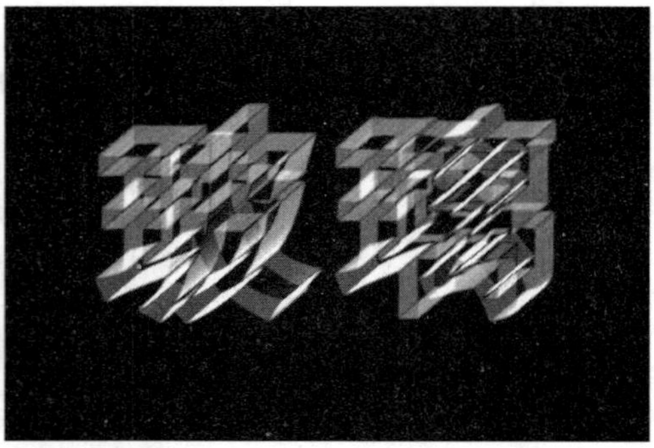

图 7-03g

第 7 步：选择渐变工具，设置颜色为蓝—绿—黄—红—紫—蓝，选择对称渐变，将模式调整为“颜色”，设置如图 7-03h 所示；拉出渐变，如图 7-03i 所示；最终效果如图 7-03j 所示。

图 7-03h

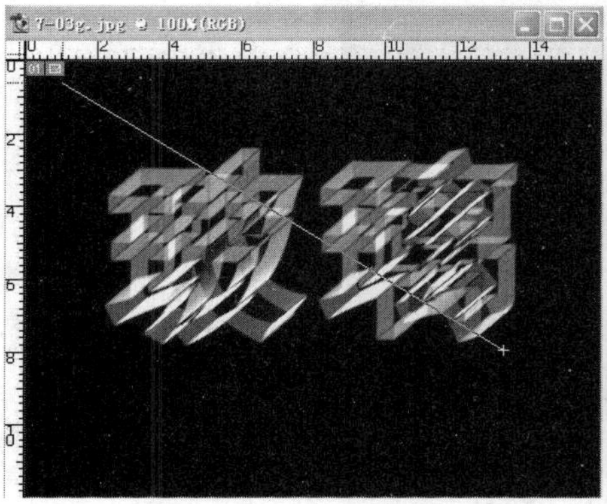

图 7-03i

图 7-03j

4. 保存文件

第 8 步：将最终效果以 Xps7-03.tif 为文件名保存在考生文件夹下。

## 7.4　第 4 题解答

1. 建立文件

第 1 步：建立一个新文件：16×12 cm、72 Pixels/inch、RGB 模式、背景为白色。

2. 输入文字

第 2 步：在通道面板建立 Alpha1 通道，选择文字工具输入“金属”，字体任选，文字大小为 140 Pixels，颜色任意。

3. 编辑文字

第 3 步：执行“选择”>“修改”>“扩展”命令，在弹出的修改对话框中设置扩展量为 3 像素，如图 7-14a 所示。

第 4 步：执行“滤镜”>“模糊”>“高斯模糊”命令，在弹出的高斯模糊对话框中设置，如图 7-04b 所示，效果如图 7-04c 所示。

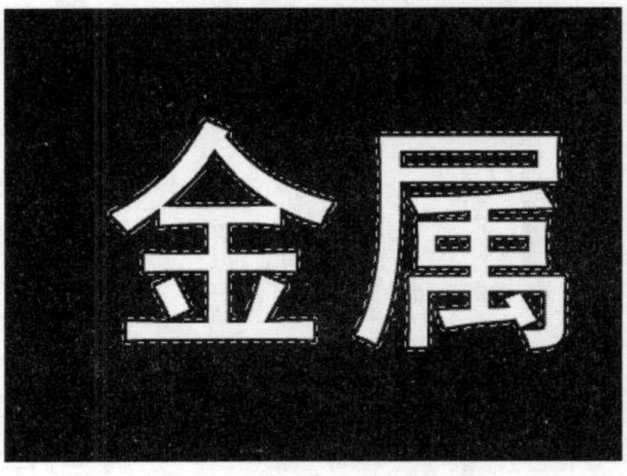


图 7-04a

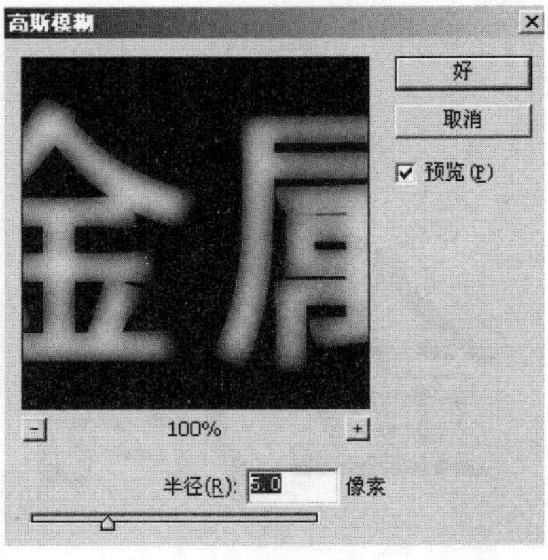


图 7-04b

图 7-04c

第 5 步：执行“滤镜”>“风格化”>“浮雕效果”命令，在弹出的浮雕效果对话框中设置，如图 7-04d 所示，效果如图 7-04e 所示。

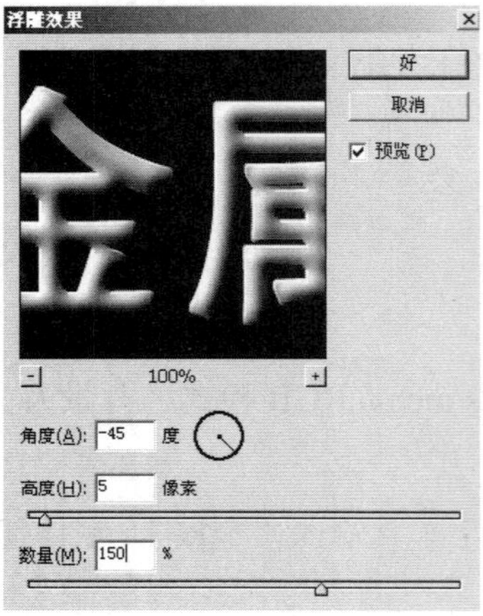


图 7-04d

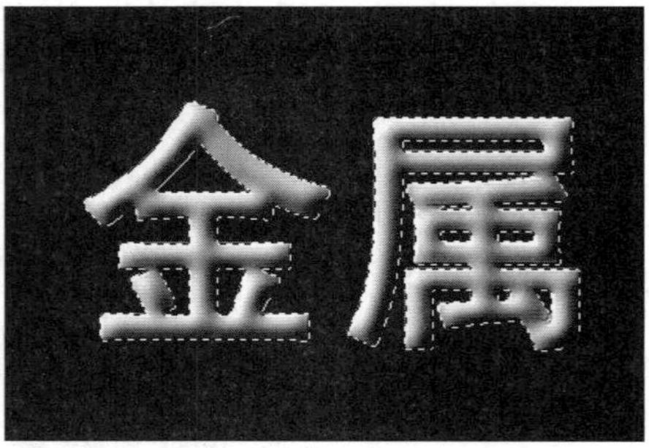


图 7-04e

第 6 步：再执行“选择”>“修改”>“扩展”命令，在弹出的扩展对话框中设置扩展量为 3 像素，按 Ctrl+C 复制，在图层面板建立图层 1 按 Ctrl+V 粘贴，如图 7-14f 所示。

第 7 步：对其执行“图像”>“调整”>“曲线”命令，在弹出的曲线对话框中设置，如图 7-14g 所示，效果如图 7-04h 所示。

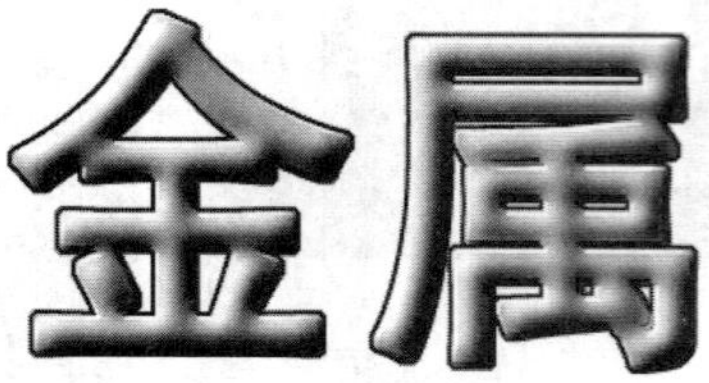


图 7-04f

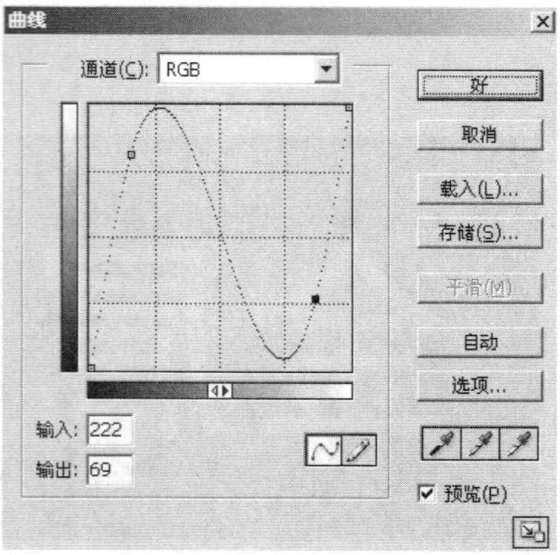


图 7-04g

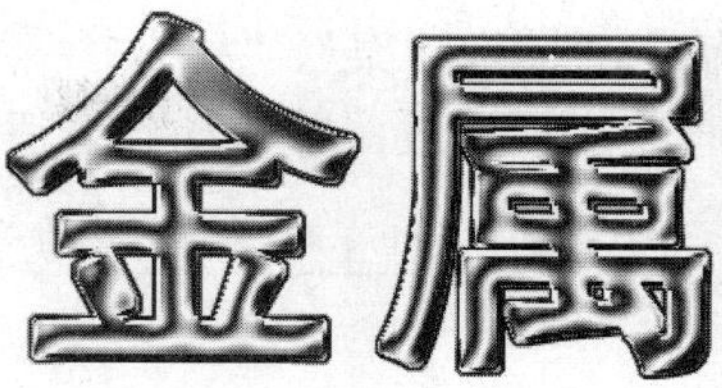


图 7-04h

第 8 步：再执行“图像”>“调整”>“色相/饱和度”命令，在弹出的“色相/饱和度”对话框中设置，如图 7-14i 所示；效果如图 7-04j 所示。

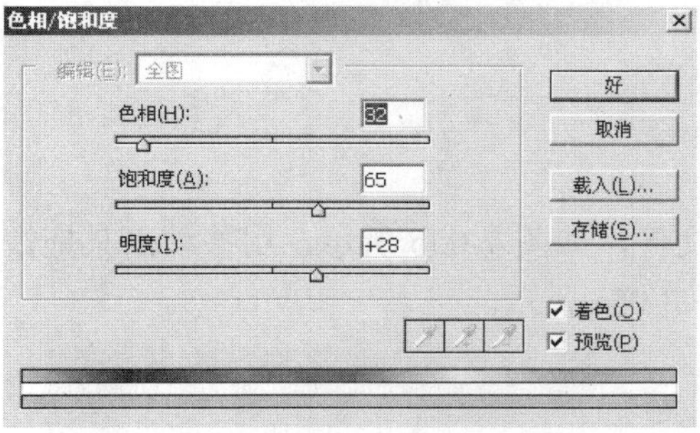


图 7-04i

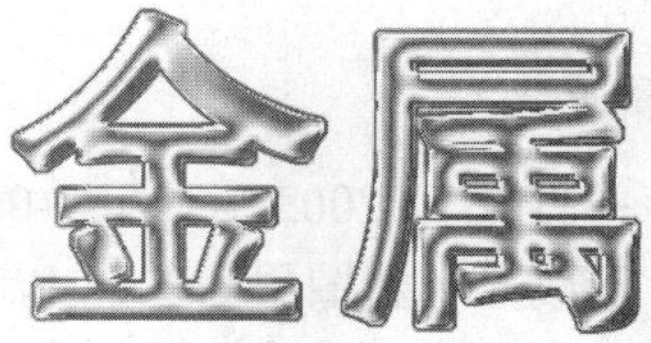


图 7-04j

第 9 步：填充背景层（R16、G208、B215），最终效果如图 7-04k 所示。

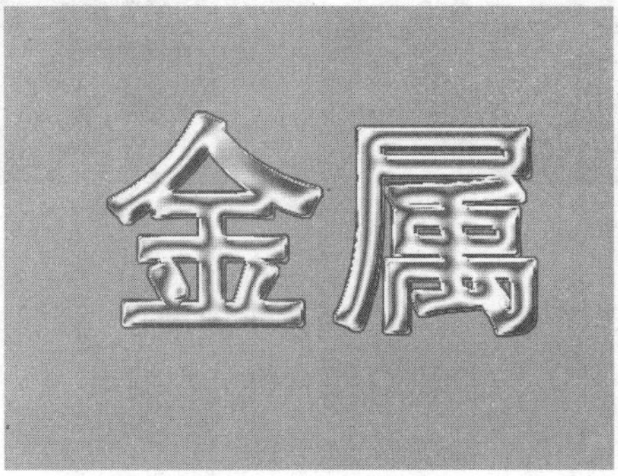


图 7-04k

4. 保存文件

第 10 步：将最终效果以 Xps7-04.tif 为文件名保存在考生文件夹下。

## 7.5　第 5 题解答

1. 建立文件

第 1 步：建立一个新文件：16×12 cm、72 Pixels/inch、RGB 模式、背景为白色。

2. 输入文字

第 2 步：用文字工具分别输入“图”、“案”、“字”，字体任选，文字大小为 140 pixels，形成 3 个单独的文字层。分别自由变换缩放，并移动到合适的位置，如图 7-05a 所示。

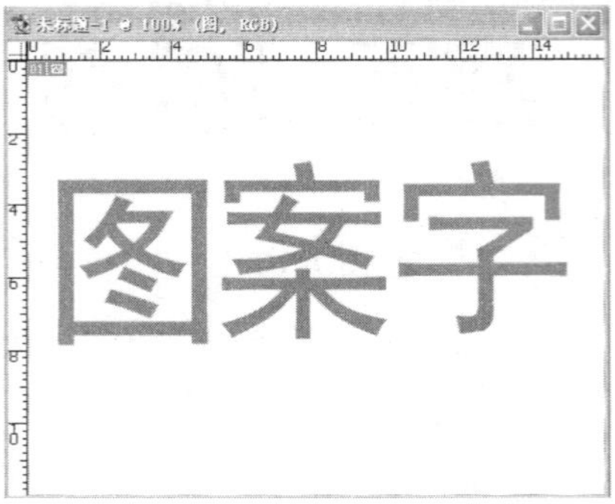


图 7-05a

3. 编辑文字

第 3 步：打开 C:\2003PS7\Yps7-05.tif 文件，如图 7-05b 所示，用移动工具拖拽到当前的文件上，形成一个新图层为图层 1，如图 7-05c 所示。

图 7-05b

图 7-05c

第 4 步：复制图层 1，为图层 1 副本、图层 1 副本 2，然后把这 3 个素材图层移动到相应的“图”、“案”、“字”层上，按 Ctrl+G 组合键分别编组，图层面板如图 7-05d 所示；效果如图 7-05e 所示。

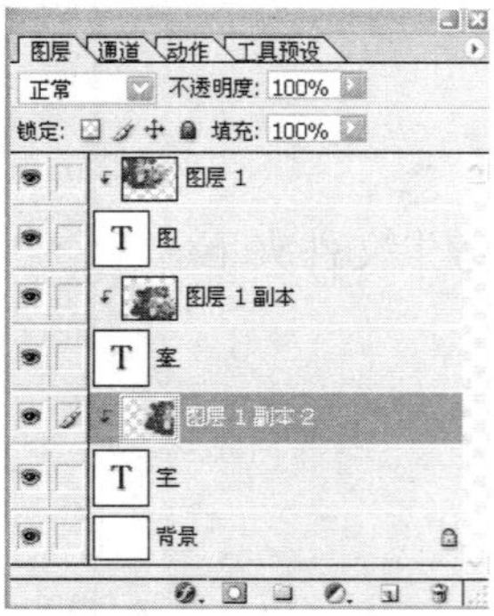


图 7-05d

图 7-05e

第 5 步：分别对三个字体图层设置内阴影，如图 7-05f 所示。

第 6 步：三个字体图层设置完成后，图像的最终效果如图 7-05g 所示。

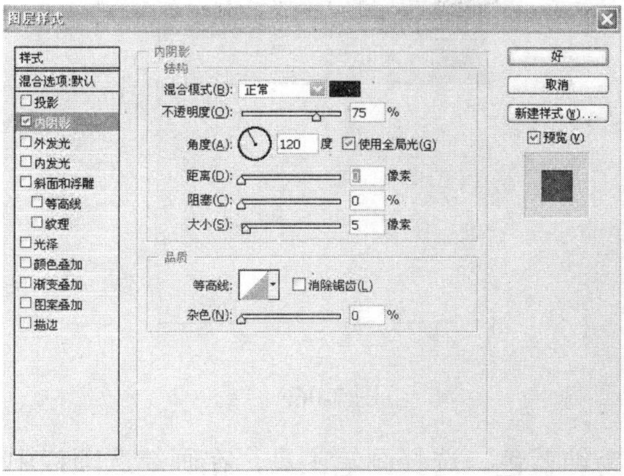


图 7-05f

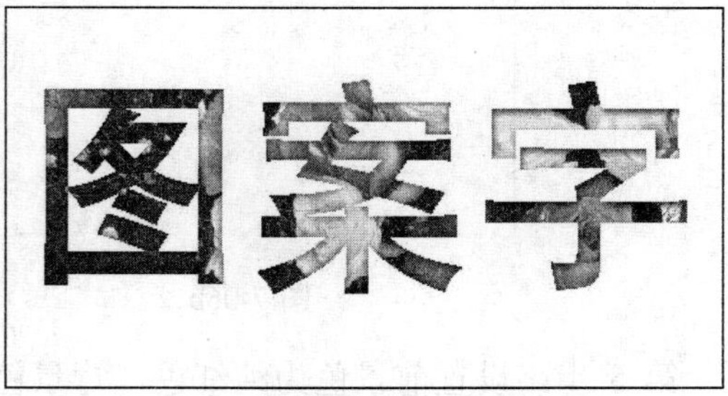


图 7-05g

4. 保存文件

第 7 步：将最终效果以 Xps7-05.tif 为文件名保存在考生文件夹下。

## 7.6　第 6 题解答

1. 建立文件

第 1 步：建立一个新文件：16×12 cm、72 Pixels/inch、RGB 模式、背景色为白色。

2. 输入文字

第 2 步：在工具箱中选择横排文字蒙版工具，输入“刺猬”，字体为“黑体”，文字大小为 160 Pixels。如图 7-06a 所示。

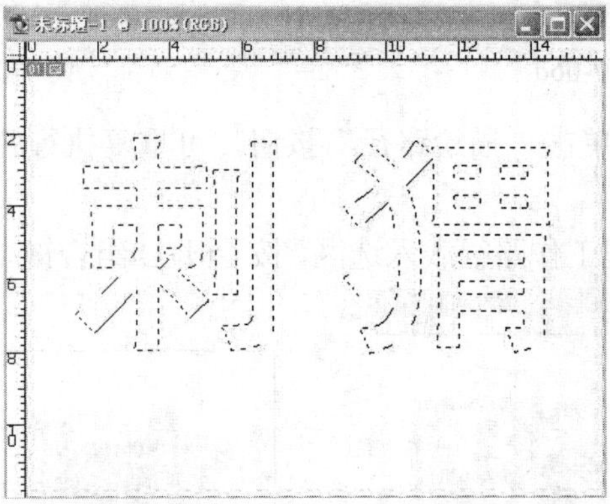


图 7-06a

3. 编辑文字

第 3 步：在路径面板上单击“转换路径”按钮，将“刺猬”文字选择区域转换为路径，如图 7-06b 所示。

第 4 步：路径面板如图 7-06c 所示。

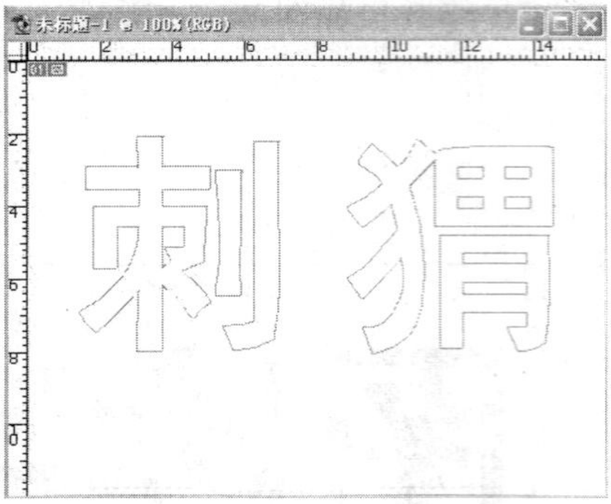


图 7-06b

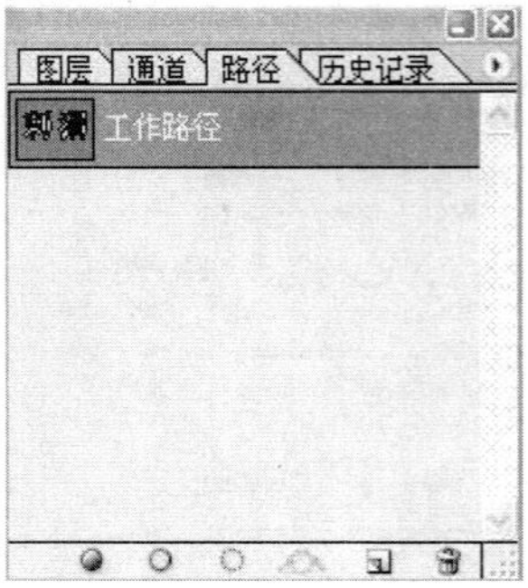


图 7-06c

第 5 步：设置前景色为纯红色，背景色为纯蓝色。选择画笔工具，在画笔选项栏中设置画笔笔尖，如图 7-06d 所示；再设置画笔的动态颜色，如图 7-06e 所示。

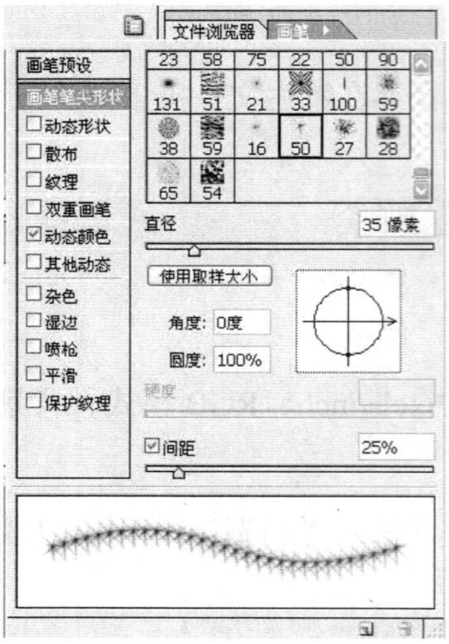


图 7-06d

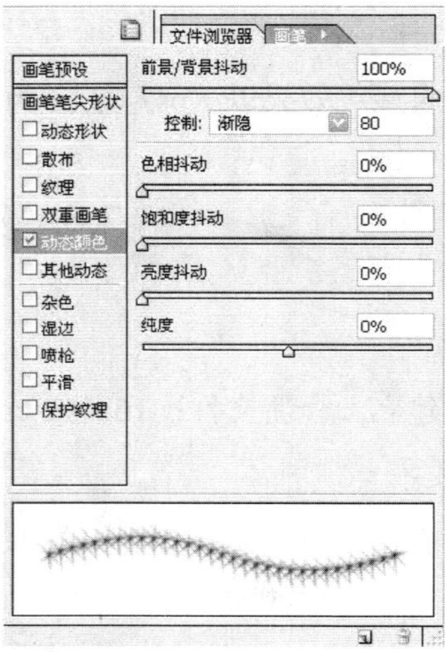


图 7-06e

第 6 步：在路径面板单击“描绘路径”按钮，可重复执行几次描边路径，图像效果如图 7-06f 所示。

第 7 步：在路径面板把工作路径载入选区，按 Ctrl+D 组合键取消选区，如图 7-06g 所示。

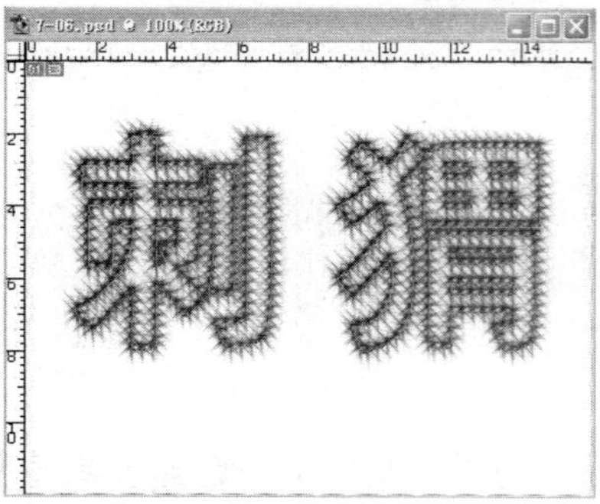


图 7-06f

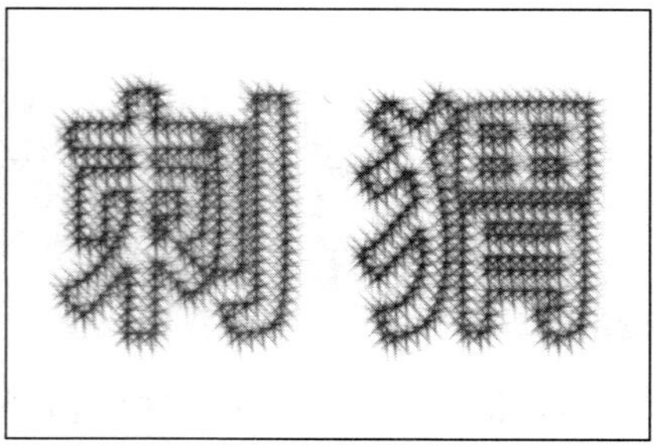

图 7-06g

4. 保存文件

第 8 步：将最终效果以 Xps7-06.tif 为文件名保存在考生文件夹下。

## 7.7　第 7 题解答

1. 建立文件

第 1 步：建立一个新文件：16×12 cm、72 pixels/inch、灰度模式、背景为白色。

2. 输入文字

第 2 步：将背景色设置为黑色，按 Ctrl+Delete 组合键填充为黑色背景。设置前景色为白色，选择文字工具输入文字“燃烧”，文字大小为 120 Pixels，字体为“黑体”，如图 7-07a 所示。

图 7-07a

3. 编辑文字

第 3 步：执行“图层”>“栅格化”>“文字”命令。在图层面板上，按 Ctrl 键同时单击文字图层缩览图，将其转换为选区，执行“选择”>“存储选区”命令，在弹出的对话框中设置名称为 1，如图 7-07b 所示。

第 4 步：对图像执行“图层”>“旋转画布”>“90 度顺时针”命令；执行“滤镜”>“风格化”>“风”命令，在弹出的对话框中设置，如图 7-07c 所示。

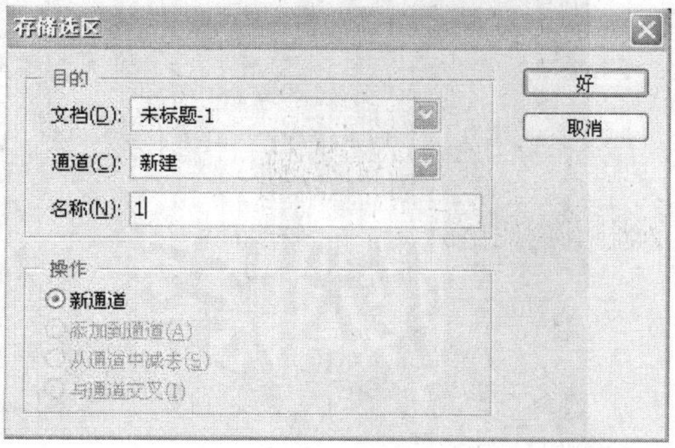


图 7-07b

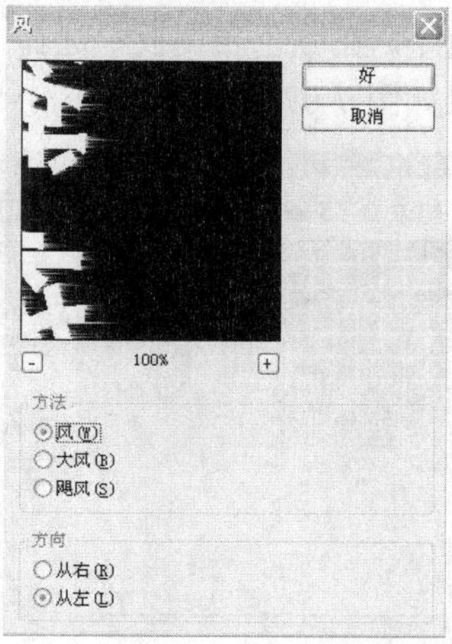


图 7-07c

第 5 步：按 Ctrl+F 组合键三次，重复执行“风”滤镜，效果如图 7-07d 所示。

第 6 步：执行“图层”>“旋转画布”>“90 度逆时针”命令；再执行“滤镜”>“扭曲”>“波纹”命令，在对话框中设置，如图 7-07e 所示，效果如图 7-07f 所示。

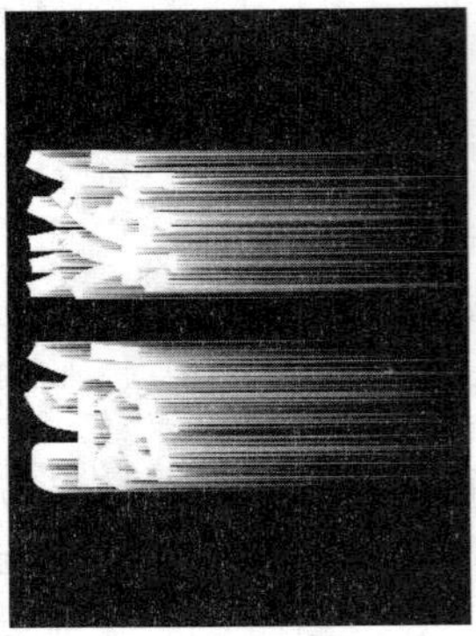

图 7-07d

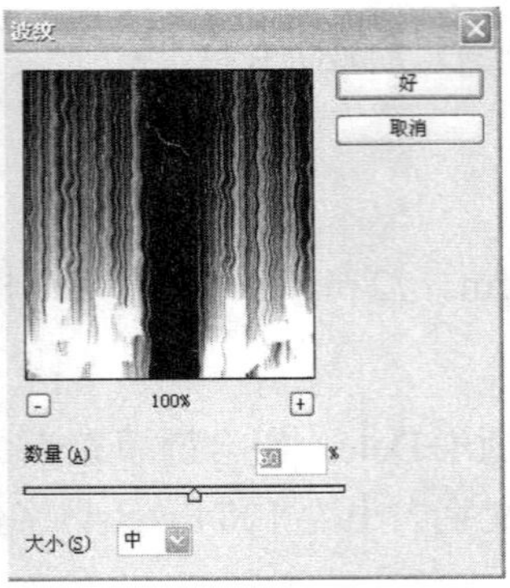


图 7-07e

图 7-07f

第 7 步：执行“选择”>“载入选区”命令，在弹出的对话框中，找到刚才定义的选区 1，图像如图 7-07g 所示；按 Delete 键删除，执行“编辑”>“描边”命令，在弹出的描边对话框中设置，描边宽度为 1 像素，颜色为白色，如图 7-07h 所示。

图 7-07g

图 7-07h

第 8 步：执行“图像”>“模式”>“索引模式”命令，再执行“图像”>“模式”>“颜色表”命令，在颜色表调板中选择“自定”中的黑色，设置如图 7-07i 所示，单击“好”按钮；效果如图 7-07j 所示。

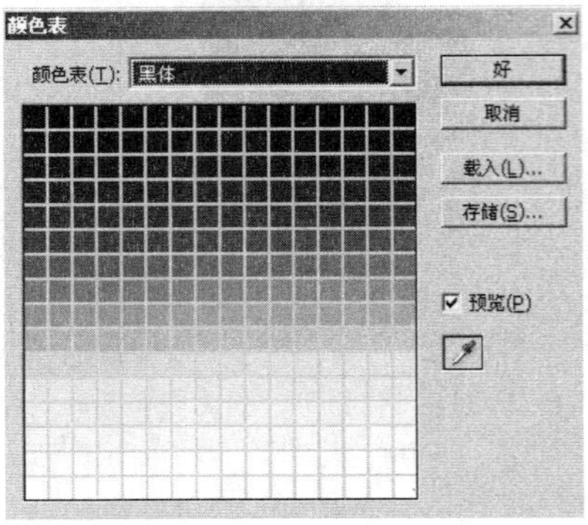


图 7-07i

图 7-07j

4. 保存文件

第 9 步：将最终效果以 Xps7-07.tif 为文件名保存在考生文件夹下。

## 7.8　第 8 题解答

1. 建立文件

第 1 步：建立一个新文件：16×12 cm、72 pixels/inch、RGB 模式、背景为白色。

2. 输入文字

第 2 步：打开通道控制面板，创建一个 Alpha1 通道，在 Alpha1 通道上，输入“洞眼”字样的选择区，文字字体为“黑体”，文字大小为 160 Pixels，并填充中灰色（R128、G128、B128），如图 7-08a 所示。

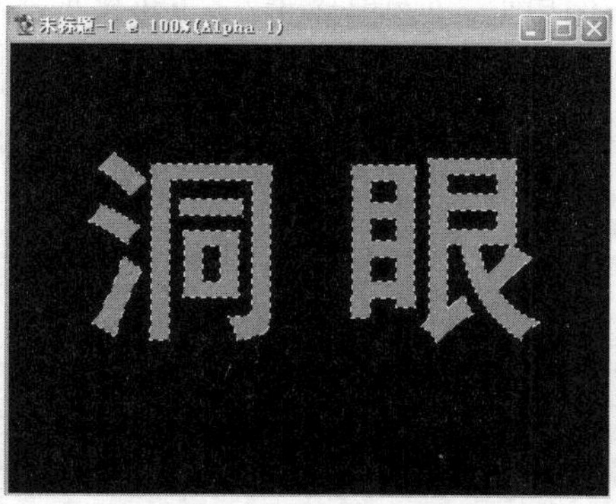


图 7-08a

3. 编辑文字

第 3 步：执行“滤镜”>“像素化”>“彩色半调”命令，设置如图 7-08b 所示，效果如图 7-08c 图所示。

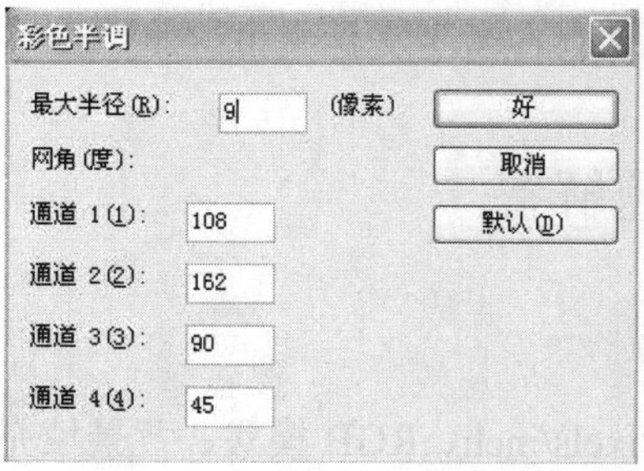


图 7-08b

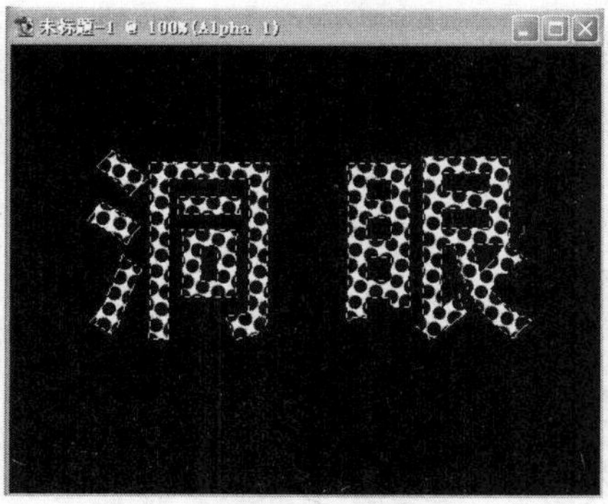


图 7-08c

第 4 步：取消选区，回到 RGB 复合通道，执行“选择”>“载入选区”命令，如图 7-08d 所示。

第 5 步：执行“图层”>“新建”>“通过拷贝的图层”命令，将背景画布换成白色画布，如图 7-08e 所示。

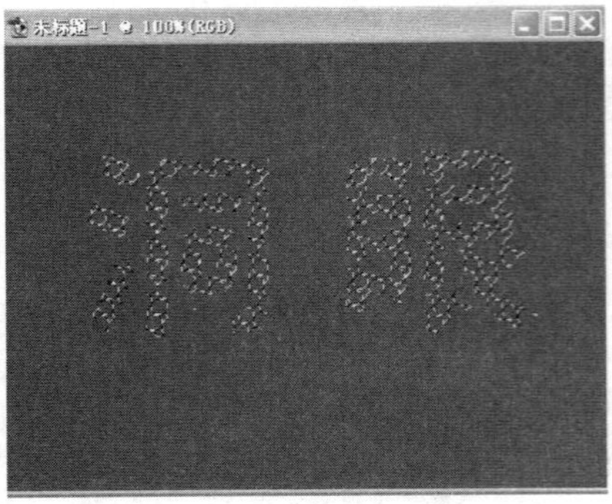


图 7-08d

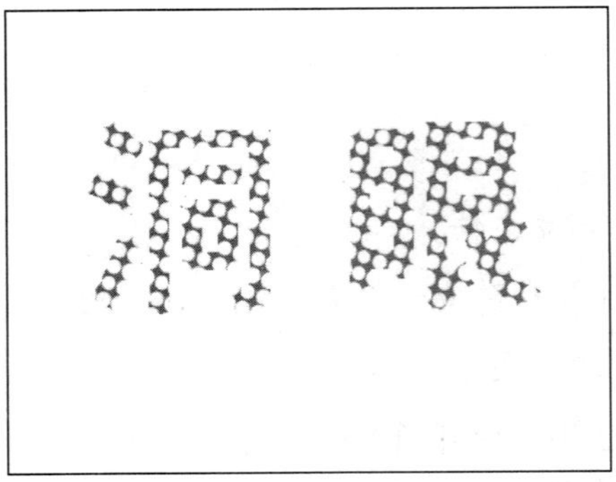


图 7-08e

第 6 步：对字体执行“图层”>“图层样式”>“投影”命令，设置如图 7-08f 所示；最终效果如图 7-08g 所示。

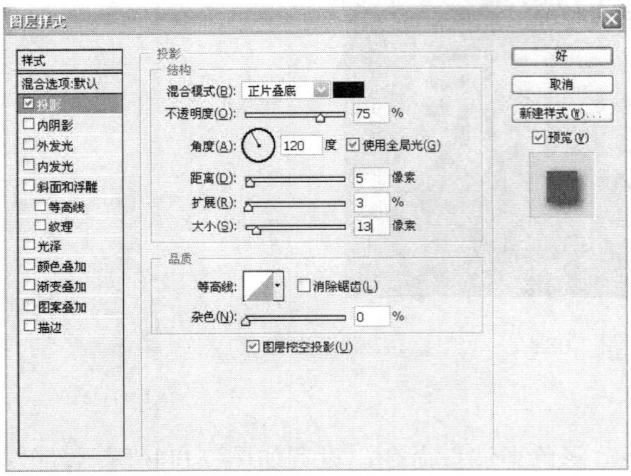


图 7-08f

图 7-08g

4. 保存文件

第 7 步：将最终效果以 Xps7-08.tif 为文件名保存在考生文件夹下。

## 7.9　第 9 题解答

1. 建立文件

第 1 步：建立一个新文件：16×12 cm、72 Pixels/inch、RGB 模式、背景填充为红到白的渐变色，如图 7-09a 所示。

2. 输入文字

第 2 步：选择文字工具输入“跨越”文字，字体为“黑体”，文字大小为 140 Pixels，文字为竖排，如图 7-09b 所示。

图 7-09a

图 7-09b

3. 编辑文字

第 3 步：执行“图层”>“栅格化”>“文字”命令，在图层面板中点击文字层并按 Ctrl 键，载入选区，选择渐变工具，设置蓝—白—土黄—白的线性渐变，如图 7-09c 所示；图像效果如图 7-09d 所示。

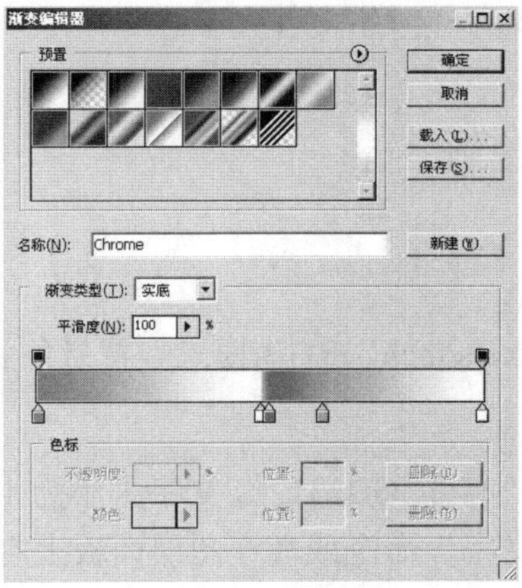


图 7-09c

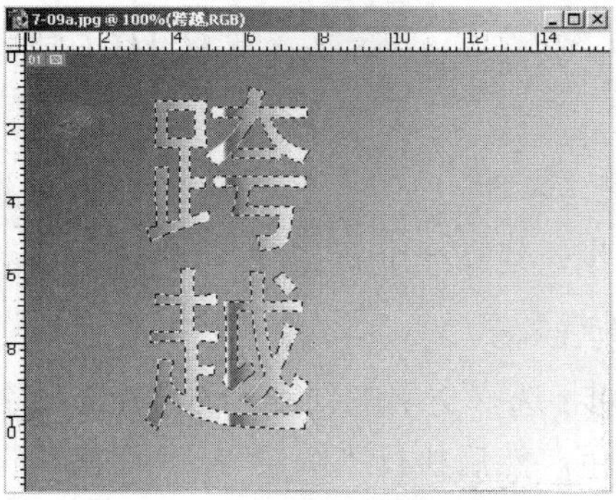


图 7-09d

第 4 步：按键盘上的上移键和左移键各一下，然后重复按，直至出现如图 7-09e 所示效果。

第 5 步：在图层面板复制文字图层为副本，对副本执行“编辑”>“变换”>“扭曲”命令，调整字体，如图 7-09f 所示。

图 7-09e

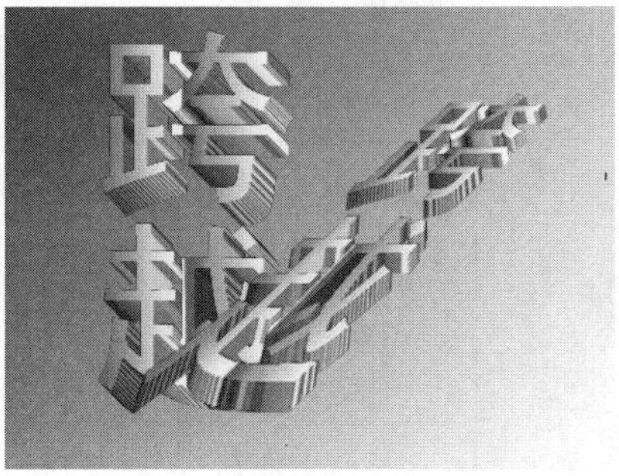

图 7-09f

第 6 步：在图层面板，将文字副本图层移至文字图层的下方，调整文字副本图层的不透明度为 65%，图像最终效果如图 7-09g 所示。

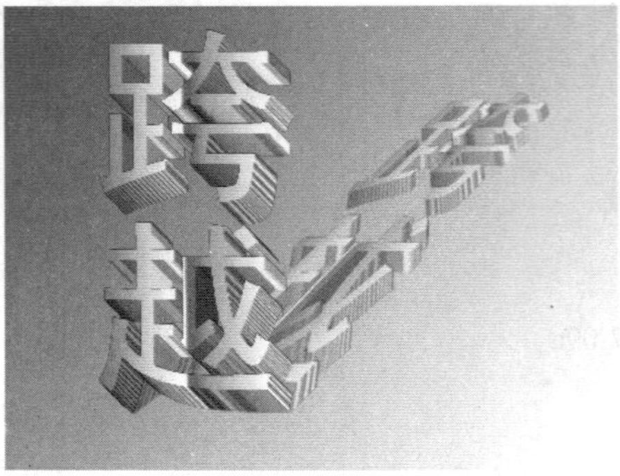

图 7-09g

4．保存文件

第 7 步：将最终效果以 Xps7-09.tif 为文件名保存在考生文件夹下。

## 7.10　第 10 题解答

1．建立文件

第 1 步：建立一个新文件：16×12 cm、72 Pixels/inch、RGB 模式、背景色为白色。

2．编辑文字

第 2 步：选择文字工具输入文字“新”，字体为“楷体_GB2312”，文字大小为 120 Pixels，颜色为黄色。然后执行“图层”>“栅格化”>“文字”命令或者在图层面板上右击“新”文字图层，在弹出下拉菜单中，选择“栅格化（像素化）图层”。

第 3 步：选择椭圆选框工具，在“新”周围建立正圆选区，如图 7-10a 所示。

第 4 步：对其执行“滤镜”>“扭曲”>“球面化”命令，在弹出的对话框中设置，如图 7-10b 所示。

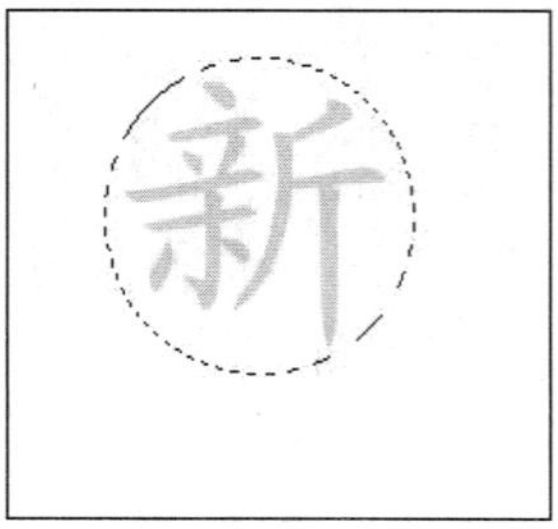

图 7-10a

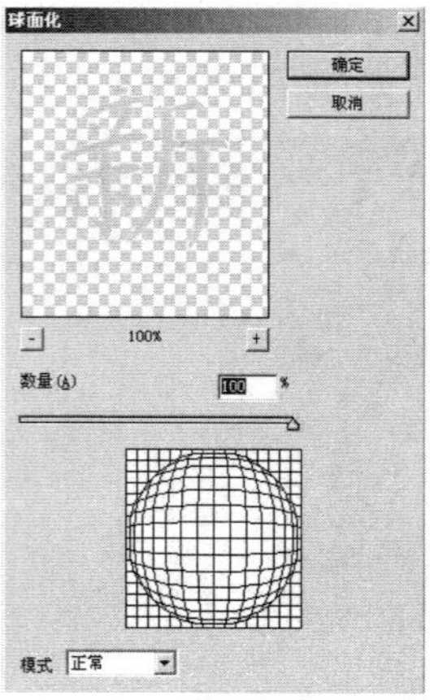


图 7-10b

第 5 步：图像效果如图 7-10c 所示。

第 6 步：不要取消选区，在图层面板建立图层 1，选择渐变工具，设置白—红的径向渐变，在圆形选区里拉出渐变，如图 7-10d 所示。

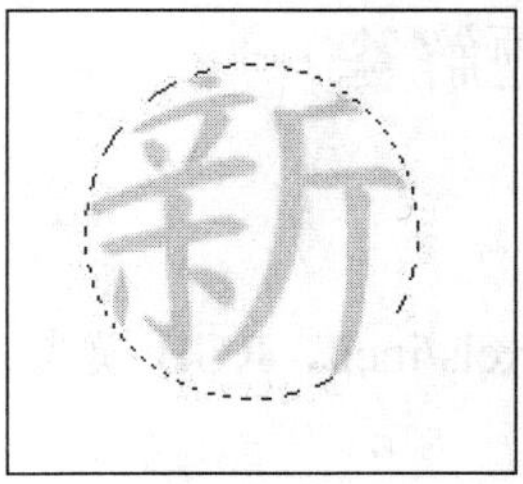


图 7-10c

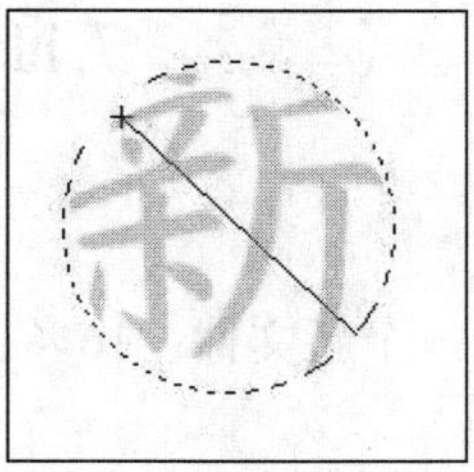


图 7-10d

第 7 步：在图层面板把图层 1 放置在“新”文字层的下方，图像效果如图 7-10e 所示。

第 8 步：执行“选择”>“存储选区”命令，在弹出的对话框中定义名称。选择文字工具输入文字“春”，字体为“楷体_GB2312”，文字大小为 120 点，颜色为黄色；然后栅格化文字图层。

第 9 步：执行“选择”>“载入选区”命令，在弹出的对话框中找到刚才定义的选区，按键盘上的方向键，调整，使正圆选区和“春”中心对齐。重复第 4 和第 6 步，图像效果如图 7-10f 所示。

图 7-10e

图 7-10f

第 10 步：按照上面的步骤做出“快”和“乐”字体效果，最终效果如图 7-10g 所示。

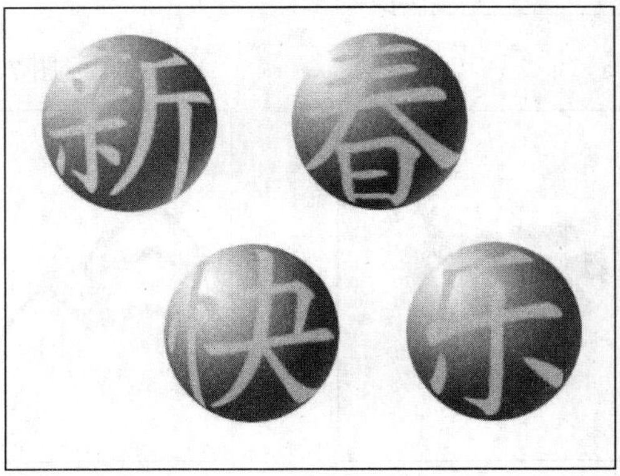


图 7-10g

3. 保存文件

第 11 步：将最终效果以 Xps7-10.tif 为文件名保存在考生文件夹下。

## 7.11 第 11 题解答

1. 建立文件

第 1 步：建立一个新文件：16×12 cm、72 Pixels/inch、RGB 模式、背景色为白色。

2. 输入文字

第 2 步：选择文字工具输入“飘动”汉字，文字大小为 160 Pixels，字体任选，颜色为红色，如图 7-11a 所示。

3. 编辑文字

第 3 步：执行“图层”>“栅格化”>“文字”命令，载入选区，在路径面板单击“从选区生成工作路径”按钮，如图 7-11b 所示。

第 4 步：选择钢笔工具组中的添加锚点工具，点击“飘”，如图 7-11c 所示。添加并调整节点，如图 7-11d 所示。

图 7-11a

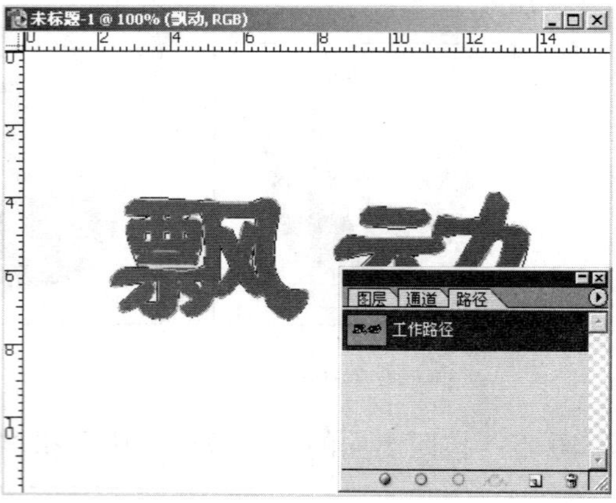


图 7-11b

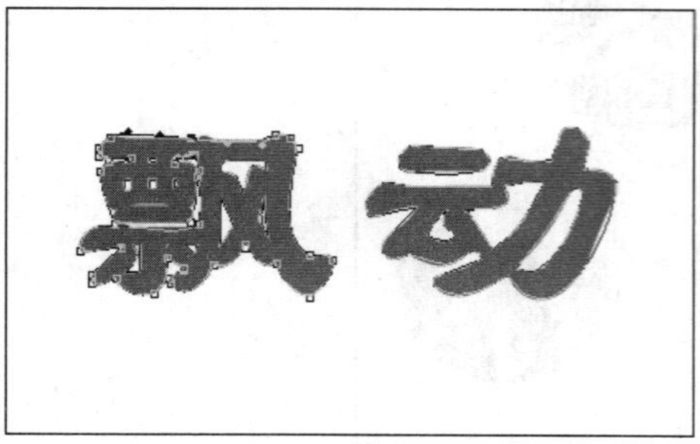


图 7-11c

图 7-11d

第 5 步：同样，调整“动”，字体如图 7-11e 所示。

第 6 步：现在做出文字的投影，复制文字图层为副本，把副本载入选区，填充为灰色，取消选区；选择移动工具，然后按键盘上的下移键和右移键各 5 下，最终效果如图 7-11f 所示。

图 7-11e

图 7-11f

4. 保存文件

第 7 步：将最终效果以 Xps7-11.tif 为文件名保存在考生文件夹下。

## 7.12　第 12 题解答

1. 建立文件

第 1 步：建立一个新文件：16×12 cm、72 Pixels/inch、RGB 模式、背景色为白色。

2. 输入文字

第 2 步：选择文字工具输入“鹅卵石”，字体任选，文字大小 120 Pixels，颜色为黑色，如图 7-12a 所示。

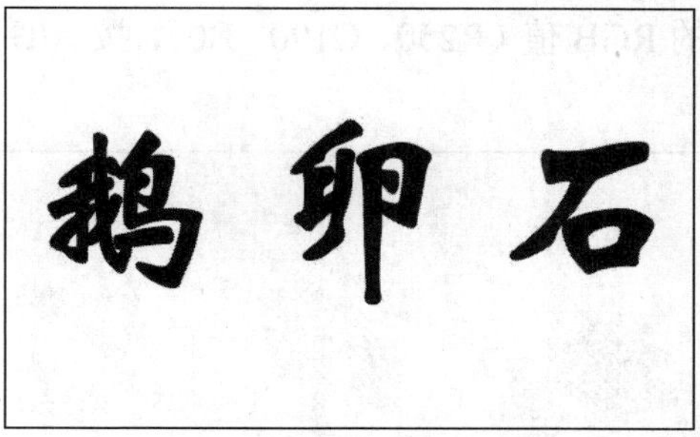


图 7-12a

3. 编辑文字

第 3 步：在图层面板上右击文字图层，在弹出的下拉菜单中选择“栅格化图层”。

第 4 步：设置前景色为白色，在菜单栏中执行“滤镜”>“纹理”>“染色玻璃”命令，在弹出的染色玻璃对话框中设置，如图 7-12b 所示；然后单击“好”按钮，效果如图 7-12c 所示。

第 5 步：在工具箱中选择魔棒工具，设置容差为 32，在画面中选择黑色部分，然后在菜单中执行“选择”>“选区相似”命令，这样就可以把整个黑色部分选取，如图 7-12d 所示。

第 6 步：在菜单栏中执行“选择”>“存储选区”命令，在存储选区对话框中“名称”一栏中输入“ABC”，其他不变，如图 7-12e 所示。

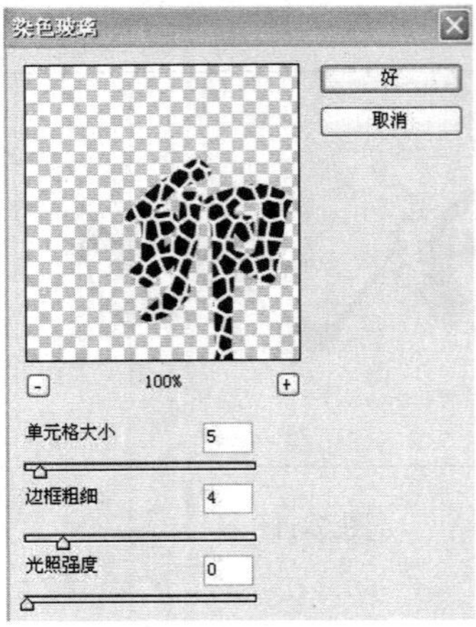


图 7-12b

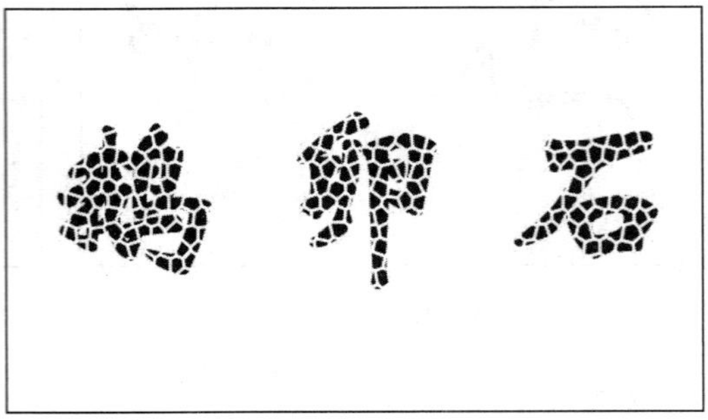

图 7-12c

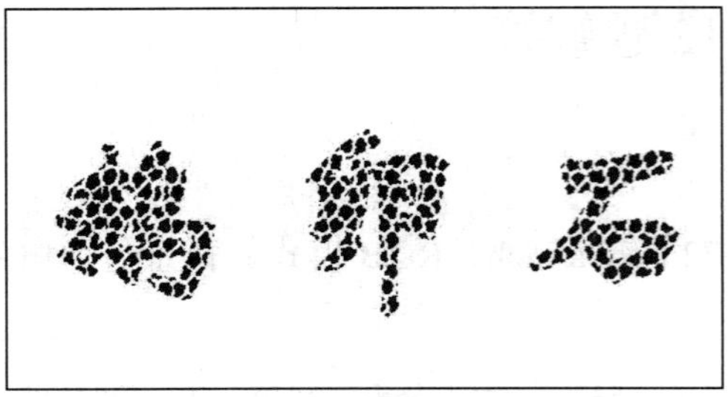

图 7-12d

图 7-12e

第 7 步：设置前景色的 RGB 值（R250、G190、B0），按 Alt+Delete 组合键填充前景色，如图 7-12f 所示。

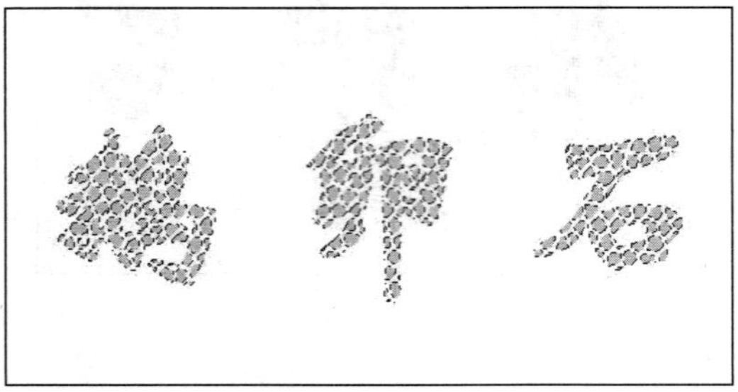

图 7-12f

第 8 步：单击通道面板，在其中选择 ABC 为当前通道，如图 7-12g 所示；在菜单栏中执行“滤镜”>“模糊”>“高斯模糊”命令，在弹出的高斯模糊对话框中设置半径为 1 像素，如图 7-12h 所示。

第 9 步：单击图层面板，在图层面板中选择文字图层为当前图层，用鼠标单击文字面板并按 Ctrl 键，将文字载入选区。在菜单栏中执行“滤镜”>“渲染”>“光照效果”

命令，在弹出的光照效果对话框中，选择纹理通道下拉列表中的 ABC，其他参数如图 7-12i 所示。

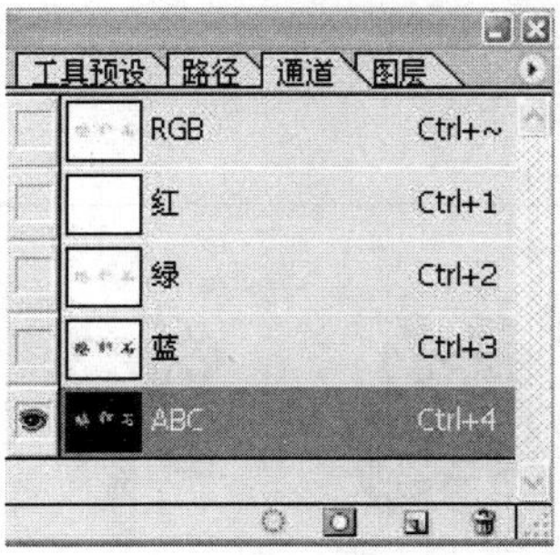


图 7-12g

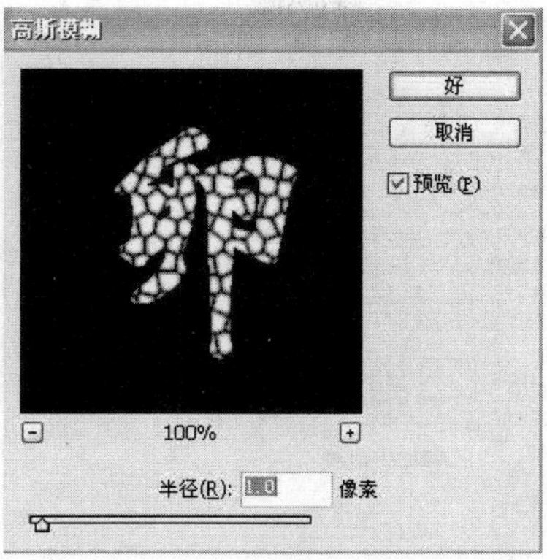


图 7-12h

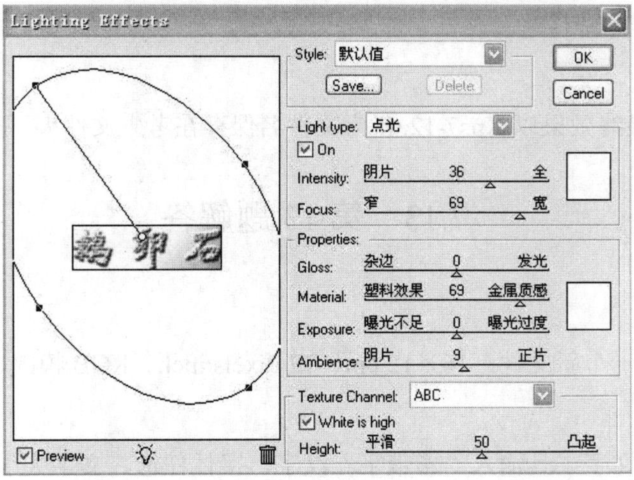


图 7-12i

第 10 步：单击“好”按钮。在菜单栏中执行“图像”>“调整”>“亮度/对比度”命令，设置如图 7-12j 所示，效果如图 7-12k 所示。

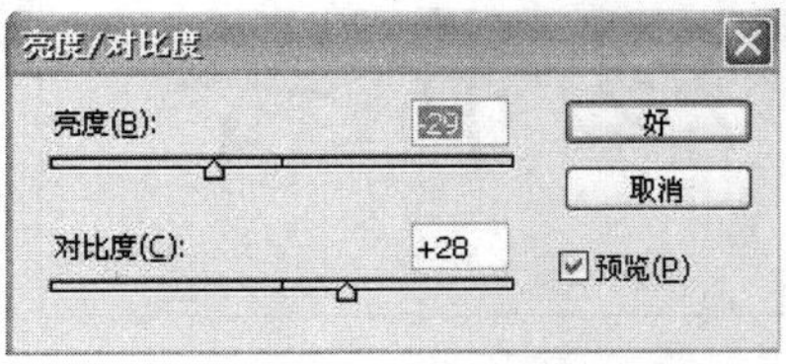


图 7-12j

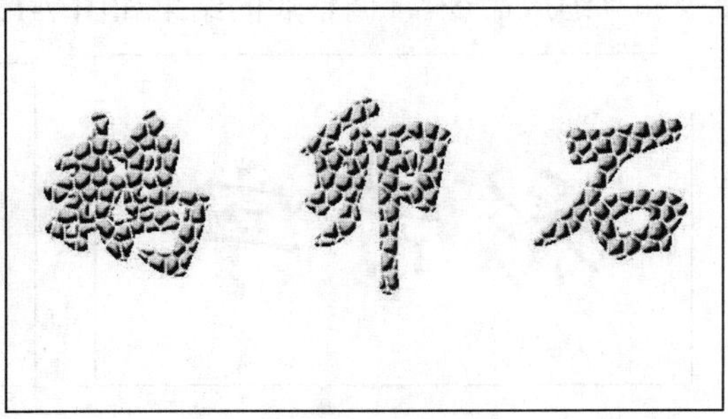

图 7-12k

第 11 步：为文字加上投影，在图层面板中双击文字图层下面的图标，弹出图层

样式对话框，在其中勾选投影，其他不变，设置如图 7-12l 所示，最终效果如图 7-12m 所示。

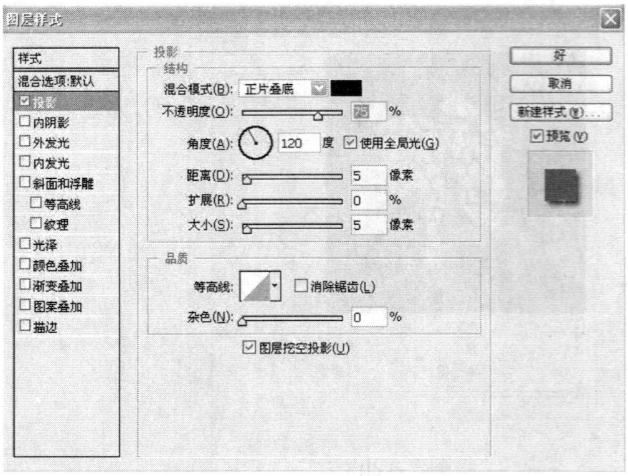


图 7-12l

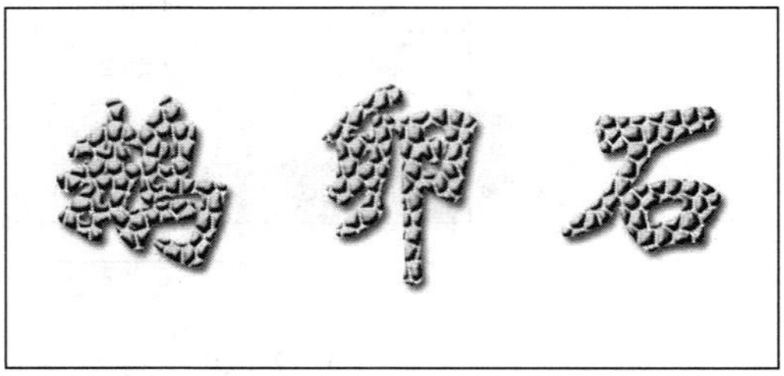


图 7-12m

4. 保存文件

第 12 步：将最终效果以 Xps7-12.tif 为文件名保存在考生文件夹下。

## 7.13　第 13 题解答

1. 建立文件

第 1 步：建立一个新文件：16×12 cm、72 Pixels/inch、RGB 模式、背景色为白色。

2. 输入文字

第 2 步：选择文字工具输入“彩带字”汉字，字体任选，文字大小为 60 Pixels，颜色为黑色，如图 7-13a 所示。

3. 编辑文字

第 3 步：执行“图层”>“栅格化”>“文字”命令，再执行“编辑”>“变换”>“透视”命令和“缩放命令”，调整后的结果如图 7-13b 所示。

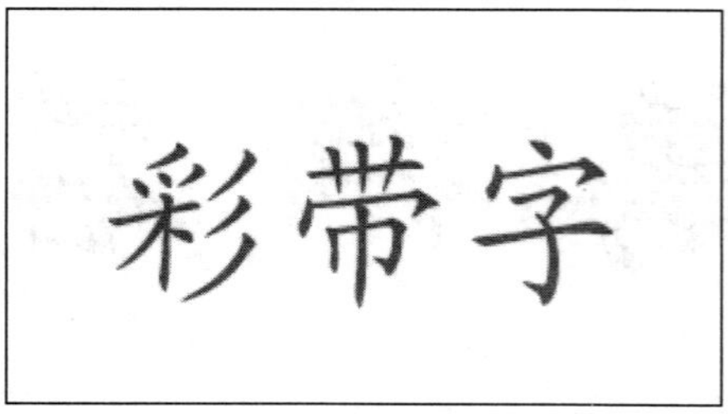


图 7-13a

图 7-13b

第 4 步：载入选区，选择渐变工具，设置为彩虹渐变，对字体拉出彩虹渐变，如图 7-13c 所示。

第 5 步：把“彩带字”定义为画笔，执行“编辑”>“定义画笔”，在弹出的对话框中设置、命名，然后单击“好”按钮。

第 6 步：选择钢笔工具勾勒曲线路径，然后调整，如图 7-13d 所示。

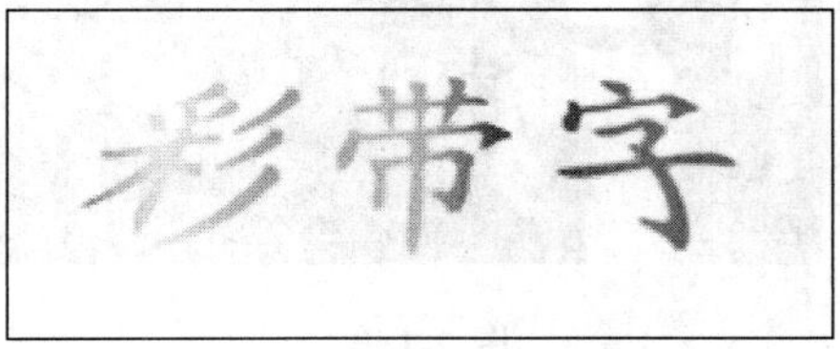


图 7-13c

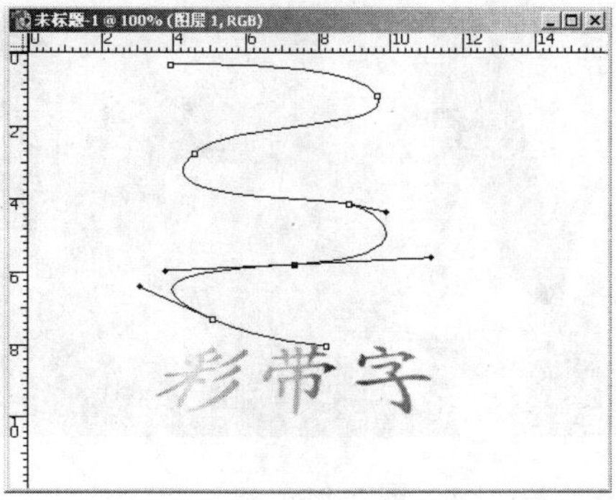


图 7-13d

第 7 步：选择画笔工具，在画笔选项栏中找到刚才定义的画笔，然后设置画笔大小和间距，如图 7-13e 所示。

第 8 步：然后在路径面板单击“描边路径”按钮，图像效果如图 7-13f 所示。

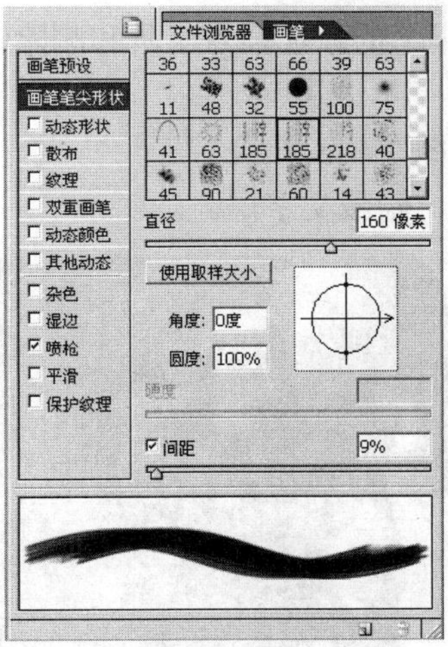


图 7-13e

图 7-13f

4. 保存文件

第 9 步：将最终效果以 Xps7-13.tif 为文件名保存在考生文件夹下。

## 7.14　第 14 题解答

1. 建立文件

第 1 步：打开 C:\2003PS7\Yps7-14.tif 文件，如图 7-14a 所示。

2. 输入文字

第 2 步：选择文字工具输入汉字“羊”，字体任意，文字大小为 150 Pixels，颜色为黑色，如图 7-14b 所示。

图 7-14a

图 7-14b

3. 编辑文字

第 3 步：执行“图层”>“栅格化”>“文字”命令；选择矩形选框工具，在“羊”文字上建立矩形选区，按 Delete 键删除“羊”文字的两点；然后执行“编辑”>“变换”>“旋转”命令。

第 4 步：在路径面板为文字建立工作路径，选择钢笔的添加锚点工具和删除锚点工具，来调整工作路径，如图 7-14c 所示。

第 5 步：将其载入选区，填充任意一种颜色，如图 7-14d 所示。

第 6 步：在图层面板单击文字层前面的眼睛图标，隐藏文字层。

图 7-14c

图 7-14d

第 7 步：选择钢笔工具，勾勒出一只羊角，载入选区，如图 7-14e 所示；按 Ctrl+C 组合键复制，在图层面板建立图层 1，按 Ctrl+V 组合键粘贴。

第 8 步：然后继续选择钢笔勾勒出另一只羊角，载入选区，如图 7-14f 所示；按 Ctrl+C 组合键复制，在图层面板建立图层 2，按 Ctrl+V 组合键粘贴。

图 7-14e

图 7-14f

第 9 步：勾勒出羊嘴，载入选区，如图 7-14g 所示；按 Ctrl+C 组合键复制，在图层面板建立图层 3，按 Ctrl+V 组合键粘贴。

第 10 步：在图层面板双击背景层，激活背景层为图层 0，单击文字层前面的眼睛图标，显示文字层，如图 7-14h 所示。

图 7-14g

图 7-14h

第 11 步：在图层面板把图层 0 放置在文字图层上面，按 Ctrl+G 组合键与前一图层编组；建立图层 4，填充为白色，将图层 4 放置在图层面板中的最底层，图像最终效果如图 7-14i 所示。

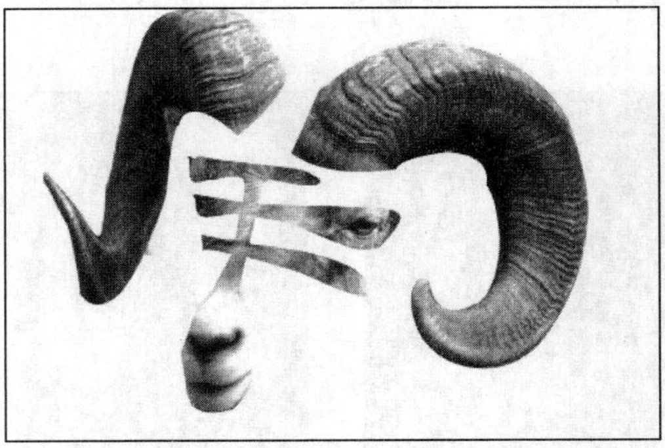

图 7-14i

4．保存文件

第 12 步：将最终效果以 Xps7-14.tif 为文件名保存在考生文件夹下。

# 7.15　第 15 题解答

1. 打开文件

第 1 步：打开 C:\2003PS7\Yps7a-15.tif 和 C:\2003PS7\Yps7b-15.tif 文件，如图 7-15a 和 7-15b 所示。

2. 新建文件

第 2 步：建立一个新文件：16×12 cm、72 Pixels/inch、RGB 模式、背景色为白色。选择矩形选框工具在图 7-15a 中建立矩形选区，用移动工具将其移入新文件中，自动生成图层 1。

图 7-15a

图 7-15b

3. 编辑文字

第 3 步：执行“缩放”命令，放大图像，如图 7-15c 所示。选择文字工具输入“2008”，字体任选，文字大小为 180 Pixels，颜色任选，执行“缩放”命令，上下放大，把文字拉长，如图 7-15d 所示。

图 7-15c

图 7-15d

第 4 步：对文字图层执行“图层”>“栅格化”>“文字”命令，然后载入选区，按 Delete 键删除，不要取消选区，执行“选择”>“修改”>“平滑”命令，在弹出的“平滑”对话框中设置取样半径为 5 像素，如图 7-15e 所示。

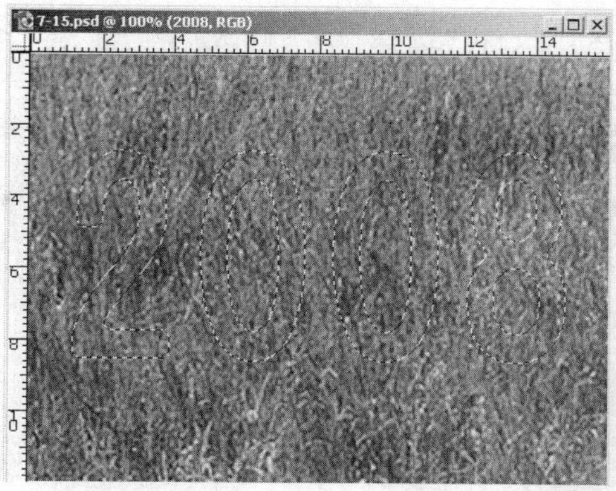


图 7-15e

第 5 步：在图层 1 中按 Ctrl+C 组合键复制，在图层面板新建图层 2，在图层 2 中按 Ctrl+V 组合键粘贴，对其执行“图层样式”>“斜面浮雕”命令，设置如图 7-15f 所示；效果如图 7-15g 所示。再执行“图层样式”>“外发光”命令，设置如图 7-15h 所示；效果如图 7-15i 所示。

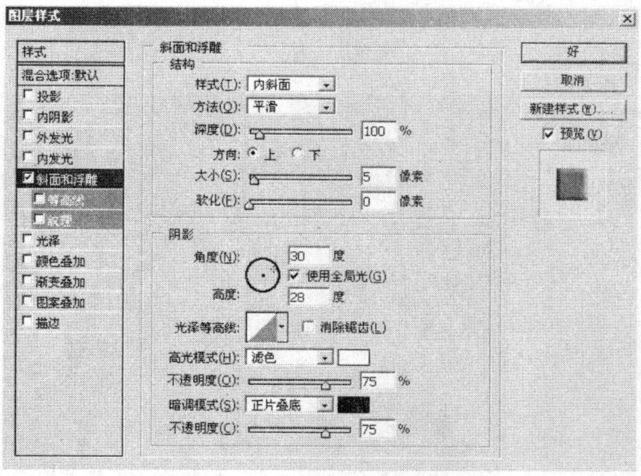


图 7-15f

图 7-15g

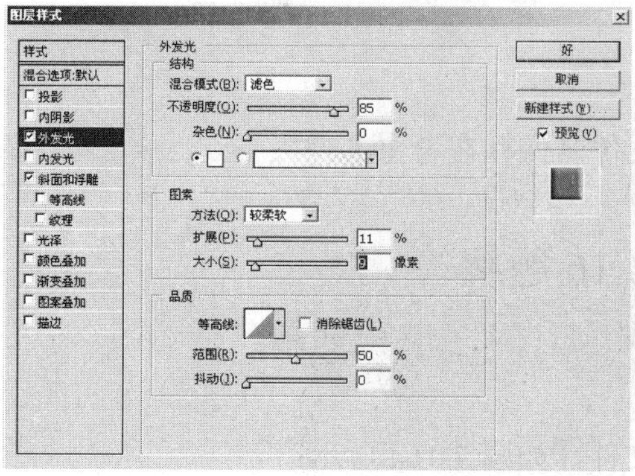


图 7-15h

图 7-15i

第 6 步：将图层 2 载入选区，选择磁性套索工具勾勒图 7-15b 中的小花，将其定义为图案；回到当前文件中，执行“编辑”>“填充”命令，在弹出的填充对话框中找到刚才定义的图案，单击“好”按钮，图像效果如图 7-15j 所示。

第 7 步：不要取消选区，执行“选择”>“修改”>“扩展”命令，设置扩展量为 6 像素，如图 7-15k 所示。

图 7-15j

图 7-15k

第 8 步：在图层 1 中按 Ctrl+C 组合键复制，在图层面板新建图层 3，在图层 3 中按 Ctrl+V 组合键粘贴，执行“图层样式”>“外发光”命令，设置如图 7-15l 所示；效果如图 7-15m 所示。

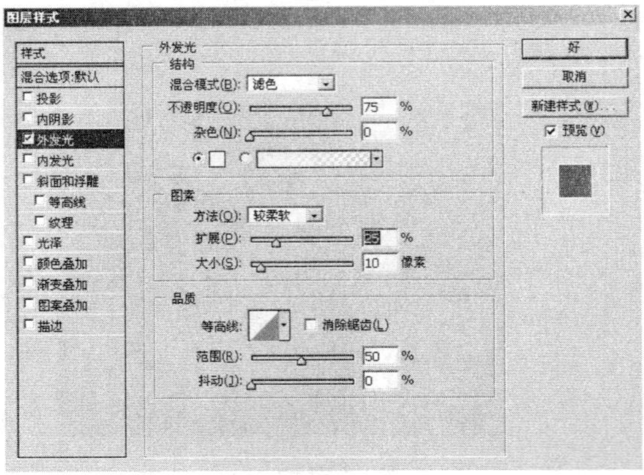


图 7-15l

图 7-15m

4．保存文件

第 9 步：将最终效果以 Xps7-15.tif 为文件名保存在考生文件夹下。

## 7.16　第 16 题解答

1．建立文件

第 1 步：打开 C:\2003PS7\Yps7-16.tif 文件，如图 7-16a 所示。

2．输入文字

第 2 步：选择文字工具输入“水中字”，文字大小为 120 Pixels，字体任选，颜色为纯红色，如图 7-16b 所示。

图 7-16a

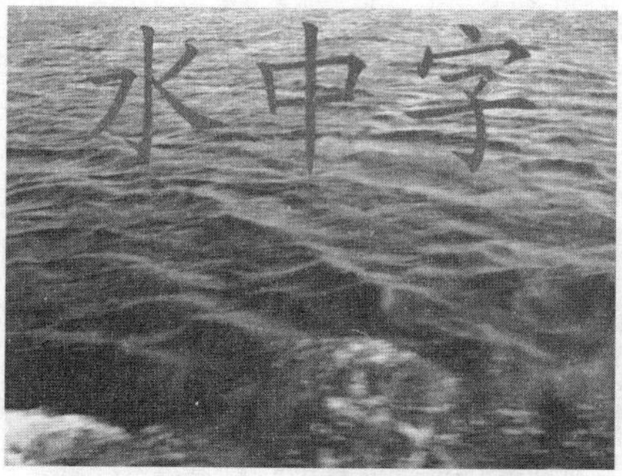


图 7-16b

3. 编辑文字

第 3 步：复制文字层为副本，对其执行“图层”>“栅格化”>“文字”命令，再执行“编辑”>“变换”>“水平翻转”命令，按 Shift 键下移字体，如图 7-16c 所示。

第 4 步：执行“编辑”>“变换”>“斜切”命令，效果如图 7-16d 所示。

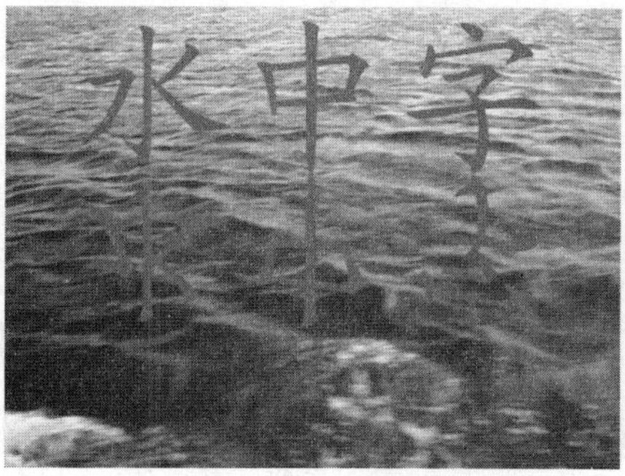


图 7-16c

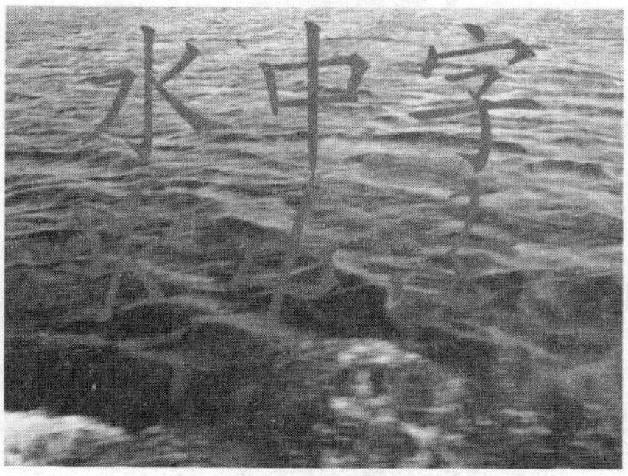


图 7-16d

第 5 步：然后执行“滤镜”>“扭曲”>“波纹”命令，在弹出的“波纹”对话框中按图 7-16e 所示进行设置；图像效果如图 7-16f 所示。

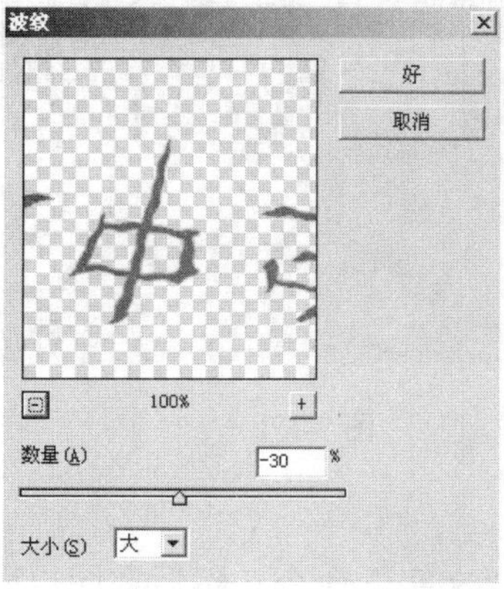


图 7-16e

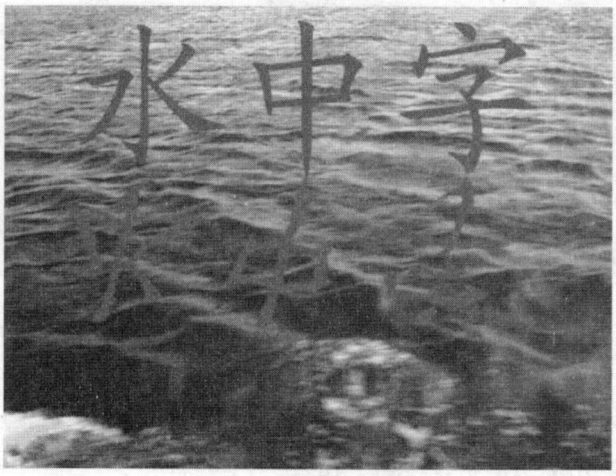


图 7-16f

第 6 步：链接文字副本图层和背景层，在图层面板中设置图层的混合模式为“变亮”，如图 7-16g 所示；再调整文字副本的不透明度为 80%，最终效果如图 7-16h 所示。

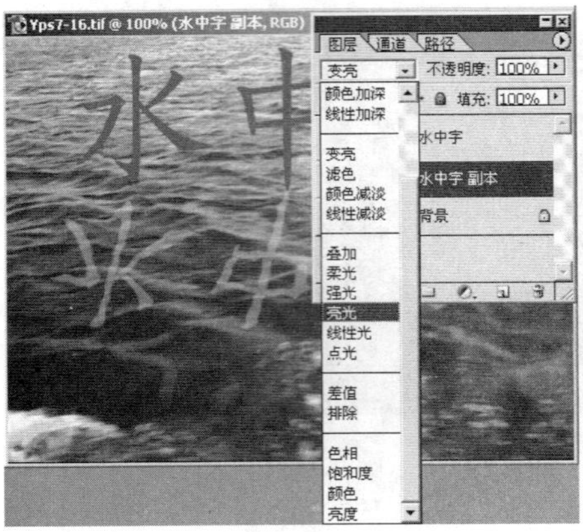


图 7-16g

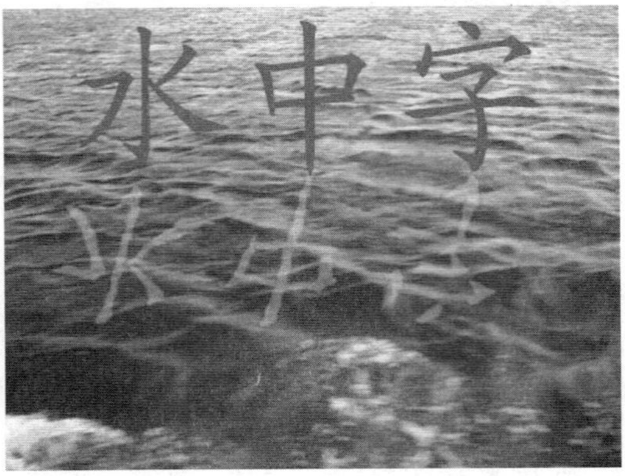


图 7-16h

4．保存文件

第 7 步：将最终效果以 Xps7-16.tif 为文件名保存在考生文件夹下。

## 7.17　第 17 题解答

1．建立文件

第 1 步：打开 C:\2003PS7\Yps7-17.tif 文件，如图 7-17a 所示。

2．输入文字

第 2 步：选择文字工具在图像中输入“倒影”，字体任选，文字大小为 80 Pixels，填充为黄色，如图 7-17b 所示。

图 7-17a

图 7-17b

3．编辑文字

第 3 步：对文字图层执行“图层”>“栅格化”>“文字”命令，然后在图层面板单击文字层并按 Ctrl 键，把文字载入选区。

第 4 步：执行“滤镜”>“纹理”>“纹理化”命令，设置如图 7-17c 所示；效果如图 7-17d 所示。

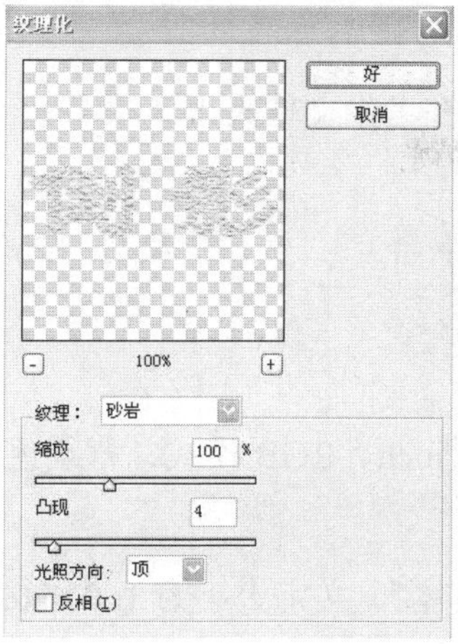


图 7-17c

图 7-17d

第 5 步：按 Ctrl+Alt 组合键并按键盘上的下移键和左移键各数下，如图 7-17e 所示。

第 6 步：填充字体为蓝色，如图 7-17f 所示。

图 7-17e

图 7-17f

第 7 步：在图层面板复制文字层为副本，对文字副本层执行“编辑”>“变换”>“垂直翻转”命令，再执行“编辑”>“变换”>“缩放”命令，缩小上下的大小，压扁字体，在图层面板上，调整文字副本层的不透明度为 40%，最终效果如图 7-17g 所示。

图 7-17g

4. 保存文件

第 8 步：将最终效果以 Xps7-17.tif 为文件名保存在考生文件夹下。

## 7.18 第 18 题解答

1. 建立文件

第 1 步：建立一个新文件：16×12 cm、72 Pixels/inch、RGB 模式、背景色为白色。

2. 输入文字

第 2 步：选择文字工具输入“卷发”，字体为“黑体”，文字大小为 160 Pixels，颜色为灰色，如图 7-18a 所示。

3. 编辑文字

第 3 步：执行“图层”>“栅格化”>“文字”命令，在图层面板中单击文字层并按 Ctrl 键，载入选区，填充为彩虹线性渐变，效果如图 7-18b 所示。

图 7-18a

图 7-18b

第 4 步：选择椭圆选框工具，在“卷”字头上建立一个小圆，执行“滤镜”>“扭曲”>“旋转扭曲”命令，设置如图 7-18c 所示；效果如图 7-18d 所示。

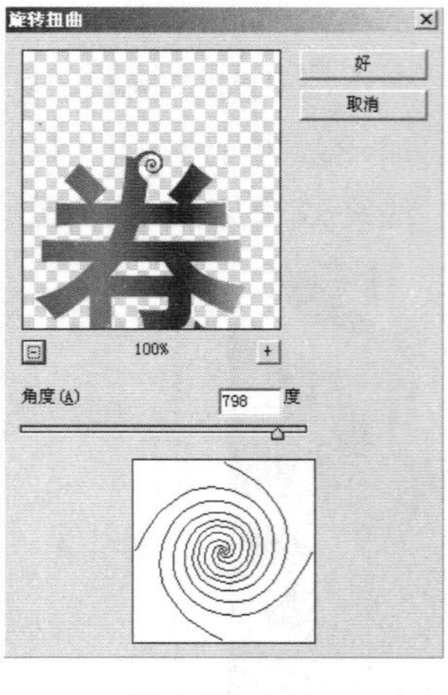


图 7-18c

图 7-18d

第 5 步：继续用椭圆选框工具，在“卷”字头上建立另一个小圆，执行“滤镜”>“扭曲”>“旋转扭曲”命令，设置如图 7-18e 所示；效果如图 7-18f 所示。

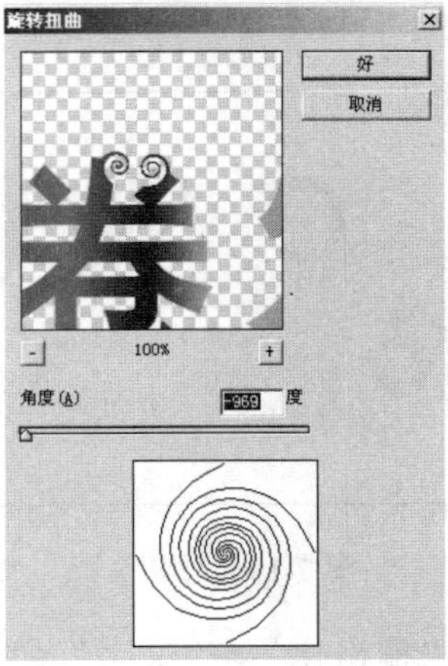


图 7-18e

图 7-18f

第 6 步：根据第 5、第 6 步，做出不同方向的卷曲，效果如图 7-18g 所示。

第 7 步：复制文字层为副本，把副本载入选区，填充为灰色，按键盘上的下移键和右移键各数下，图像最终效果如图 7-18h 所示。

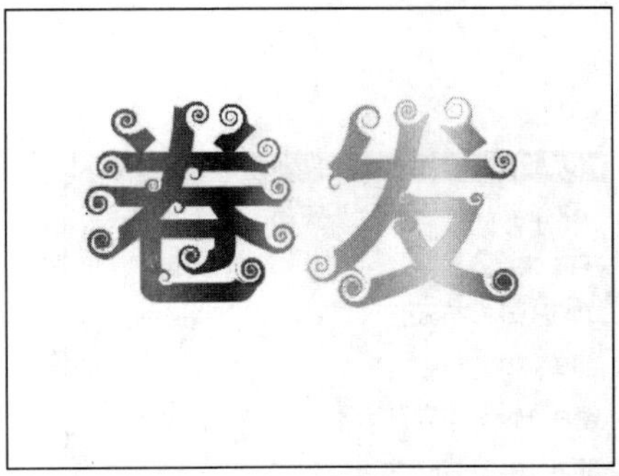

图 7-18g

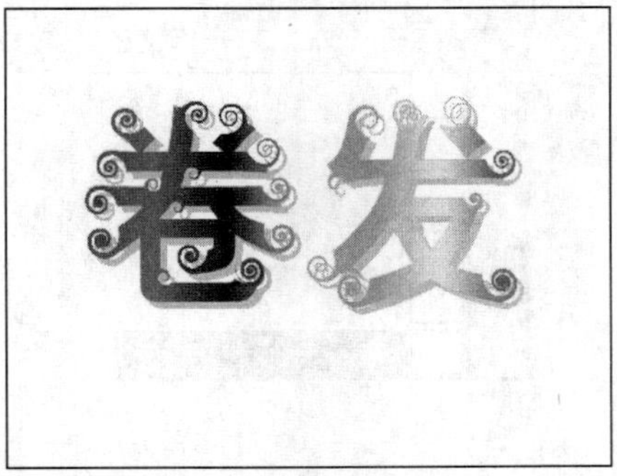

图 7-18h

4. 保存文件

第 8 步：将最终效果以 Xps7-18.tif 为文件名保存在考生文件夹下。

## 7.19　第 19 题解答

1. 建立文件

第 1 步：建立一个新文件：16×12 cm、72 Pixels/inch、RGB 模式、背景色为白色。

2. 输入文字

第 2 步：选择文字工具分别输入“A”、“B”、“O”、“S”、“T”这五个字母，字体为任选，文字大小为 60 Pixels，颜色为灰色，如图 7-19a 所示。

3. 编辑文字

第 3 步：对这五个字母进行调整。分别执行“编辑”>“变换”>“旋转”命令，旋转不同的角度，结果如图 7-19b 所示。

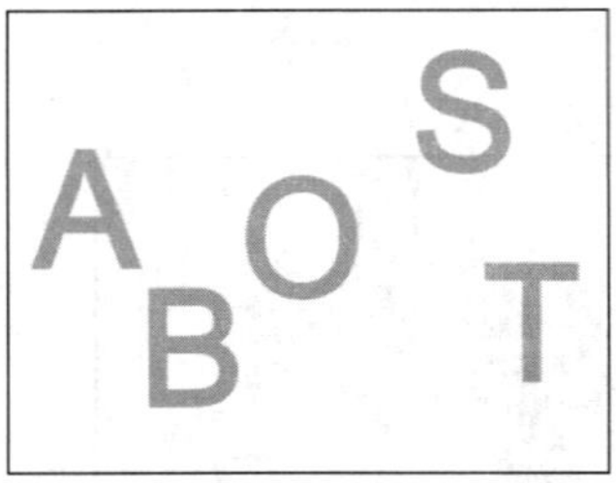


图 7-19a

图 7-19b

第 4 步：对这五个字母图层分别执行“图层”>“栅格化”>“文字”命令，图层面板如图 7-19c 所示。

第 5 步：再对这五个字母图层分别执行“滤镜”>“像素化”>“彩色半调”命令，在弹出的“彩色半调”对话框中按图 7-19d 所示进行设置。

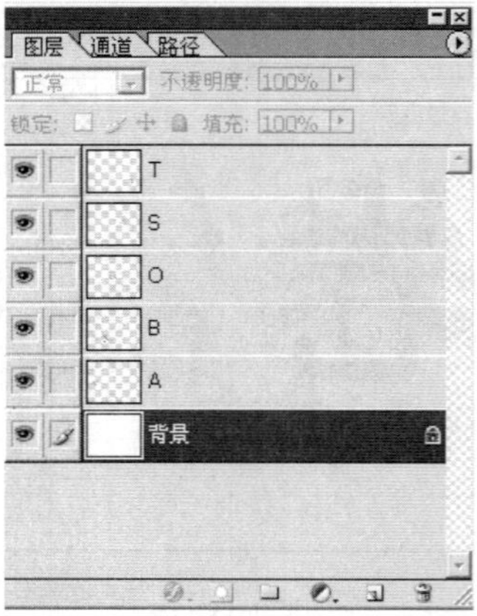


图 7-19c

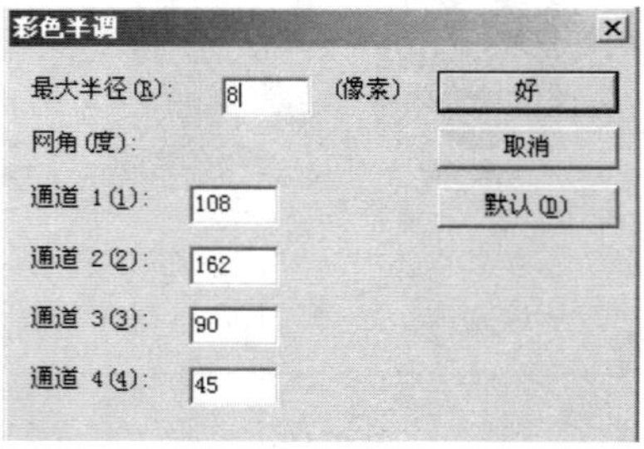


图 7-19d

第 6 步：图像效果如图 7-19e 所示。

第 7 步：合并五个字母图层为图层 1，复制图层 1 为图层 2。然后选择工具箱中的涂抹工具在每个字母上涂抹，做出自由落体的效果，图像最终效果如图 7-19f 所示。

图 7-19e

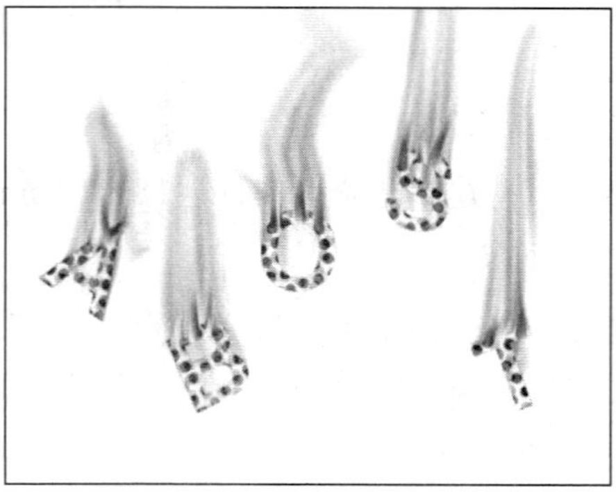

图 7-19f

4．保存文件

第 8 步：将最终效果以 Xps7-19.tif 为文件名保存在考生文件夹下。

## 7.20　第 20 题解答

1．建立文件

第 1 步：打开 C:\2003PS7\Yps8a-08.tif 文件，如图 7-20a 所示。

2．输入文字

第 2 步：在通道面板下创建一个 Alpha1 通道，输入“凹陷字”汉字，字体为“黑体”，文字大小为 160 Pixels，颜色为白色，选择移动工具，文字效果如图 7-20b 所示。

图 7-20a

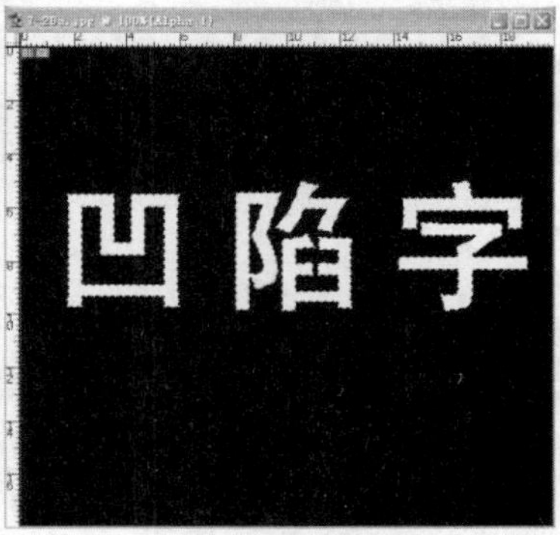


图 7-20b

3．编辑文字

第 3 步：取消选定，复制为通道 Alpha1 副本，对其执行“滤镜”>“模糊”>“高斯模糊”命令，对通道 Alpha1 副本进行处理，在弹出的高斯模糊对话框中按图 7-20c 所示进行设置。

第 4 步：再对通道 Alpha1 副本执行“滤镜”>“风格化”>“浮雕效果”命令，在弹出的浮雕效果对话框中按图 7-20d 所示进行设置；图像效果如图 7-20e 所示。

图 7-20c

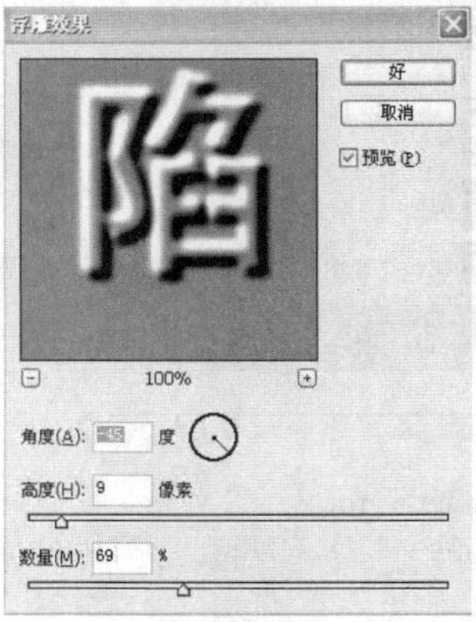


图 7-20d

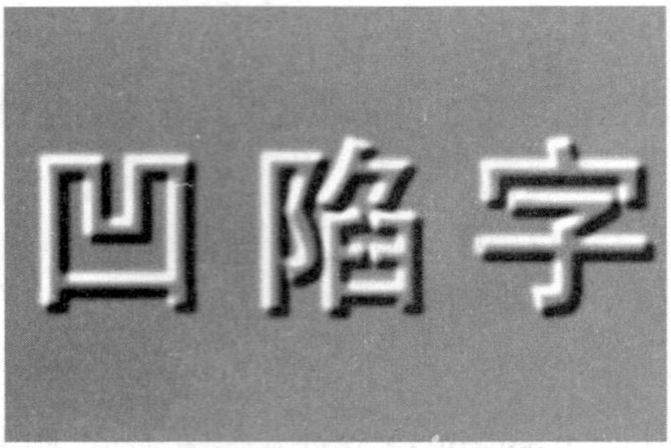


图 7-20e

第 5 步：然后执行“图像”>“计算”命令，在其对话框中设置如图 7-20f 所示；效果如图 7-20g 所示。

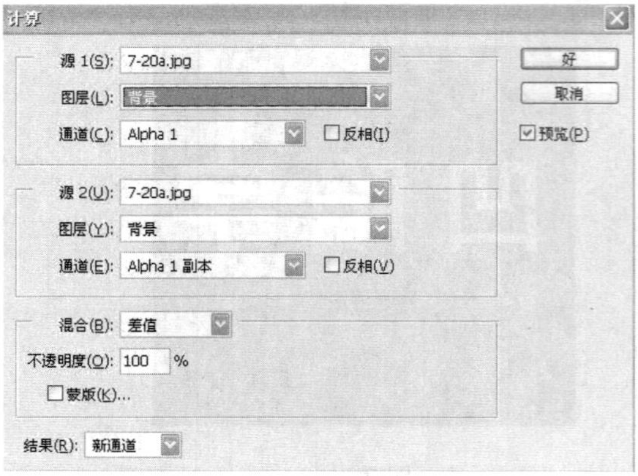


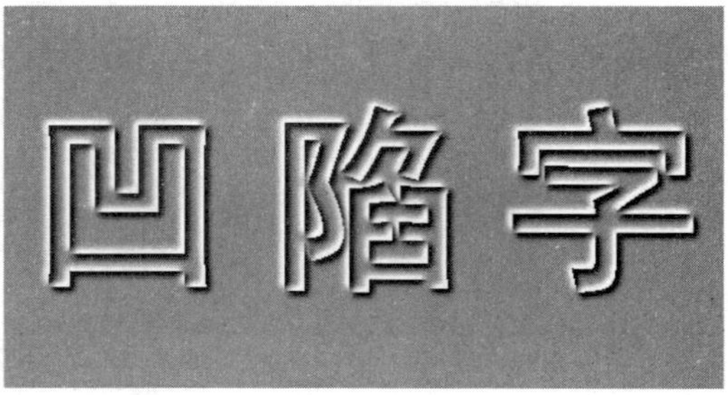


图 7-20f　　图 7-20g

第 6 步：计算的结果自动生成在 Alpha2 通道中，如图 7-20h 所示。

第 7 步：选择 RGB 复合通道，执行“图像”>“应用图像”命令，在其对话框中设置如图 7-20i 所示；效果如图 7-20j 所示。

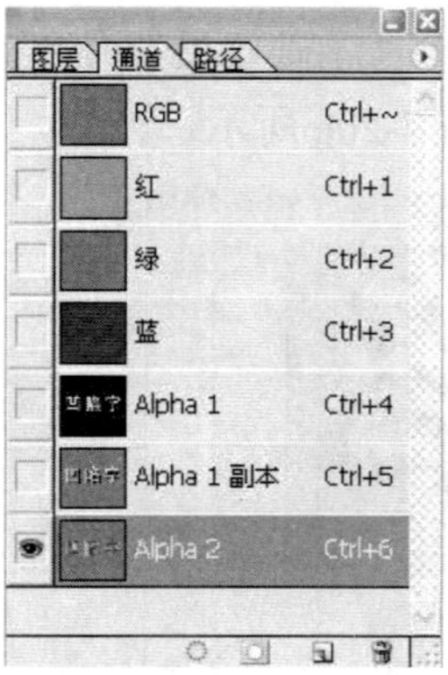


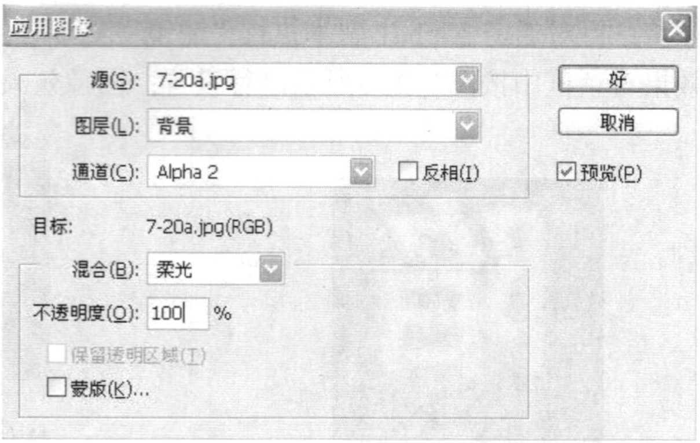


图 7-20h　　图 7-20i

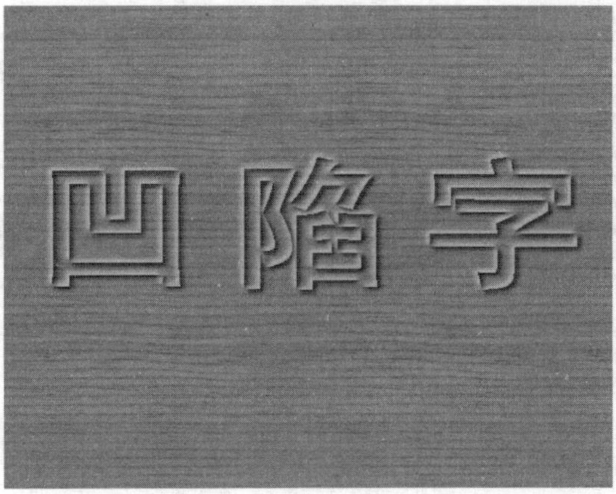


图 7-20j

第 8 步：然后在结果图上将 Alpha1 通道载入选区，“选择” > “修改” > “扩展” 命令，将选择区域扩大 5 个像素，设置如图 7-20k 所示；效果如图 7-20l 所示。

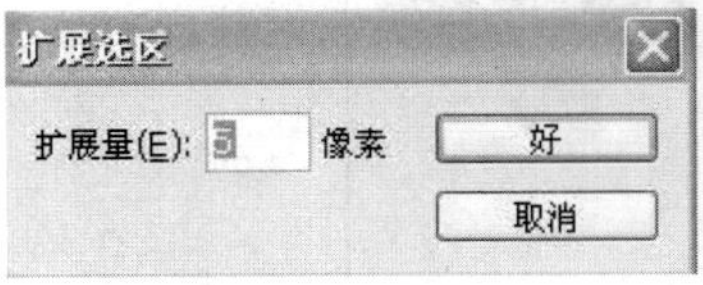


图 7-20k

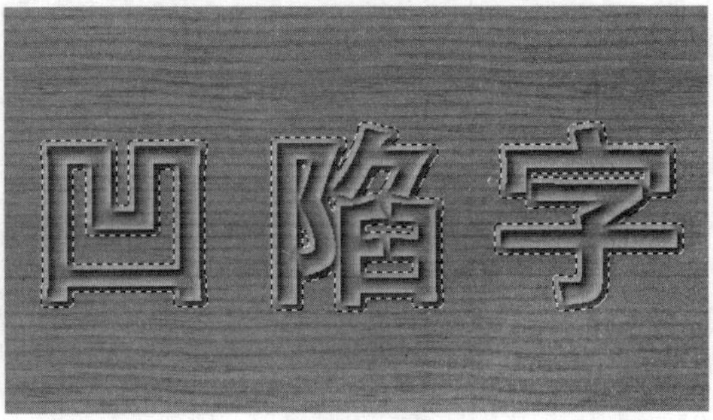


图 7-20l

第 9 步：执行 “图层” > “新建图层” > “通过拷贝的图层” 命令，将选定的字放置在一个新层上，把背景层填充为白色，图层如图 7-20m 所示；图像效果如图 7-20n 所示。

图 7-20m

图 7-20n

第 10 步：对图层 1 上的文字做投影效果，在图层面板下方单击 按钮，在弹出的图层样式对话框中按图 7-20o 所示进行设置；最终效果如图 7-20p 所示。

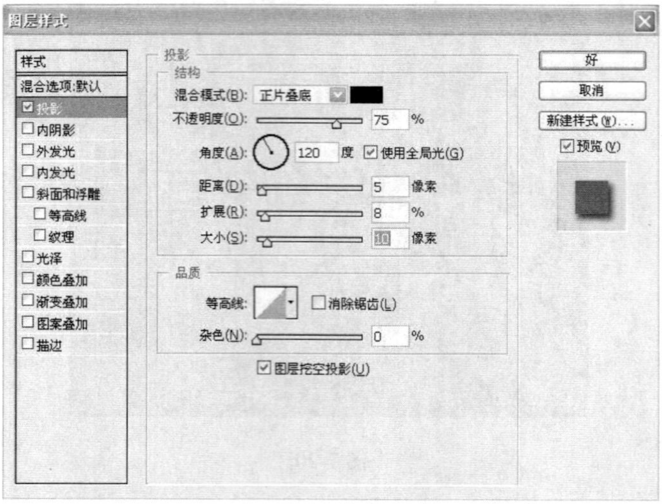


图 7-20o

图 7-20p

4. 保存文件

第 11 步：将最终效果以 Xps7-20.tif 为文件名保存在考生文件夹下。

# 第 8 单元　图像综合技法

## 8.1　第 1 题解答

1. 打开文件

第 1 步：打开 C:\2003PS7\Yps8a-01.tif 和 C:\2003PS7\Yps8b-01.tif 文件，如图 8-01a 和 8-01b 所示。

图 8-01a

图 8-01b

2. 图像修饰

第 2 步：把图 8-01a 作为当前文件，选择仿制图章工具，修复女人额头上的红点，在选项板里设置“画笔”为 10 像素，“不透明度”为 50%，把鼠标放在女人额头上，在无红点的部位，按住 Alt 键同时单击，然后释放 Alt 键，把鼠标移至红点上单击一下，如此反复，直至把红点除去，效果如图 8-01c 所示。

图 8-01c

3. 编辑调整

第 3 步：把图 8-01b 作为当前文件，在图层面板中双击背景层，在弹出的对话框中单击“好”按钮，激活背景层，为图层 0。

第 4 步：选择魔棒工具，在魔棒选项栏里设置容差值为 30 像素，选中“消除锯齿”和“连续的”两个选项，其他为默认设置，选中图 8-01b 所示的窗中黑色，按 Shift 键加选，然后按 Delete 键删除，如图 8-01d 所示。

第 5 步：继续用魔棒工具，选中图 8-01b 所示的窗中玻璃，按 Ctrl+X 组合键剪切，在图层面板下方单击 按钮，创建图层 1，按 Ctrl+V 组合键粘贴，在图层 1 里调整不透明度为 60%，效果如图 8-01e 所示。

图 8-01d

图 8-01e

第 6 步：选择移动工具将图 8-01c 所示的整幅图像移至窗户图像中，生成图层 2，在图层面板里调整图层顺序，把图层 2 放置在图层面板最下面，图层面板如图 8-01f 所示。

第 7 步：图像最终效果如图 8-01g 所示。

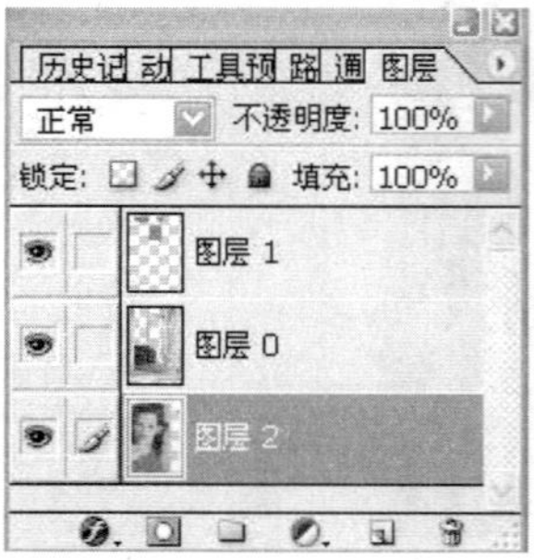


图 8-01f

图 8-01g

4. 保存文件

第 8 步：将文件最终效果以 Xps8-01.tif 为文件名保存在考生文件夹下。

## 8.2　第 2 题解答

1. 打开文件

第 1 步：打开 C:\2003PS7\Yps8a-02.tif 和 C:\2003PS7\Yps8b-02.jpg 文件，如图 8-02a 和 8-02b 所示。

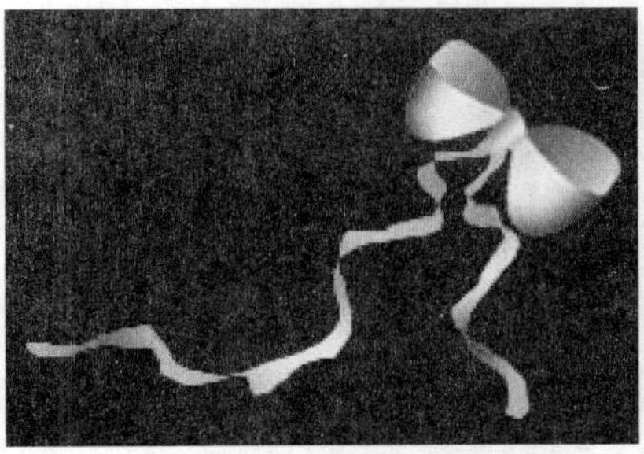

图 8-02a

图 8-02b

2. 编辑调整

第 2 步：建立一个新文件：2×2 cm、72 pixels/inch、RGB 模式、背景色为白色。

第 3 步：选择矩形选框工具，在图 8-02b 中建立矩形选区，选择移动工具将其移入新建文件中，执行“编辑”>“变换”>“缩放”命令，缩小，再执行“编辑”>“定义图案”命令，弹出对话框，在定义图案对话框中按图 8-02c 所示进行设置。

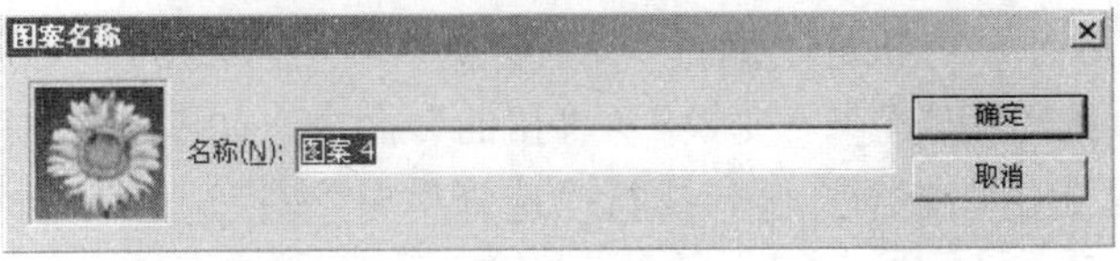


图 8-02c

第 4 步：建立一个新文件：16×12 cm、72 pixels/inch、RGB 模式、背景色为白色。在图层面板建立图层 1，执行“编辑”>“填充”命令，在填充选项板中找到刚定义的图案，如图 8-02d 所示。

第 5 步：对其执行“图像”>“调整”>“去色”命令，再执行“图像”>“调整”>“亮度/对比度”命令，在弹出的对话框中按图 8-02e 所示进行设置。

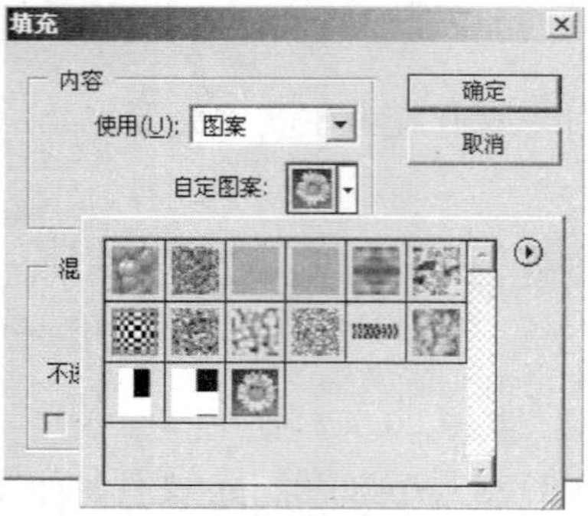


图 8-02d

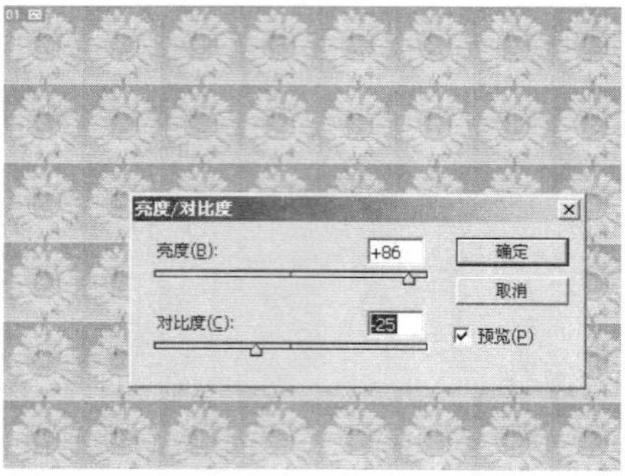


图 8-02e

第 6 步：执行“图像”>“调整”>“色彩平衡”命令，在弹出的对话框中按图 8-02f 所示进行设置；图像效果如图 8-02g 所示。

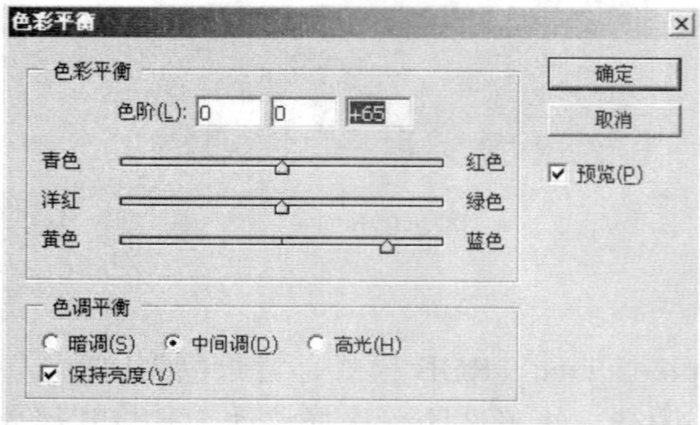


图 8-02f

图 8-02g

第 7 步：在图层面板建立图层 2，选择矩形选框工具建立矩形选区，执行“编辑”>“填充”命令，如图 8-02d 所示；执行“编辑”>“变换”>“旋转 90 度（逆时针）”命令，然后缩小，再对图层 2 执行“编辑”>“变换”>“扭曲”命令，如图 8-02h 所示。按回车确认。

第 8 步：在图层 2 建立矩形选区，执行“选择”>“变换选区”命令，并按 Ctrl 键调整选区，如图 8-02i 所示。

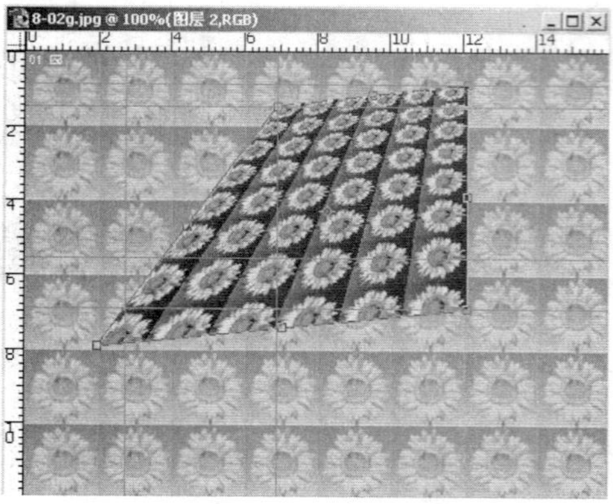


图 8-02h

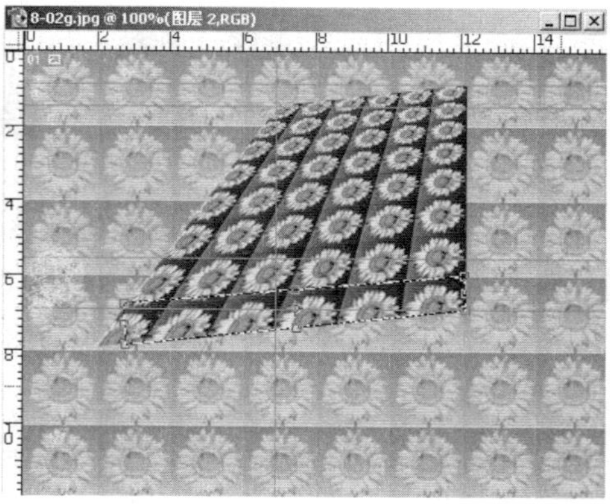


图 8-02i

第 9 步：调整“色阶”，执行“图像”>“调整”>“色阶”命令，在弹出的对话框中设置，输入色阶（90，1.00，255），然后取消选区。

第 10 步：删除多余部分，如图 8-02j 所示。

第 11 步：选择移动工具将图 8-02b 中的蝴蝶结移入当前文件中，生成图层 3，执行“编辑”>“变换”>“旋转”命令，再执行“图像”>“调整”>“色相/饱和度”命令，在弹出的“色相/饱和度”对话框中按图 8-02k 所示进行设置；图像效果如图 8-02l 所示。

第 12 步：对图层 3 执行“编辑”>“变换”>“扭曲”命令，调整使蝴蝶结符合透视规律，再对蝴蝶结做出投影，在图层面板下单击按钮，在弹出的“图层样式”对话框中，设置投影如图 8-02m 所示；效果如图 8-02n 所示。

图 8-02j

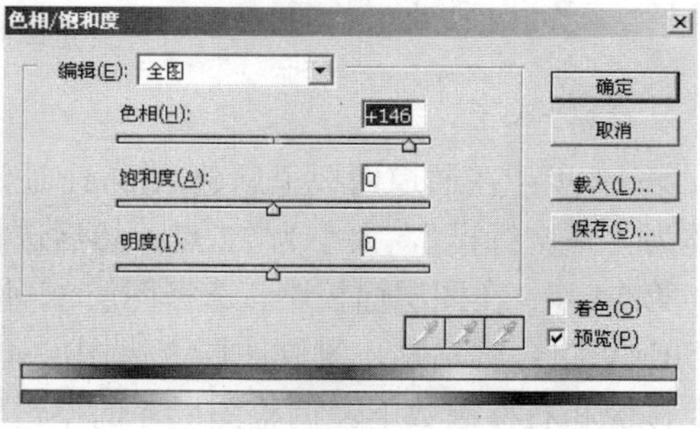


图 8-02k

图 8-02l

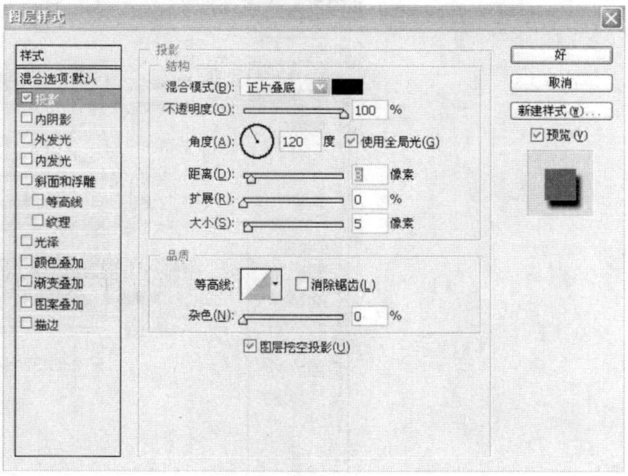


图 8-02m

图 8-02n

3. 编辑文字

第 13 步：在通道面板里新建 Alpha1 通道，在 Alpha1 通道里输入“happy Birthday”，字体为“华文行楷”，大小为 72 点，然后选择移动工具，文字载入选区，回到 RGB 通道。

第 14 步：在图层面板中，选择图层 1，按 Ctrl+C 组合键复制，在图层面板建立图层 3，按 Ctrl+V 组合键粘贴，复制图层 3 为图层 4，把图层 4 载入选区，填充为白色，按键盘上的上移键和右移键数下。调整图层 4 的不透明度为 65%，然后对图层 3 做出投影效果，设置如图 8-02o 所示。

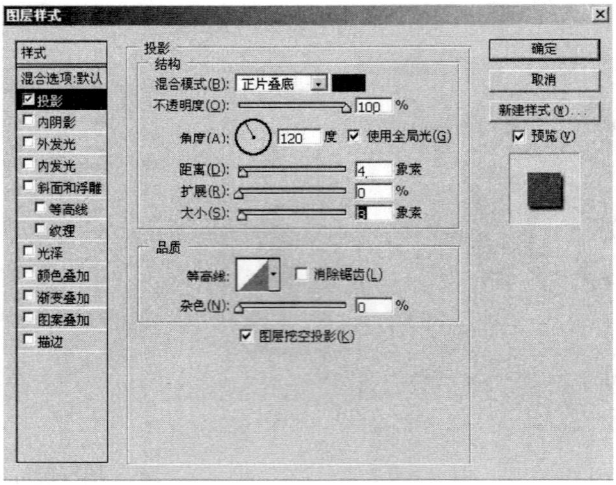


图 8-02o

第 15 步：取消选区，图层面板如图 8-02p 所示。图像最终效果如图 8-02q 所示。

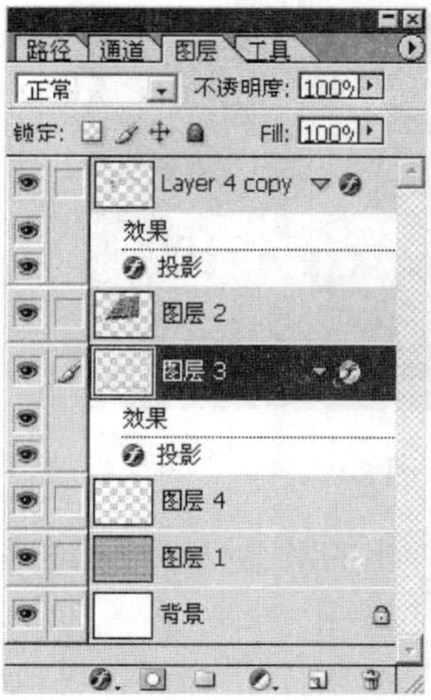


图 8-02p

图 8-02q

4. 保存文件

第 16 步：将最终效果以 Xps8-02.tif 为文件名保存在考生文件夹下。

## 8.3　第 3 题解答

1. 打开文件

第 1 步：打开 C:\2003PS7\Yps8-03.jpg 文件，如图 8-03a 所示。

图 8-03a

2. 编辑调整

第 2 步：建立一个新文件：16×12 cm、72 pixels/inch、RGB 模式、背景填充为橄榄绿。

第 3 步：选择钢笔工具勾勒出图 8-03a 中的荷花，载入选区，选择移动工具将其移入新文件中，自动生成图层 1，执行“编辑”>“变换”>“缩放”命令，缩小荷花，如图 8-03b 所示。

第 4 步：复制图层 1 为图层 2，选择移动工具将其移至合适的位置，执行“滤镜”>“模糊”>“高斯模糊”命令，在弹出的对话框中设置半径为 3 像素，在图层面板调整不透明度为 70%，效果如图 8-03c 所示。

图 8-03b

图 8-03c

第 5 步：复制图层 1 为图层 3，对其执行高斯模糊，在弹出的对话框中设置半径为 5.2 像素，不透明度为 46%，效果如图 8-03d 所示。

第 6 步：复制图层 1 为图层 4，执行“编辑”>“变换”>“旋转”命令，再执行高斯模糊，在弹出的对话框中设置半径为 4 像素，不透明度为 65%，效果如图 8-03e 所示。

图 8-03d

图 8-03e

第 7 步：复制图层 4 为图层 5，移动到合适的位置，执行旋转和扭曲命令，调整后效果如图 8-03f 所示。

第 8 步：合并除图层 3、图层 5 和背景层以外的所有图层，在当前图层下选择矩形选框工具，建立矩形选区，如图 8-03g 所示。

图 8-03f

图 8-03g

第 9 步：执行“滤镜”>“扭曲”>“水波”命令，在弹出的对话框中按图 8-03h 所示进行设置，效果如图 8-03i 所示。

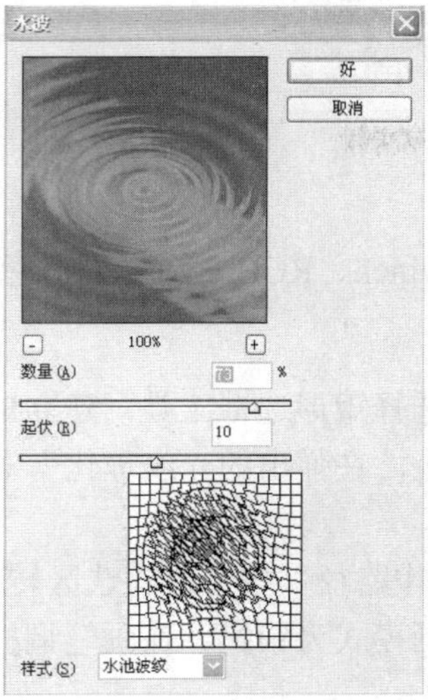


图 8-03h

图 8-03i

3. 效果修饰

第 10 步：在图层 1 中选择钢笔工具建立路径，载入选区按 Ctrl+C 组合键复制，在图层面板建立图层 5，在图层 5 中按 Ctrl+V 组合键粘贴，复制图层 5 为图层 6，为图层 5 描边，设置为 2 像素，颜色为白色；为图层 6 描边，设置为 2 像素，颜色为黑色，把图层 6 作为当前图层，按键盘上的下移键两下，选择橡皮擦，擦除图层 5 中多余部分。调整图层 5 的不透明度为 60%；调整图层 6 的不透明度为 45%。

第 11 步：把图层 5 载入选区，执行“选择”>“修改”>“收缩”命令，收缩 2 个像素，在图层面板建立图层 7，填充为白色，调整不透明度为 30%，效果如图 8-03j 所示。

第 12 步：合并图层 5、6、7 三层为图层 5，再复制出两个副本，对其执行缩放，调整位置，图像最终效果如图 8-03k 所示。

图 8-03j

图 8-03k

4. 保存文件

第 13 步：将最终效果以 Xps8-03.tif 为文件名保存在考生文件夹下。

## 8.4　第 4 题解答

1. 建立文件

第 1 步：建立一个新文件：4×10 cm、72 pixels/inch、RGB 模式、背景色为白色。

2. 编辑调整

第 2 步：在图层面板建立图层 1，在工具箱中选择矩形选框工具，建立矩形选区，填充为白色，执行“滤镜”>“纹理”>“纹理化”命令，在弹出的“纹理化”对话框中按图 8-04a 所示进行设置。

第 3 步：在路径面板上单击“从选区生成工作路径”按钮，将选区转换为路径。

第 4 步：选择橡皮擦工具，在选项栏中设置绘画模式为铅笔，在画笔调板中设置直径为 6 像素，间距为 126%，如图 8-04b 所示。

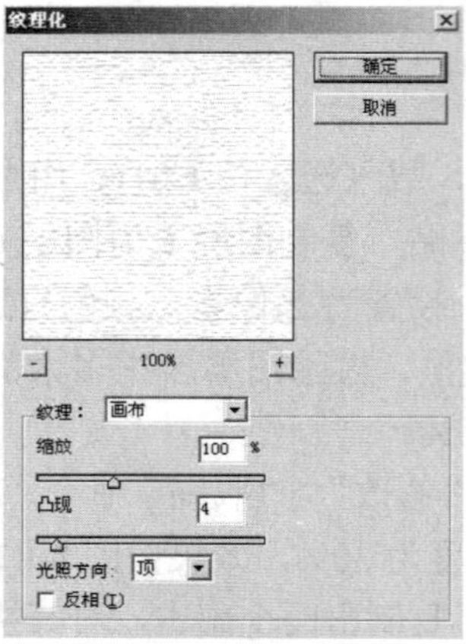


图 8-04a

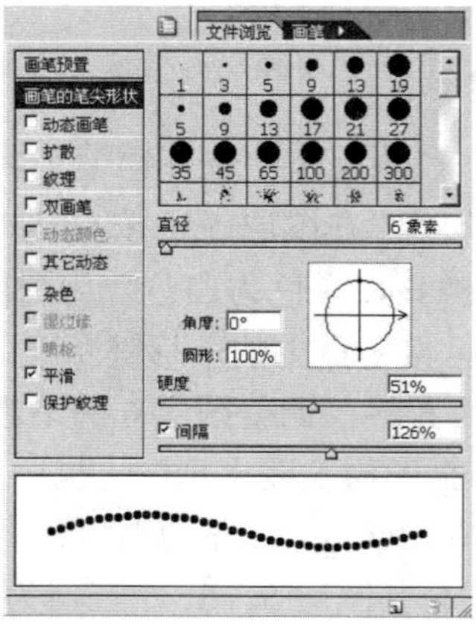


图 8-04b

第 5 步：单击路径调板底部的“描边路径”按钮，在图层面板把背景层暂时填充为黑色，图像效果如图 8-04c 所示的形状。

3. 编辑文字

第 6 步：建立图层 2，设置画笔大小和渐隐，在图层 2 中画出弧线，选择文字工具输入“Mi Di!My Friend!”，字体任意，大小为 6 点，在字符选项栏中设置字体为斜体，如图 8-04d 所示。

第 7 步：合并图层 2 和文字层，命名为图层 2，复制图层 2 位图层 2 副本，选择移动工具将其移至图像下方，选择文字工具依次输入“Remember me”、“也许忙碌 改变了 我们的生活”、“但我会 永远珍惜 Don’t forget me”、“嗨！我在这里 等着你的讯息 也常常想起你……”。如图 8-04e 所示。

第 8 步：选择画笔工具，设定画笔大小为 1 像素，对文字做出下划线、波浪线等效果，如图 8-04f 所示。

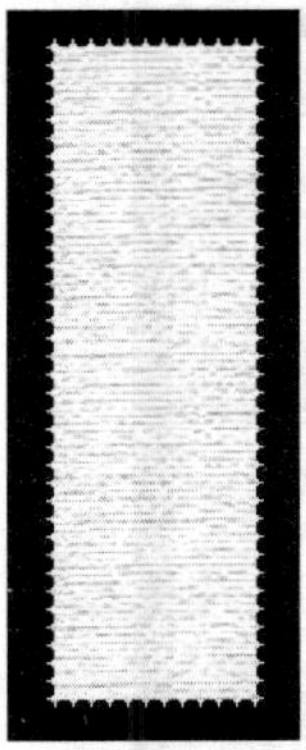

图 8-04c

图 8-04d

图 8-04e

图 8-04f

第 9 步：打开 C:\2003PS7\Yps8-04.tif 文件，如图 8-04g 所示。

第 10 步：选择魔棒工具选择红色玫瑰，执行“选择”>“选取相似”命令，再按 Shift 键进行加选，然后选择移动工具将其移入当前文件中，生成新的图层，对其执行“缩放”命令，缩小玫瑰花，再执行“旋转”命令，放置在图像的右下角，效果如图 8-04h 所示。

图 8-04g

图 8-04h

第 11 步：复制玫瑰花图层为副本，执行“旋转”，旋转 25°，再对其执行“图像”>“调整”>“色相/饱和度”命令，在弹出的对话框中按图 8-04i 所示进行设置。设置完成后，单击“好”按钮，副本的玫瑰花变成了洋红色，如图 8-04j 所示。

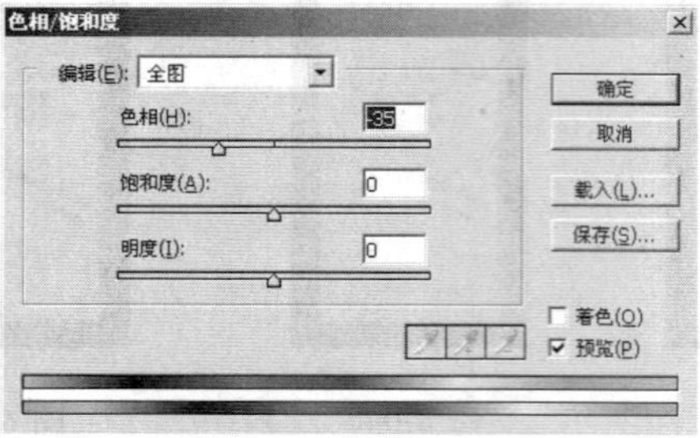


图 8-04i

图 8-04j

第 12 步：在图层面板点击背景层，把背景层填充为白色，给图层 1 做出投影，在图层样式对话框中设置，如图 8-04k 所示，图像最终效果如图 8-04l 所示。

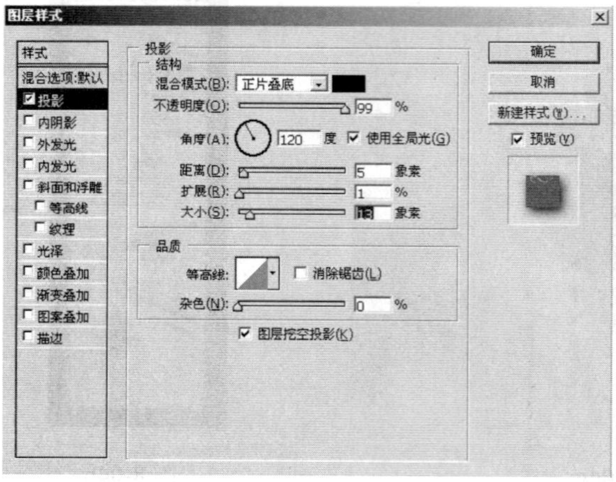


图 8-04k

图 8-04l

4. 保存文件

第 13 步：将最终效果以 Xps8-04.tif 为文件名保存在考生文件夹下。

## 8.5　第 5 题解答

1. 打开文件

第 1 步：打开 C:\2003PS7\Yps8-05.psd 文件，如图 8-05a 所示。

图 8-05a

2. 编辑调整

第 2 步：建立一个新文件：16×12 cm、72 pixels/inch、RGB 模式、背景色为白色。

第 3 步：选择钢笔工具在图 8-05a 中勾勒出人物，把路径载入选区，如图 8-05b 所示。选择移动工具将选区移入新文件中，生成图层 1，执行“编辑”>“变换”>“旋转”命令，调整图像，如图 8-05c 所示。

图 8-05b

图 8-05c

第 4 步：在图层面板里复制图层 1 为图层 1 副本，对其执行“编辑”>“变换”>“旋转”命令，调整图像，如图 8-05d 所示。

第 5 步：在图层面板里复制图层 1 副本为图层 1 副本 2，对其执行“编辑”>“变换”>“旋转”命令，调整图像，如图 8-05e 所示。

图 8-05d

图 8-05e

第 6 步：在图层面板里复制图层 1 副本 2 为图层 1 副本 3，对其执行“编辑”>“变换”>“旋转”命令，调整图像，可根据透视规律适当缩小图像，如图 8-05f 所示。

第 7 步：图层面板如图 8-05g 所示。

图 8-05f

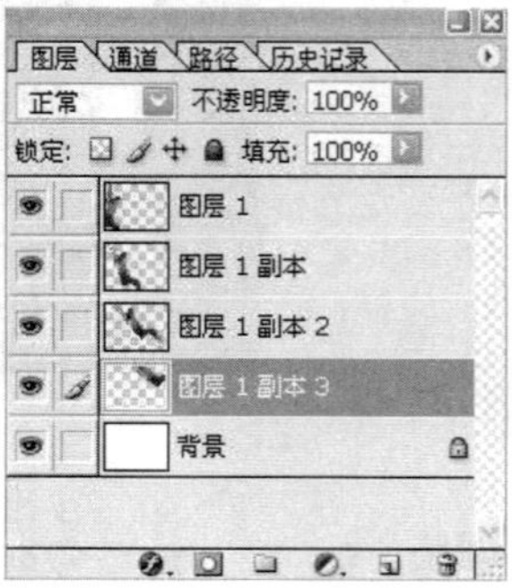


图 8-05g

3. 效果修饰

第 8 步：对图层 1 副本执行“滤镜”>“模糊”>“高斯模糊”命令，在弹出的对话框中设置，角度为 18 度，距离为 8 像素，如图 8-05h 所示。依次对图层 1 副本 2 和图层 1 副本 3 执行“高斯模糊”命令，角度不变，距离各为 16 和 24 像素，图像最终效果如图 8-05i 所示。

图 8-05h

图 8-05i

4. 保存文件

第 9 步：合并所有图层为一个图层。

第 10 步：将最终效果以 Xps8-05.tif 为文件名保存在考生文件夹下。

## 8.6 第 6 题解答

1. 打开文件

第 1 步：打开 C:\2003PS7\Yps8a-06.tif 和 C:\2003PS7\Yps8b-06.tif 文件，如图 8-06a 和 8-06b 所示。

图 8-06a

图 8-06b

2. 编辑调整

第 2 步：建立一个新文件：16×12cm、72 pixels/inch、RGB 模式、背景为白色。

第 3 步：选择椭圆选框工具，选择图 8-06a 中的人物，设置羽化半径为 30 像素，然后将其移入新建文件中，生成图层 1，填充背景层为（R167、G131、B17），如图 8-06c 所示。

第 4 步：选择工具箱中的钢笔工具，勾勒出图 8-06b 中的垃圾桶，然后载入选区，如图 8-06d 所示。

图 8-06c

图 8-06d

第 5 步：选择移动工具，将其移入新建文件中，生成图层 2，执行“缩放”命令，缩小垃圾桶，给图层 2 添加外发光，图层样式设置如图 8-06e 所示。

第 6 步：在图层面板建立图层 3，和图层 2 链接，合并图层 2 和图层 3 为图层 2。选择魔棒工具选择垃圾桶镂空处，按 Delete 键删除，直至镂空处全部露出背景色，然后将其放置在左下角，如图 8-06f 所示。

第 7 步：选择魔棒工具，选中图 8-06a 中的树叶，执行“选择”>“扩大选区”命令，如图 8-06g 所示。

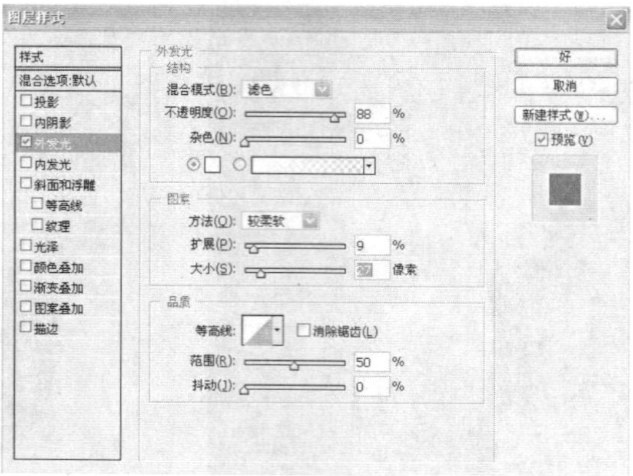


图 8-06e

图 8-06f

图 8-06g

第 8 步：选择移动工具将树叶的选区移入新文件中，生成图层 3，调整图层 3 的色相/饱和度和曲线，复制出图层 3 的三个副本，对其中的两个执行“编辑”>“变换”>“水平翻转”命令，调整四个树叶的位置，效果如图 8-06h 所示。

3. 编辑文字

第 9 步：选择文字工具，输入文本，字体为“华文行楷”，字号为 18 点，颜色为黑色，如图 8-06i 所示。

图 8-06h

图 8-06i

第 10 步：复制文字图层为副本，把文字图层副本载入选区，填充为白色，执行“滤镜”>“风格化”>“风”命令，在“风”对话框中按图 8-06j 所示进行设置。

第 11 步：在图层面板中将文字副本放置在文字图层下方，对文字图层执行外发光，设置如图 8-06k 所示。

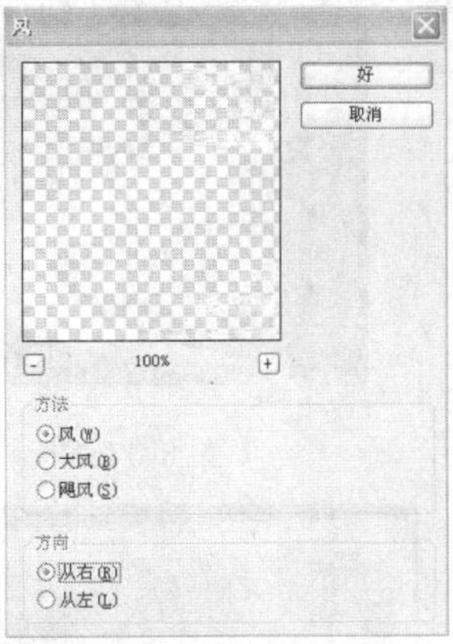


图 8-06j

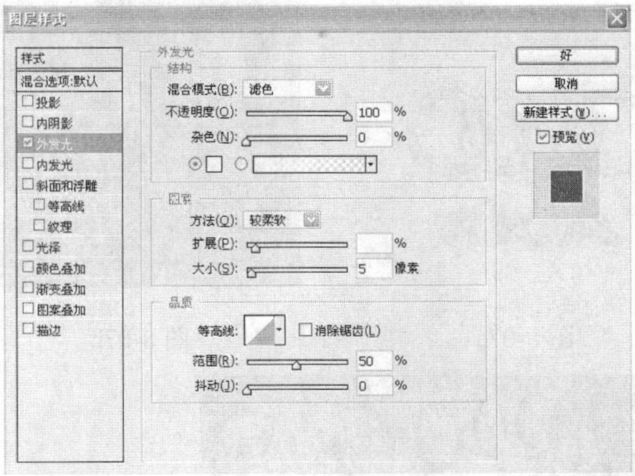


图 8-06k

第 12 步：对图层 1 同样执行“风”命令，图像最终效果如图 8-06l 所示。

图 8-06l

4．保存文件

第 13 步：将最终效果以 Xps8-06.tif 为文件名保存在考生文件夹下。

## 8.7　第 7 题解答

1．打开文件

第 1 步：打开 C:\2003PS7\Yps8a-07.gif、C:\2003PS7\Yps8b-07.jpg、C:\2003PS7\Yps8c-07.jpg、C:\2003PS7\Yps8d-07.jpg 和 C:\2003PS7\Yps8e-07.jpg 文件，如图 8-07a、8-07b、8-07c、8-07d 和 8-07e 所示。

图 8-07a

图 8-07b

图 8-07c

图 8-07d

图 8-07e

2．编辑调整

第 2 步：建立一个新文件：16×12cm、72 pixels/inch、RGB 模式、背景填充淡蓝色。

第 3 步：选择移动工具把图 8-07c 移至新文件中，生成图层 1，然后在图层面板里调整图层 1 的不透明度为 50%，效果如图 8-07f 所示。

第 4 步：选择魔棒工具，设置容差为 100，选中图 8-07a 中的白色背景，并按 Shift 键进行加选，执行“选择”>“反选”命令，选择移动工具将其移至新文件中，生成图层 2，效果如图 8-07g 所示。

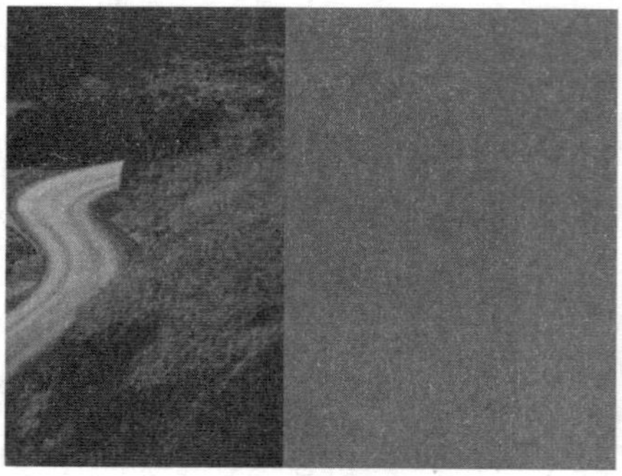

图 8-07f

图 8-07g

第 5 步：选择椭圆选框工具，选中 8-07b 中的人物，羽化 5 个像素，如图 8-07h 所示。然后选择移动工具将其移至新文件中，生成图层 3，执行“编辑”>“变换”>“缩放”命令，缩小人物，效果如图 8-07i 所示。

图 8-07h

图 8-07i

第 6 步：再对图层 3 执行“图像”>“调整”>“亮度/对比度”命令，设置如图 8-07j 所示。在图层面板下方单击按钮，在弹出的子菜单中选择外发光，设置如图 8-07k 所示，效果如图 8-07l 所示。

第 7 步：选择钢笔工具勾勒图 8-07d 中的一个钟表，然后载入选区，选择移动工具将钟表移至新文件中，生成图层 4，执行“编辑”>“变换”>“缩放”命令，放大钟表，再执行“编辑”>“变换”>“旋转”命令，把钟表移正，然后在图层面板调整不透明度为 45%，效果如图 8-07m 所示。

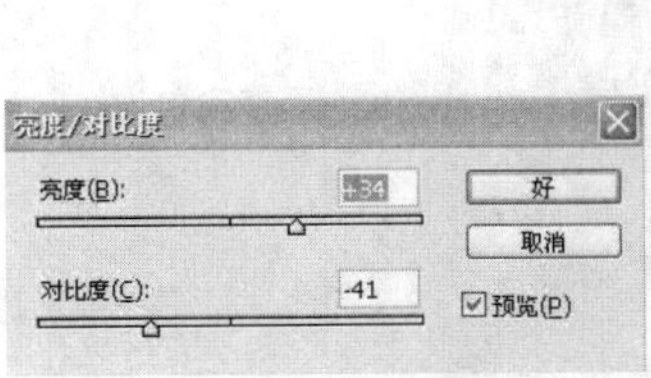


图 8-07j

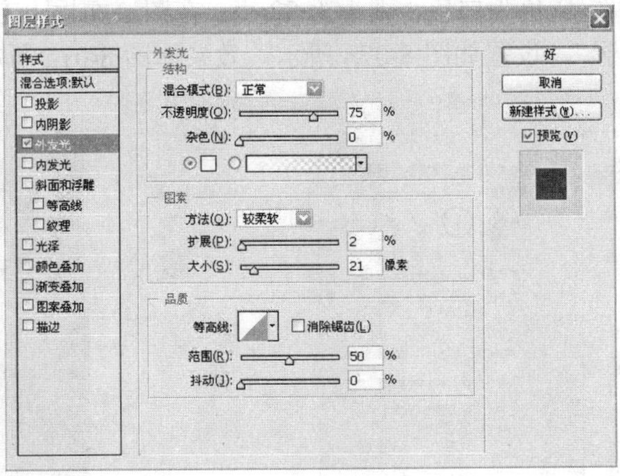


图 8-07k

第 8 步：选择钢笔工具勾勒出图 8-07e 中红色汽车，载入选区，用移动工具移至新文件中，执行“编辑”>“变换”>“缩放”命令，缩小汽车，再执行“编辑”>“变换”>“旋转”命令，然后在图层面板下方单击按钮，在弹出的子菜单中选择外发光，设置如图 8-07n 所示，效果如图 8-07o 所示。

图 8-07l

图 8-07m

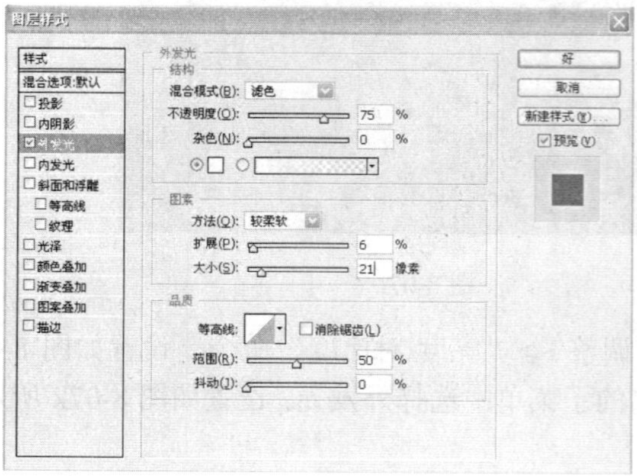


图 8-07n

图 8-07o

3. 编辑文字

第 9 步：选择文字工具，输入“因为有了你”、“从此…”、“不再绕道而行”，字体为“华文行楷”，颜色为白色，大小为 22 点；在图层面板下方单击按钮，在弹出的子菜单中选择“投影”，设置如图 8-07p 所示，效果如图 8-07q 所示。

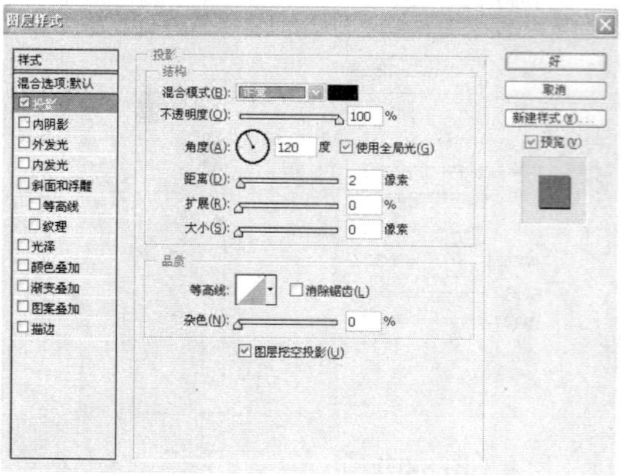


图 8-07p

图 8-07q

4. 保存文件

第 10 步：将最终效果以 Xps8-07.tif 为文件名保存在考生文件夹下。

# 8.8　第 8 题解答

1. 打开文件

第 1 步：打开 C:\2003PS7\Yps8a-08.tif 和 C:\2003PS7\Yps8b-08.tif 文件，如图 8-08a 和 8-08b 所示。

图 8-08a

图 8-08b

2. 编辑调整

第 2 步：选择魔棒工具，设置容差为 42，选择图 8-08a 中的白色背景，执行“选择”>“扩大选区”命令，执行“选择”>“选取相似”命令，再执行“选择”>“反选”命令，选中红色玫瑰花，如图 8-08c 所示。

图 8-08c

第 3 步：在图 8-08a 的通道面板中建立通道 Alpha1，然后选择移动工具将红色玫瑰花移入通道 Alpha1 中。

第 4 步：对其执行“滤镜”>“风格化”>“查找边缘”命令，图像效果如图 8-08d 所示；再执行“图像”>“调整”>“反相”命令，图像效果如图 8-08e 所示。

图 8-08d

图 8-08e

第 5 步：执行“图像”>“调整”>“亮度/对比度”命令，在弹出的对话框中按图 8-08f 所示进行设置；图像效果如图 8-08g 所示。

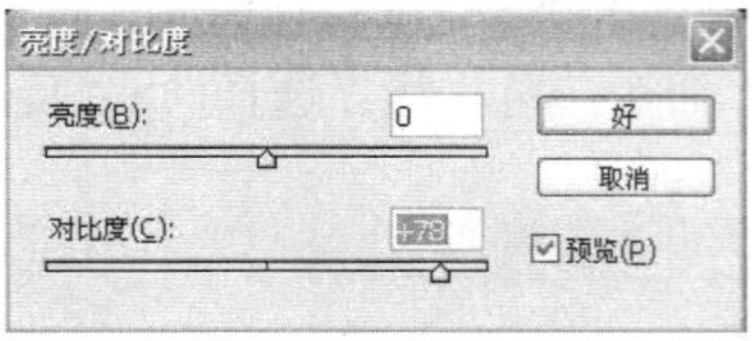


图 8-08f

图 8-08g

第 6 步：然后回到 RGB 通道中，把通道 Alpha1 载入选区，如图 8-08h 所示。

第 7 步：执行“图像”>“调整”>“色阶”命令，在弹出的对话框中按图 8-08i 所示进行设置。

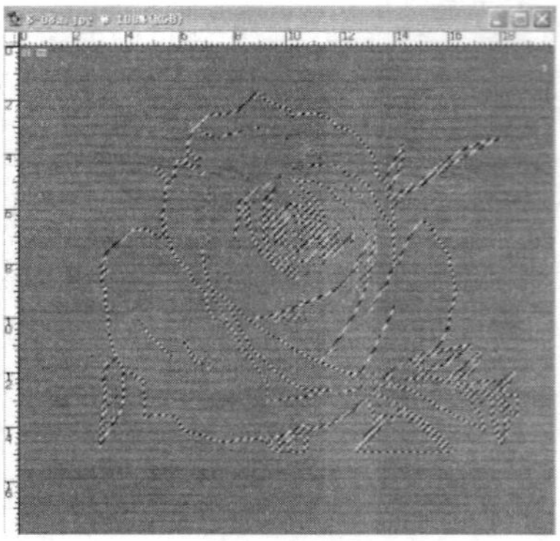

图 8-08h

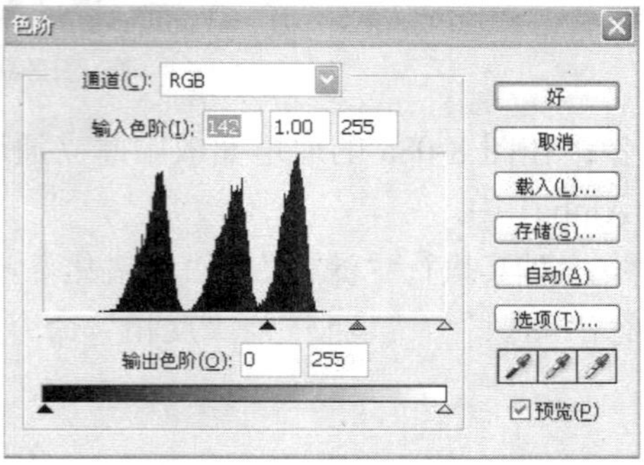


图 8-08i

第 8 步：按键盘上的右移键和下移键各数下，然后对其执行“图像”>“调整”>“色阶”命令，在弹出的对话框中按图 8-08j 所示进行设置。

第 9 步：最终效果如图 8-08k 所示。

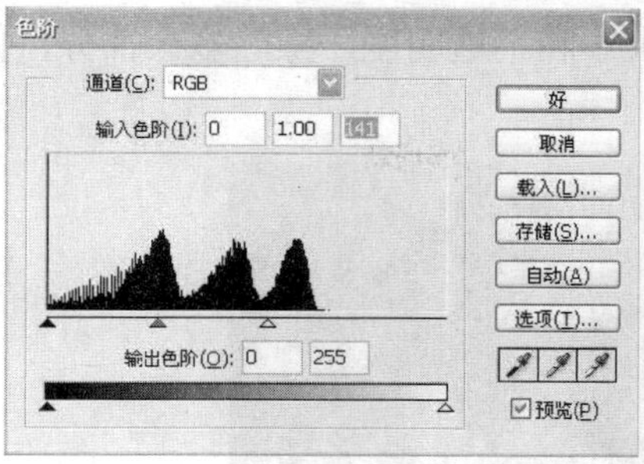


图 8-08j

图 8-08k

3. 保存文件

第 10 步：将最终效果以 Xps8-08.tif 为文件名保存在考生文件夹下。

## 8.9　第 9 题解答

1. 打开文件

第 1 步：打开 C:\2003PS7\Yps8a-09.tif 和 C:\2003PS7\Yps8b-09.tif 文件，如图 8-09a 和 8-09b 所示。

图 8-09a

图 8-09b

2. 编辑调整

第 2 步：选择套索工具，选中图 8-09a 中的人脸，执行“选择”>“羽化”命令，设置羽化半径为 10 像素，如图 8-09c 所示。

第 3 步：选择移动工具把人脸移至图 8-09b 中，执行“编辑”>“变换”>“缩放”命令，再执行“编辑”>“变换”>“旋转”命令，如图 8-09d 所示。

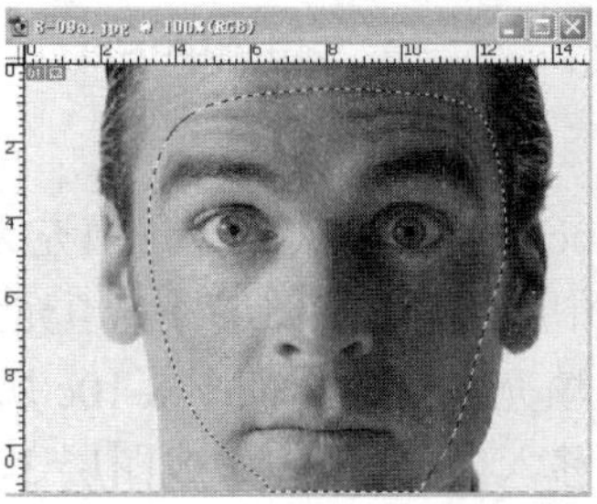

图 8-09c

图 8-09d

第 4 步：选择橡皮擦工具，设置画笔大小和不透明度，擦除多余部分，修饰狮子的毛发，最终效果如图 8-09e 所示。

图 8-09e

3. 保存文件

第 5 步：将最终效果以 Xps8-09.tif 为文件名保存在考生文件夹下。

## 8.10　第 10 题解答

1. 打开文件

第 1 步：打开 C:\2003PS7\Yps8a-10.tif 和 C:\2003PS7\Yps8b-10.tif 文件，如图 8-10a 和 8-10b 所示。

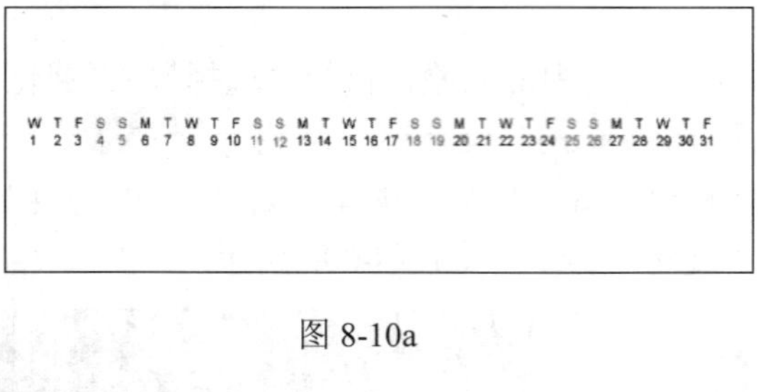


图 8-10a

图 8-10b

2. 编辑调整

第 2 步：建一个新文件：20×26 cm、72 Pixels/inch、GB 模式、背景填充为黑色。

第 3 步：选择矩形选框工具建立矩形选区，在图层面板建立图层 1，填充为白色，取消选区；再建立图层 2，在图层 2 中建立矩形选区，填充为蓝色，如图 8-10c 所示。

第 4 步：选择移动工具将图 8-10a 中的 Layer1 层移入当文件中，生成图层 3，如图 8-10d 所示。

图 8-10c

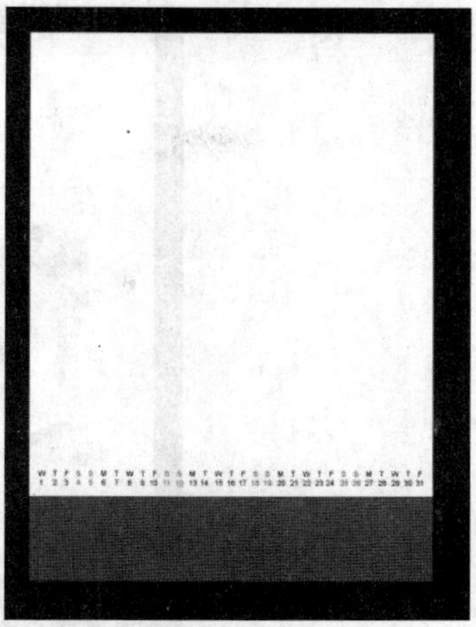

图 8-10d

第 5 步：选择橡皮擦工具，擦除图 8-10b 中的“新年快乐”文字和两片荷叶，适当调节橡皮擦的大小，如图 8-10e 所示。

第 6 步：将其移入当前文件中，生成图层 4，执行“缩放”命令，缩小图层 4，复制图层 4 为图层 5，对图层 5 执行“水平翻转”命令，如图 8-10f 所示。

图 8-10e

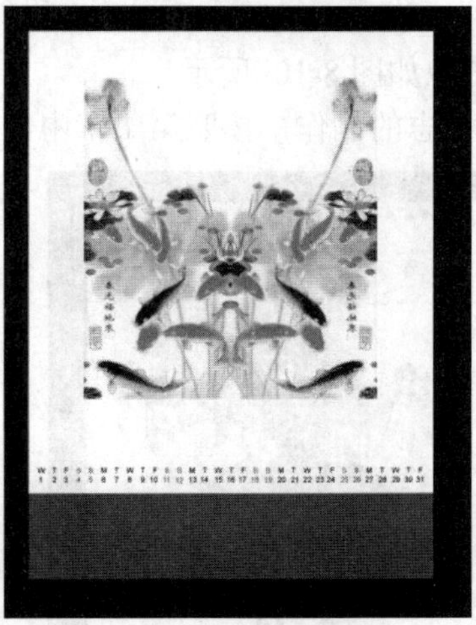

图 8-10f

3. 编辑文字

第 7 步：选择文字工具输入“新年快乐”、“壹月”，字体任意，大小为 60 点，颜色为黑色；再输入“1”，大小为 72 点，颜色为浅灰色，在字符面板中点击仿斜体，如图 8-10g 所示。

第 8 步：建立图层 6，建立矩形选区，填充蓝色，放置在挂历的最上面；建立图层 7，选择钢笔工具勾勒路径，然后载入选区，填充为红色，建立矩形选区，填充为蓝色，复制出 20 个图层 7 的副本，把图层 7 副本 20 按 Shift 键平移到挂历的右边，链接图层 7 到图层 7 副本 20 这些图层，在选项栏中单击“水平居中分布”按钮，如图 8-10h 所示。

图 8-10g

图 8-10h

第 9 步：图像如图 8-10i 所示。

第 10 步：标志的制作，按照第 1 章中的第 7 题来制作，如图 8-10j 所示。

图 8-10i

图 8-10j

第 11 步：选择文字工具输入“江西省科学院计算机培训学校”，字体为“楷体_GB2312”，大小为 14 点，颜色为红色，为字体添加外发光，最终效果如图 8-10k 所示。

图 8-10k

4. 保存文件

第 12 步：将最终效果以 Xps8-10.tif 为文件名保存在考生文件夹下。

## 8.11　第 11 题解答

1. 打开文件

第 1 步：打开 C:\2003PS7\Yps8a-11.tif 和 C:\2003PS7\Yps8b-11.tif 文件，如图 8-11a 和 8-11b 所示。

图 8-11a

图 8-11b

2. 编辑调整

第 2 步：选择钢笔工具勾勒出羊头，在路径面板下方单击“将路径作为选区载入”按钮，如图 8-11c 所示。

第 3 步：选择移动工具把羊头选区移至图 8-11a 中，生成图层 1，如图 8-11d 所示。

图 8-11c

图 8-11d

第 4 步：对图层 1 执行“编辑”>“变换”>“缩放”命令，成比例放大羊头，再执行“编辑”>“变换”>“旋转”命令，旋转一定的角度，如图 8-11e 所示。

3. 效果修饰

第 5 步：选择图章工具，在背景层修饰老虎的头部，设置画笔大小为 35，不透明度为 45%，然后在老虎的头部按住 Alt 键并单击鼠标吸取需要的颜色，释放 Alt 键，移动鼠标到要填充的部位，点击鼠标。如此反复，直至羊头和老虎的身体协调，最终效果如图 8-11f 所示。

图 8-11e

图 8-11f

4. 保存文件

第 6 步：将最终效果以 Xps8-11.tif 为文件名保存在考生文件夹下。

## 8.12　第 12 题解答

1. 打开文件

第 1 步：打开 C:\2003PS7\Yps8a-12.tif、C:\2003PS7\Yps8b-12.gif 和 C:\2003PS7\Yps8c-12.tif 文件，如图 8-12a、8-12b 和 8-12c 所示。

图 8-12a

图 8-12b

图 8-12c

2．编辑调整

第 2 步：建立一个新文件：13×17 cm、72 pixels/inch、RGB 模式、背景色为白色。

第 3 步：把图 8-12a 移入新文件中，生成图层 1，执行“图像”>“调整”>“色彩平衡”命令，设置如图 8-12d 所示。

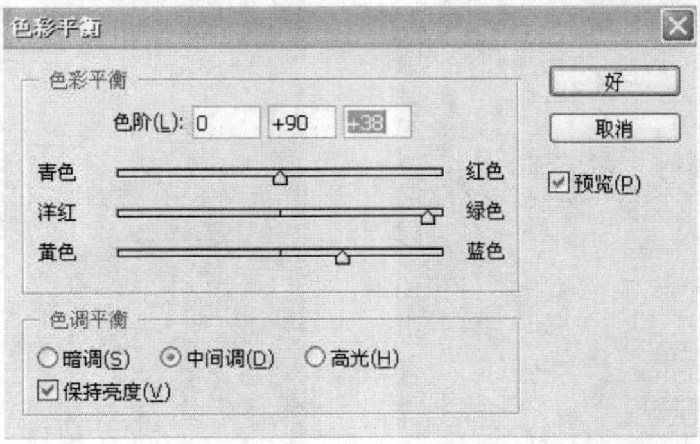


图 8-12d

第 4 步：对图层 1 执行“编辑”>“变换”>“旋转”命令，可反复调整，如图 8-12e 所示；然后复制图层 1 为图层 2，执行“编辑”>“变换”>“旋转”命令，调整角度，图像如图 8-12f 所示。

图 8-12e

图 8-12f

第 5 步：为背景层填充灰色，然后建立图层 3，填充为浅灰色，执行“滤镜”>“纹理”>“纹理化”命令，在弹出的对话框中设置为“砖形”。然后执行“旋转”，复制图层 3 为图层 4，对图层 4 执行“旋转”，放大图层 4，调整“色阶”，降低“对比度”，效果如图 8-12g 所示。

第 6 步：建立图层 5，建立矩形选区，填充为白色，复制为图层 5 副本……图层 5 副本 4，根据透视关系，调整这 6 个图层，做出马路中的白线，如图 8-12h 所示。

图 8-12g

图 8-12h

第 7 步：把图 8-12b 转换为 RGB 模式，选择移动工具将其移入当前文件中，生成图层 6，对其执行“旋转”，然后缩小，移动到图像的左下角，复制为图层 6 副本……图层 6 副本 3，根据透视关系，调整这 5 个图层，做出马路边上的树木，如图 8-12i 所示。

第 8 步：选择钢笔工具，在图 8-12c 中勾选路径，载入选区，然后移入当前文件中，生成图层 7，调整对比度，复制为图层 7 副本……图层 7 副本 3，做出透视效果，如图 8-12j 所示。

图 8-12i

图 8-12j

第 9 步：合并图层 6 副本……图层 6 副本 3 和图层 7 副本……图层 7 副本 3，为图层 6，执行“旋转”，然后放大，效果如图 8-12k 所示。

第 10 步：选择磁性套索工具，在图 8-12c 中选择绿色植物，羽化 5 个像素，然后移入当前文件中，生成图层 7；选择紫红色植物，羽化 5 个像素，然后移入当前文件中，生成图层 8，把图层 7 和图层 8 放置在图像的右上角，如图 8-12l 所示。

图 8-12k

图 8-12l

第 11 步：继续勾选图 8-12c 中的植物，移入当前文件中，生成图层 9，缩小后放置在图像的左上角，复制图层 9 为图层 9 副本，执行“图像”>“调整”>“水平翻转”命令，然后缩小，放置在图层 9 的下方。图像的最终效果如图 8-12m 所示。

图 8-12m

3. 保存文件

第 12 步：将最终效果以 Xps8-12.tif 为文件名保存在考生文件夹下。

## 8.13　第 13 题解答

1. 打开文件

第 1 步：打开 C:\2003PS7\Yps8a-13.tif 和 C:\2003PS7\Yps8b-13.tif 文件，如图 8-13a 和 8-13b 所示。

图 8-13a

图 8-13b

2. 编辑调整

第 2 步：选择移动工具把图 8-13a 移至图 8-13b 中，自动生成图层 1，图层面板如图 8-13c 所示。

第 3 步：双击图层面板中的背景层，在弹出的对话框中单击“好”按钮，激活背景层，为图层 0，如图 8-13d 所示。

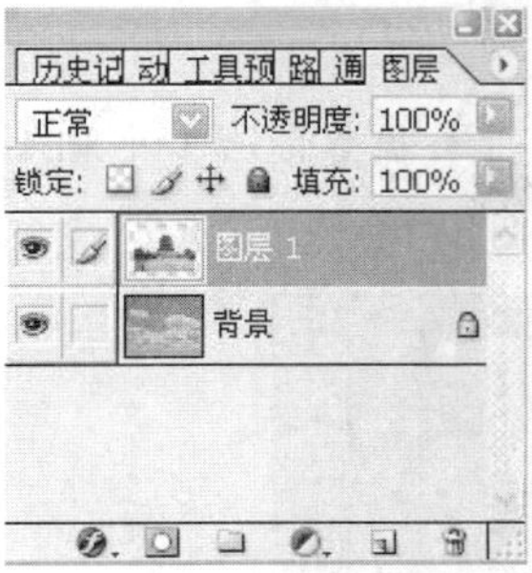


图 8-13c

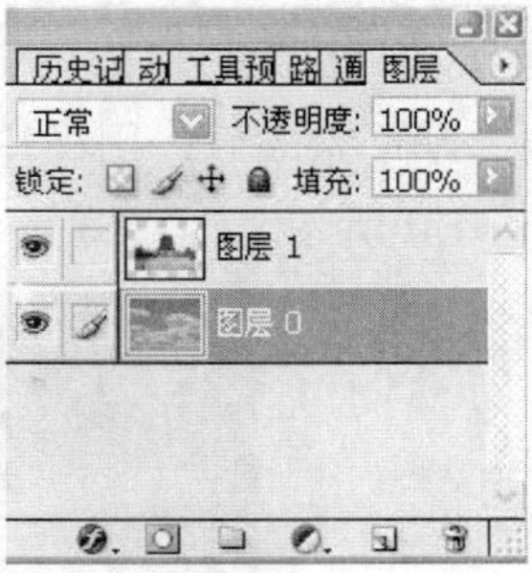


图 8-13d

第 4 步：对图层 1 执行“编辑”>“变换”>“缩放”命令，放大图层 1。选择魔棒工具，在魔棒选项栏里设置容差值为 42 像素，选中“消除锯齿”、“连续的”两个选项，其他为默认设置，选择图层 0 中的蓝色天空，执行“选择”>“选区相似”命令，再执行“选择”>“反选”命令，效果如图 8-13e 所示。

第 5 步：按 Ctrl+C 组合键复制选区，在图层面板新建图层 2，在图层 2 中按 Ctrl+V 组合键粘贴选区，调整图层顺序，效果如图 8-13f 所示。

第 6 步：选择魔棒工具在图层 1 中选择白色天空，按 Delete 键删除，效果如图 8-13g 所示。

第 7 步：在图层 1 中选择橡皮擦工具，设置画笔大小为 200，不透明度为 15，如图 8-13h 所示。

图 8-13e

图 8-13f

图 8-13g

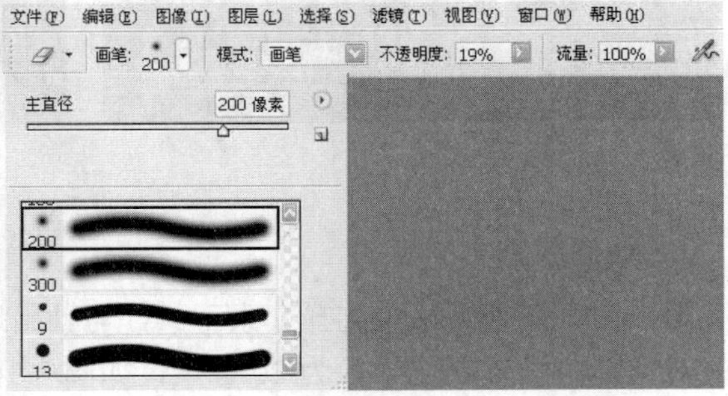


图 8-13h

3. 效果修饰

第 8 步：设置完成后，用橡皮擦擦除多余部分，可适当调整画笔大小和不透明度，最终效果如图 8-13i 所示。

图 8-13i

4. 保存文件

第 9 步：将最终效果以 Xps8-13.tif 为文件名保存在考生文件夹下。

## 8.14　第 14 题解答

1. 打开文件

第 1 步：打开 C:\2003PS7\Yps8a-14.tif 和 C:\2003PS7\Yps8b-14.tif 文件，如图 8-14a 和 8-14b 所示。

图 8-14a

图 8-14b

2. 编辑调整

第 2 步：在工具箱中选择套索工具，勾勒出选区，执行“选择”>“羽化”命令，在弹出的对话框中设置羽化半径为 20 像素，如图 8-14c 所示。然后执行“选择”>“存储选区”命令，在弹出的对话框中命名，取消选区。

第 3 步：选择移动工具将图 8-14a 移入图 8-14b 中，自动生成图层 1。对其执行“编辑”>“变换”>“缩放”命令，放大图层 1，执行“选择”>“载入选区”命令，如图 8-14d 所示。

图 8-14c

图 8-14d

第 4 步：按 Ctrl+C 组合键复制，在图层面板里建立图层 2，按 Ctrl+V 组合键粘贴，给图层 2 添加蒙版，图层面板如图 8-14 e 所示。

第 5 步：为图层 1 添加渐变，选择渐变工具，设置为径向渐变，颜色为黑—白，为图层 1 拉出渐变，如图 8-14f 所示。

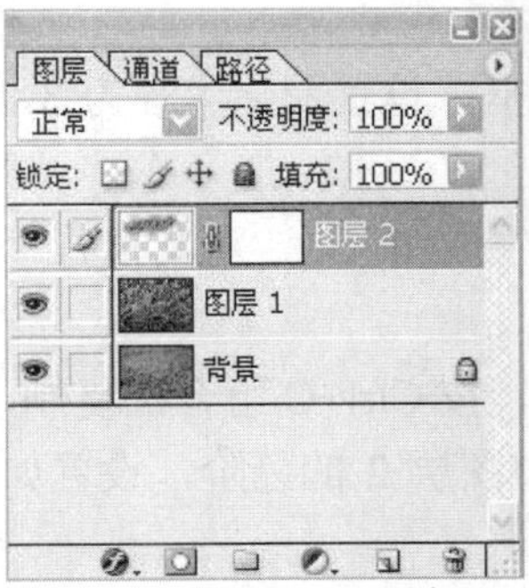


图 8-14e

图 8-14f

第 6 步：在图层面板里调整图层 1 的不透明度为 28%，如图 8-14g 所示。

3. 编辑文字

第 7 步：选择文字工具，输入“水”，大小为 150 点，颜色为红色，字体为“楷体_GB2312”，放置在图像的右下角，如图 8-14h 所示。

图 8-14g

图 8-14h

4. 保存文件

第 8 步：将最终效果以 Xps8-14.tif 为文件名保存在考生文件夹下。

## 8.15　第 15 题解答

1. 打开文件

第 1 步：打开 C:\2003PS7\Yps8b-13.tif、C:\2003PS7\Yps8a-15.tif 和 C:\2003PS7\Yps8b-15.tif 文件，如图 8-15a、8-15b 和 8-15c 所示。

2. 编辑调整

第 2 步：选择矩形选框工具，在图 8-15c 建立矩形选框，设置羽化半径为 3 像素，如图 8-15d 所示。

第 3 步：选择移动工具将矩形选区移入图 8-15a 中，生成图层 1，对其执行“缩放”，将其调整为正方形，如图 8-15e 所示。

第 4 步：选择矩形选框工具，在背景层建立矩形选区，按 Ctrl+C 组合键复制，在图层面板建立图层 2，在图层 2 中按 Ctrl+V 组合键粘贴，调整图层 2 的色阶，设置如图 8-15f 所示。

图 8-15a

图 8-15b

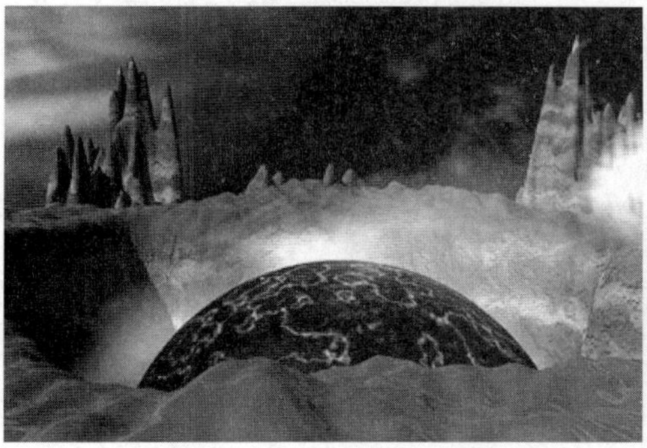

图 8-15c

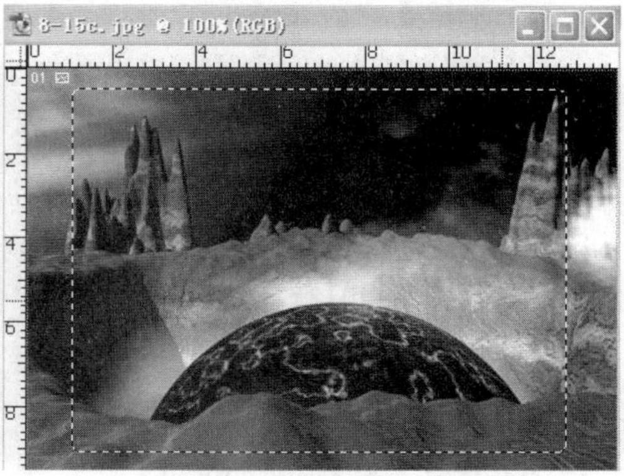


图 8-15d

图 8-15e

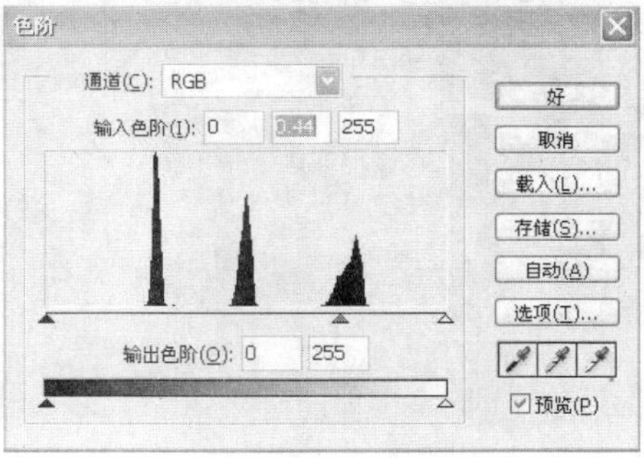


图 8-15f

第 5 步：重复第 4 步，图层 3、图层 4、图层 5 的色阶设置分别为 8-15g、8-15h 和 8-15i 所示。

第 6 步：图层面板如图 8-15j 所示，图像效果如图 8-15k 所示。

第 7 步：做出立方体的透视，选择钢笔工具在图层 4 里勾勒路径，载入选区，按 Delete 键删除，同样做出另外的三个角，如图 8-15l 所示。

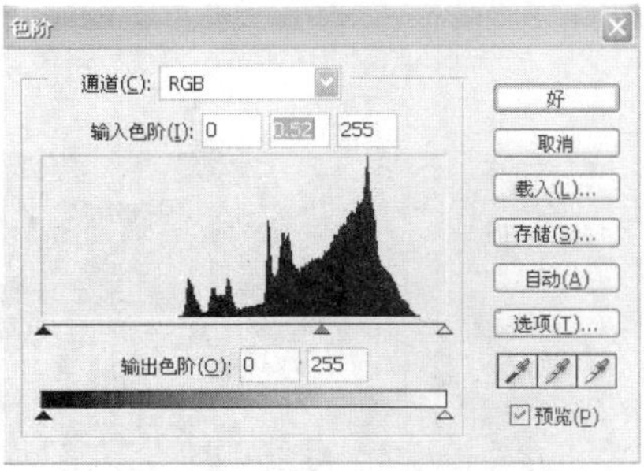


图 8-15g

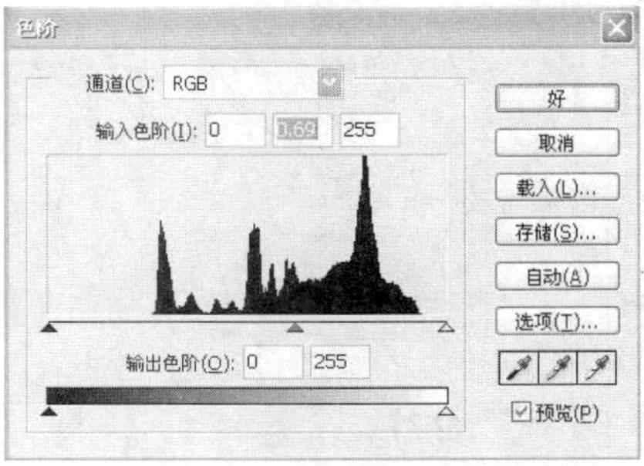


图 8-15h

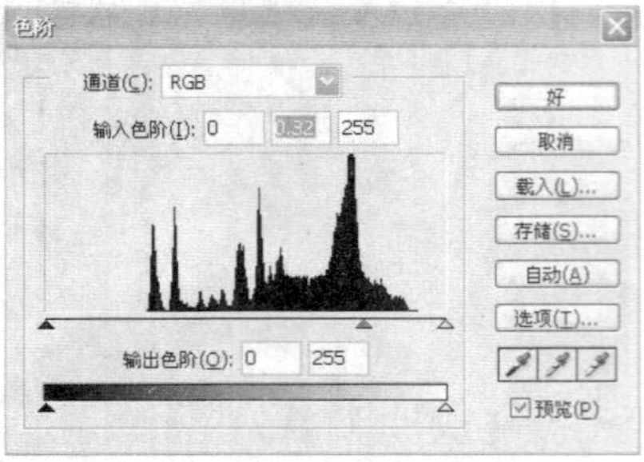


图 8-15i

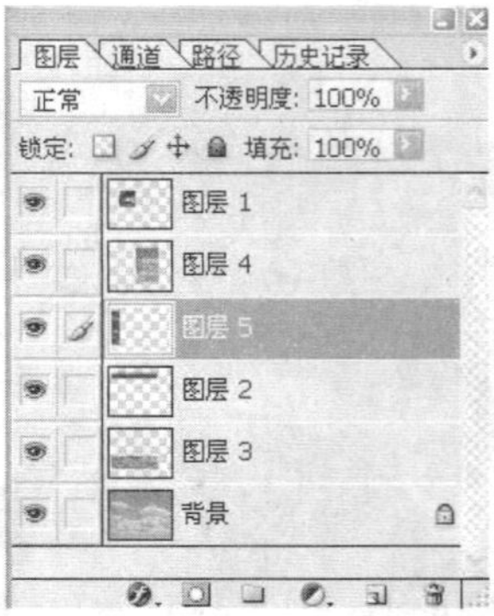


图 8-15j

图 8-15k

图 8-15l

第 8 步：为图层 4 和图层 5 设置斜面浮雕效果，设置如图 8-15m 所示。图像效果如图 8-15n 所示。

第 9 步：选择钢笔工具，将图 8-15b 中的动感人物勾勒出来，载入选区，选择移动工具将其移入当前文件中，生成图层 6，如图 8-15o 所示。

第 10 步：选择魔棒工具，选择人物弯曲手臂中的浅蓝色，按 Delete 键删除，缩小调整，如图 8-15p 所示。

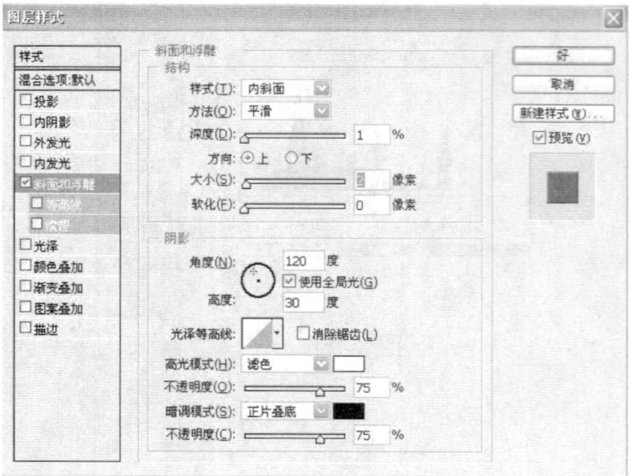


图 8-15m

图 8-15n

图 8-15o

图 8-15p

3. 效果修饰

第 11 步：在图层面板建立图层 7，选择钢笔工具勾勒出三角形路径，载入选区，拉出线性的透明渐变，在图层面板调整不透明度为 78%，图像如图 8-15q 所示。

图 8-15q

第 12 步：用同样的方法做出其他的光线效果，为了使衔接自然和谐，可适当用橡皮擦修饰，图像最终效果如图 8-15r 所示。

图 8-15r

4．保存文件

第 13 步：将最终效果以 Xps8-15.tif 为文件名保存在考生文件夹下。

## 8.16　第 16 题解答

1．打开文件

第 1 步：打开 C:\2003PS7\Yps8a-16.tif 和 C:\2003PS7\Yps8b-16.tif 文件，如图 8-16a 和 8-16b 所示。

图 8-16a

图 8-16b

2．编辑调整

第 2 步：对图 8-16b 执行“图像”>“调整”>“色阶”命令，设置如图 8-16c 所示；效果如图 8-16d 所示。

第 3 步：建立一个新文件：16×12 cm、72 pixels/inch、RGB 模式，填充背景色为蓝—白的线性渐变，如图 8-16e 所示。

第 4 步：选择钢笔工具勾勒出大象的轮廓，载入选区，选择移动工具将其移至新文件中，生成图层 1，如图 8-16f 所示。

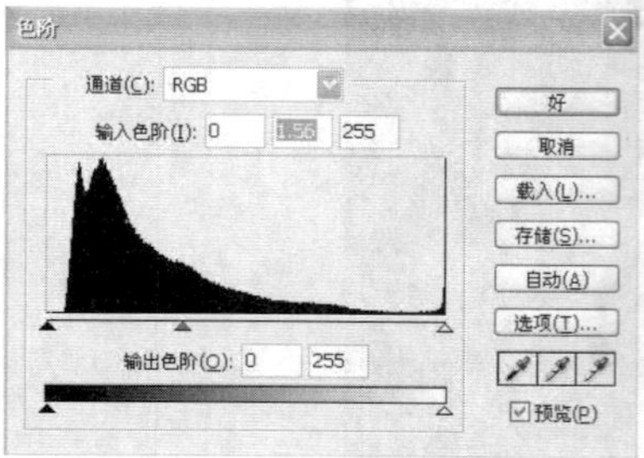


图 8-16c

图 8-16d

图 8-16e

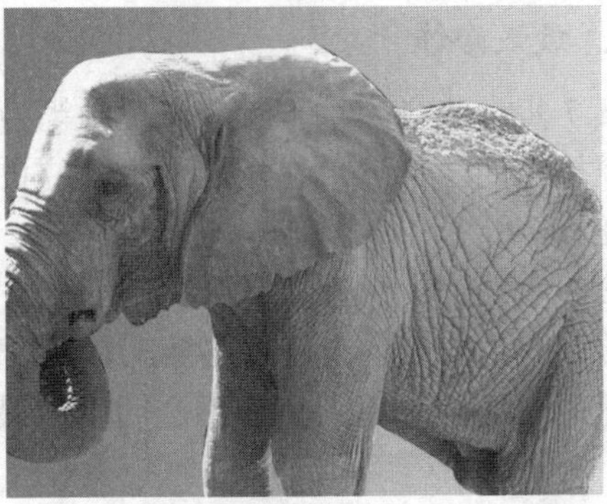

图 8-16f

第 5 步：对图 8-16a 执行“图像”>“调整”>“色阶”命令，设置如图 8-16g 所示。选择套索工具勾勒摩托车的一部分，设置羽化半径为 6 像素，如图 8-16h 所示。然后将其移至新文件中，生成图层 2。

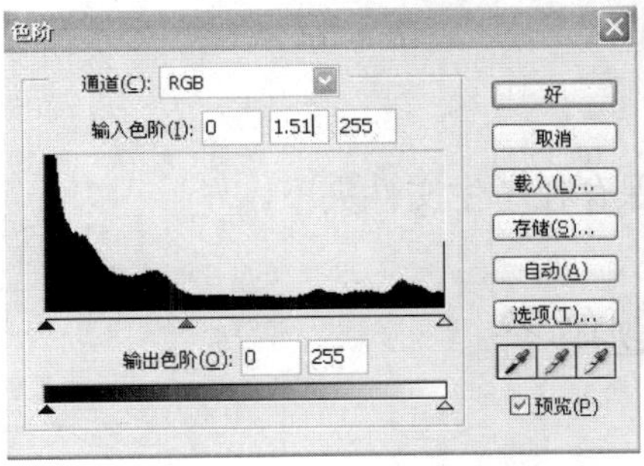


图 8-16g

图 8-16h

第 6 步：对图层 2 执行“图像”>“调整”>“去色”命令，再执行“图像”>“调整”>“色彩平衡”命令，设置如图 8-16i 所示。调整图层 2 的不透明度为 40%，效果如图 8-16j 所示。

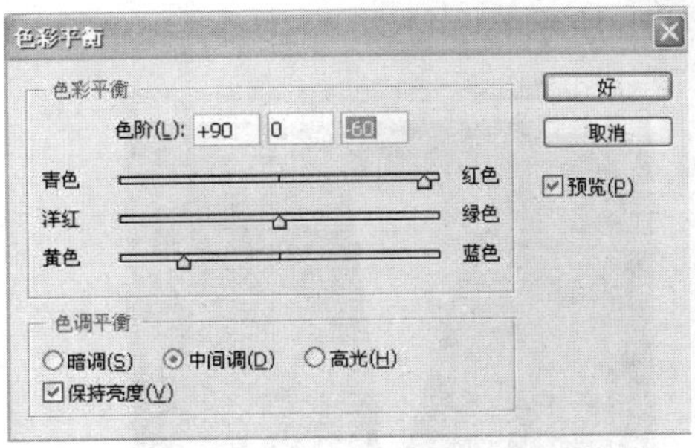


图 8-16i

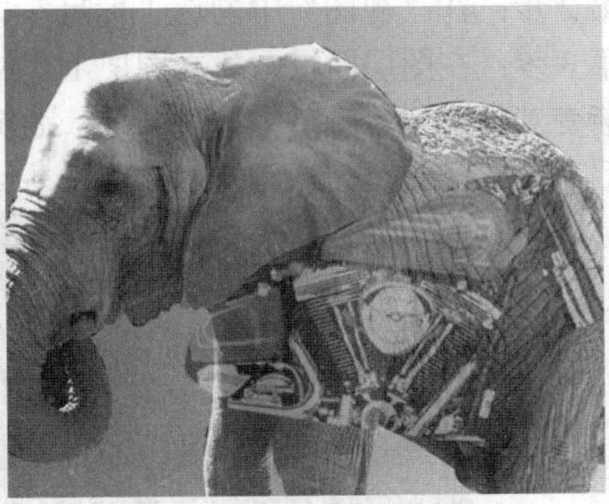

图 8-16j

3. 效果修饰

第 7 步：选择图章工具，设置画笔为 230 像素，在图层 2 中按住 Alt 键并点击摩托车，复制摩托车的一部分，在图层面板建立图层 3，在图层 3 里点击，粘贴摩托车的一部分，如图 8-16k 所示。

第 8 步：对其执行“编辑”>“变换”>“水平翻转”命令，再执行“编辑”>“变换”>“旋转”命令；然后选择橡皮擦工具，设置画笔为 65 像素，不透明度为 20%，也可根据具体情况适当调整画笔大小和不透明度，最终效果如图 8-16l 所示。

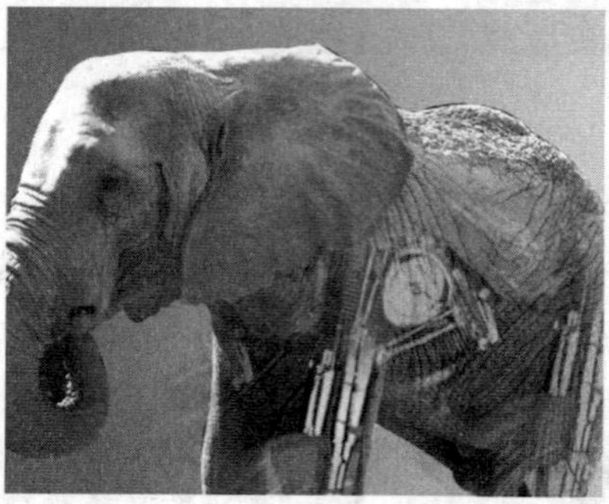

图 8-16k

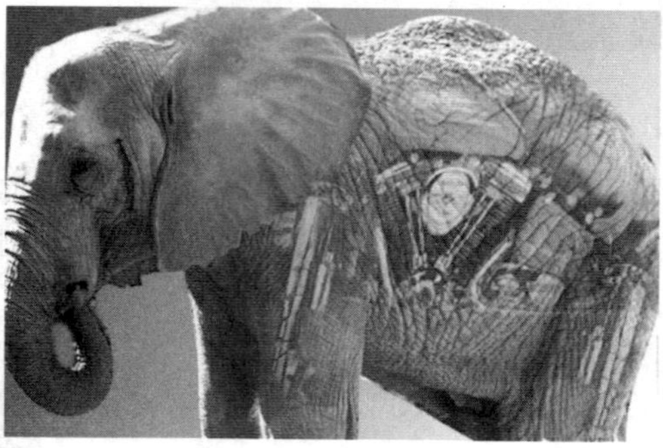

图 8-16l

4. 保存文件

第 9 步：将最终效果以 Xps8-16.tif 为文件名保存在考生文件夹下。

## 8.17　第 17 题解答

1. 建立文件

第 1 步：建立一个新文件：16×12 cm、72 pixels/inch、RGB 模式，背景色填充为深蓝色（R41、G36、B113）。

2. 编辑调整

第 2 步：在“视图”中勾选“标尺”，在图中拉出标尺，如图 8-17a 所示。

第 3 步：在图层面板中建立图层 1，然后选择钢笔工具勾勒出翻转的梯形，载入选区，选择渐变工具，调整颜色，填充渐变，如图 8-17b 所示。

图 8-17a

图 8-17b

第 4 步：建立图层 2，选择椭圆选框工具，在梯形的上方建立椭圆选区，填充为灰蓝色（R40、G99、B179），如图 8-17c 所示。

第 5 步：同样建立图层 3，选择椭圆选框工具，在梯形的下方建立椭圆选区，填充为白色，如图 8-17d 所示。

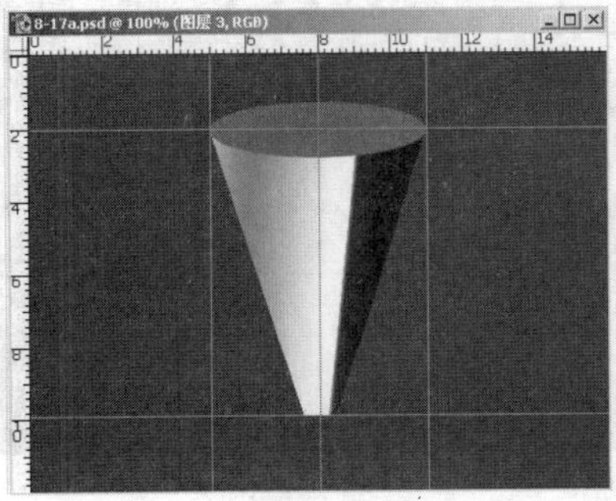


图 8-17c

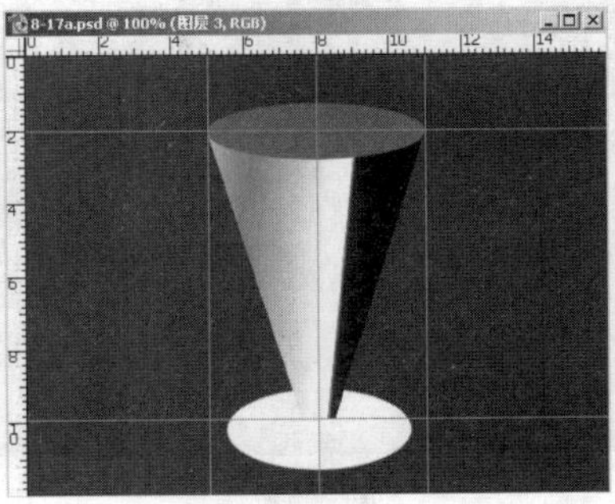


图 8-17d

第 6 步：建立图层 4，选择单行选框工具，执行“编辑”>“描边”命令，在弹出的描边对话框中设置宽度为 2 像素，颜色为蓝紫色（R142、G135、B249），按照标尺的刻度来建立单行选区，进行描边，如图 8-17e 所示。

第 7 步：对图层 4 执行“滤镜”>“扭曲”>“极坐标”命令，在弹出的极坐标对话框中设置，勾选从平面坐标到极坐标，调整图层顺序，如图 8-17f 所示。

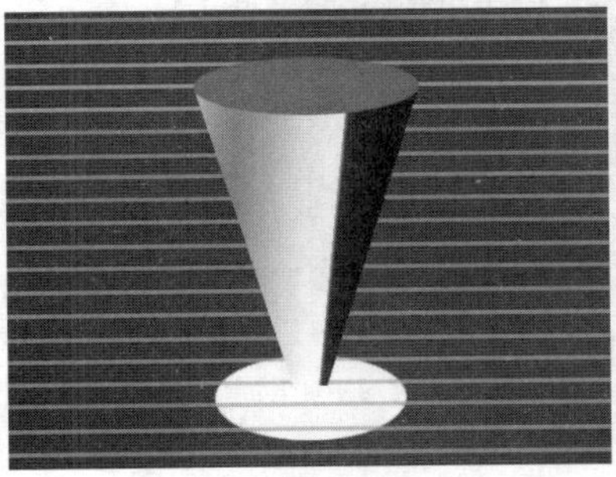

图 8-17e

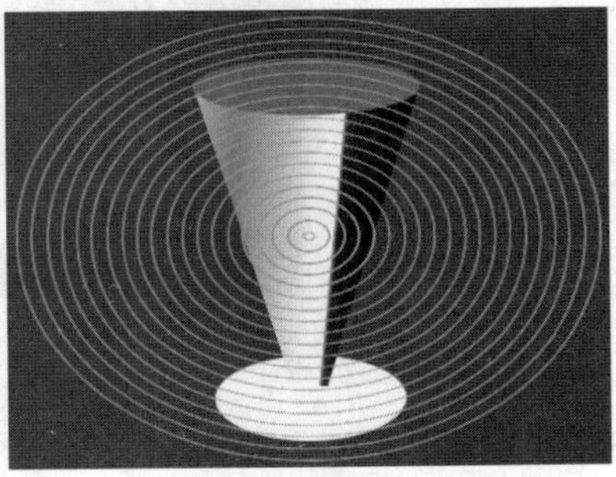

图 8-17f

第 8 步：执行“旋转”和“缩放”，移动到合适的位置，如图 8-17g 所示。

第 9 步：在图层面板复制图层 4 为图层 5，调整位置，如图 8-17h 所示。

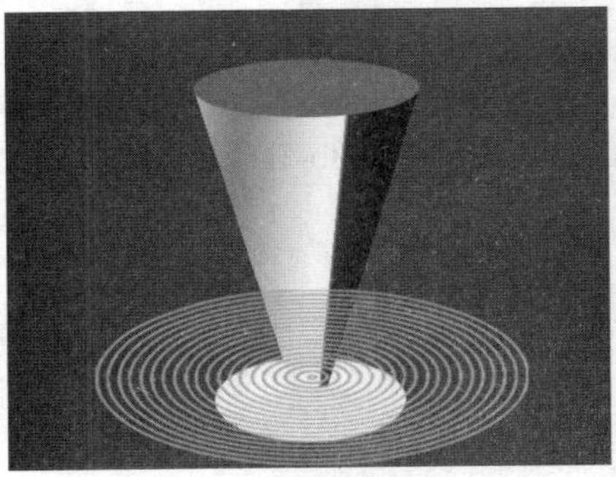

图 8-17g

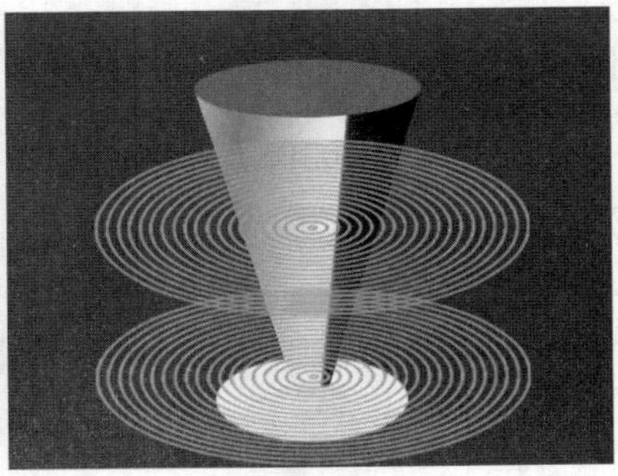

图 8-17h

3. 效果修饰

第 10 步：选择钢笔工具勾勒出图层 1 梯形和圆环相交处，闭合路径然后载入选区，如图 8-17i 所示；按 Delete 键删除，如图 8-17j 所示。

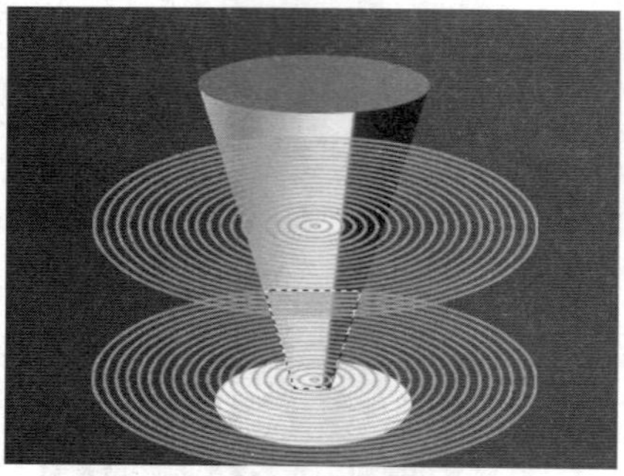

图 8-17i

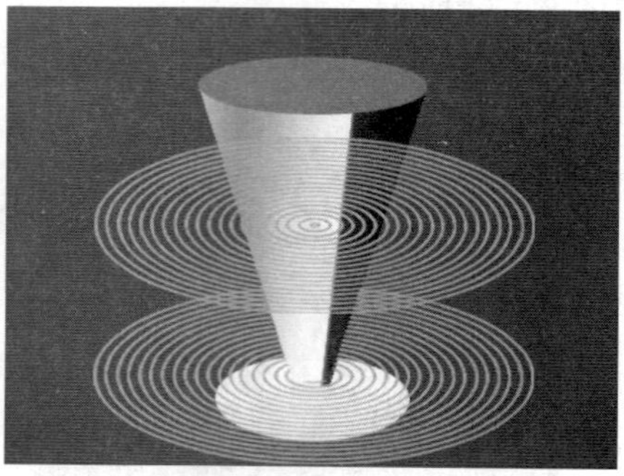

图 8-17j

第 11 步：同步骤 10 一样，做出上面的圆环和梯形相交的效果，图像最终效果如图 8-17k 所示。

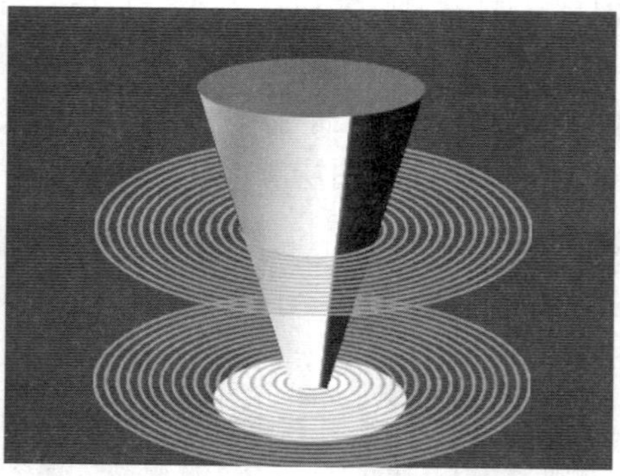

图 8-17k

4. 保存文件

第 12 步：将最终效果以 Xps8-17.tif 为文件名保存在考生文件夹下。

## 8.18 第 18 题解答

1. 打开文件

第 1 步：打开 C:\2003PS7\Yps8a-18.tif 和 C:\2003PS7\Yps8b-18.tif 文件，如图 8-18a 和 8-18b 所示。

图 8-18a

图 8-18b

2. 编辑调整

第 2 步：选择钢笔工具勾勒出图 8-18b 中的老虎轮廓，如图 8-18c 所示。

第 3 步：在路径面板下单击 按钮，将路径作为选区载入，执行“选择”>“羽化”命令，在弹出的对话框中设置羽化半径为 10 像素，如图 8-18d 所示。

图 8-18c

图 8-18d

第 4 步：选择移动工具将老虎移至图 8-18a 中，执行“编辑”>“变换”>“缩放”命令，缩小老虎，如图 8-18e 所示。

第 5 步：在图层面板中选择背景层，对背景层执行“滤镜”>“模糊”>“径向模糊”命令，设置如图 8-18f 所示。

图 8-18e

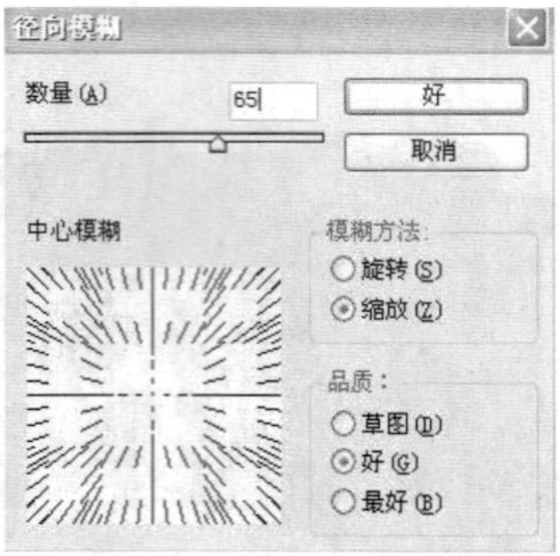


图 8-18f

第 6 步：把所有图层合并成一个图层，最终效果如图 8-18g 所示。

图 8-18g

3. 保存文件

第 7 步：将最终效果以 Xps8-18.tif 为文件名保存在考生文件夹下。

## 8.19 第 19 题解答

1. 打开文件

第 1 步：打开 C:\2003PS7\Yps8a-19.tif 和 C:\2003PS7\Yps8b-19.tif 文件，如图 8-19a 和 8-19b 所示。

图 8-19a

图 8-19b

2. 添加蒙版

第 2 步：选择移动工具把图 8-19b 移至 8-19a 中，生成图层 1。在图层面板下方单击按钮，为图层 1 添加图层蒙版，如图 8-19c 所示。

第 3 步：选择工具箱中的渐变工具，设置为线性渐变，颜色为黑到白，从图像的下方向上拉渐变，如图 8-19d 所示。

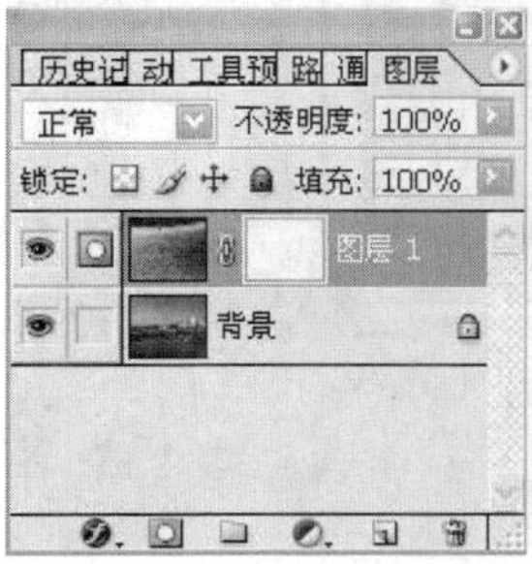


图 8-19c

图 8-19d

第 4 步：在图层面板链接两个图层，合并图层为一个单层，最终效果如图 8-19e 所示。

图 8-19e

3. 保存文件

第 5 步：将最终效果以 Xps8-19.tif 为文件名保存在考生文件夹下。

# 8.20　第 20 题解答

1. 打开文件

第 1 步：打开 C:\2003PS7\Yps8a-20.tif 和 C:\2003PS7\Yps8b-20.tif 文件，如图 8-20a 和 8-20b 所示。

图 8-20a

图 8-20b

2. 图层样式

第 2 步：在工具箱里选择矩形选框工具，在图 8-20b 画出矩形选区，选择移动工具将矩形选区的内容移入图 8-20a 中，生成图层 1。

第 3 步：在图层面板里为图层 1 选择“柔光”，不透明度为 75%，如图 8-20c 所示；效果如图 8-20d 所示。

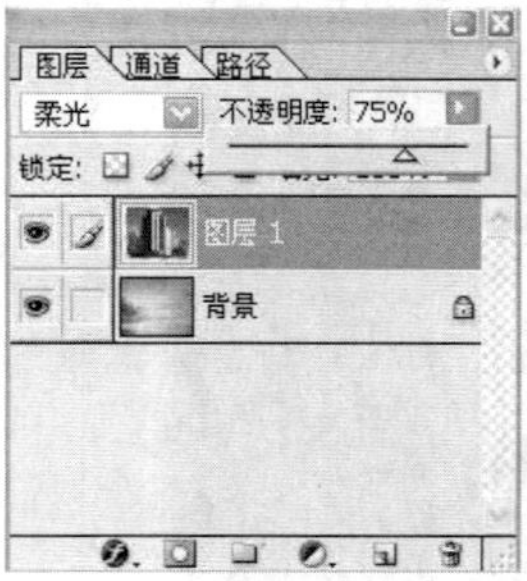

图 8-20c

图 8-20d

3. 效果修饰

第 4 步：在工具箱里选择橡皮擦工具，在橡皮擦选项栏里设置画笔和不透明度，把图层 1 中图像边缘擦除，使图像更融合，效果如图 8-20e 所示。

图 8-20e

4. 编辑文字

第 5 步：新建一个文件：3.1×2.8 cm、72 pixels/inch、RGB 模式、背景为透明色。选择文字工具输入“样”，字体为“隶书”，大小为 88 点，颜色为白色。

第 6 步：对其执行“编辑”>“定义图案”命令，在弹出的对话框中按图 8-20f 所示进行设置。

第 7 步：然后回到图像中，在通道面板中建立 Alpha1 通道，在 Alpha1 通道中执行“编辑”>“填充”命令，如图 8-20g 所示。

图 8-20f

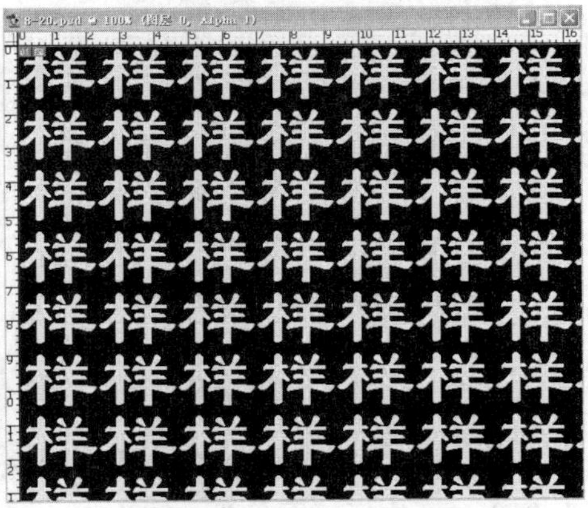

图 8-20g

第 8 步：在通道面板中单击 Alpha1 通道同时按 Ctrl 键，载入选区，复制 Alpha1 通道为 Alpha1 副本，对其执行“滤镜”>“风格化”>“浮雕效果”命令，在弹出的对话框中按图 8-20h 所示进行设置；效果如图 8-20i 所示。

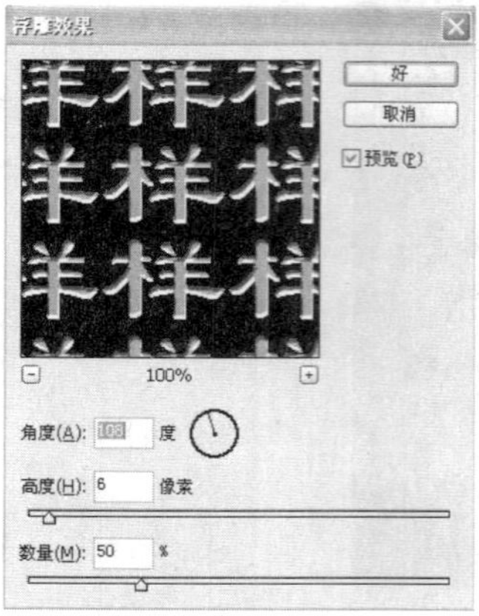


图 8-20h

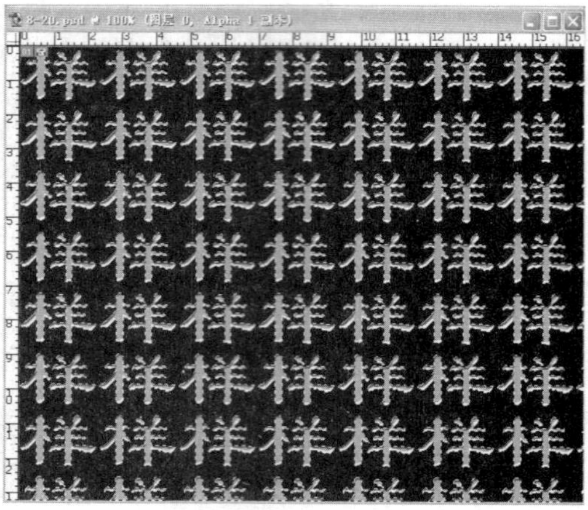

图 8-20i

第 9 步：复制通道 Alpha1 副本为 Alpha1 副本 2，然后再回到通道 Alpha1 副本中，对其执行“图像”>“调整”>“色阶”命令，在弹出的对话框中按图 8-20j 所示进行设置；图像效果如图 8-20k 所示。

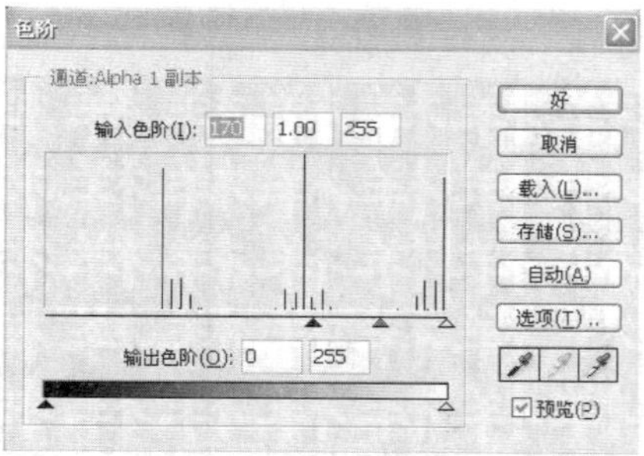


图 8-20j

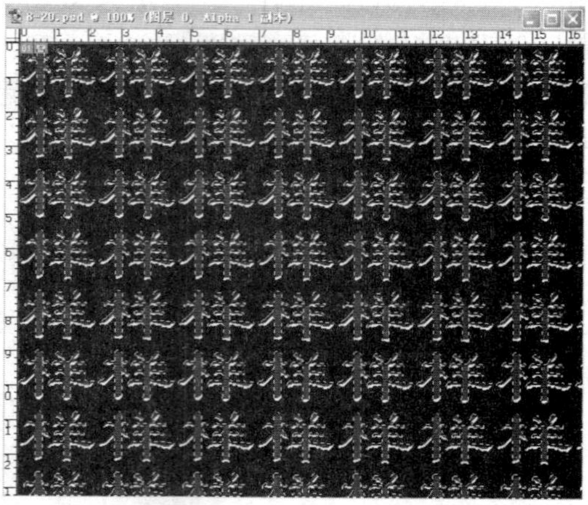

图 8-20k

第 10 步：在通道面板里点击通道 Alpha1 副本 2，对其执行“图像”>“调整”>“反相”命令，再执行“图像”>“调整”>“亮度/对比度”命令，在弹出的对话框中按图 8-20l 所示进行设置；效果如图 8-20m 所示。

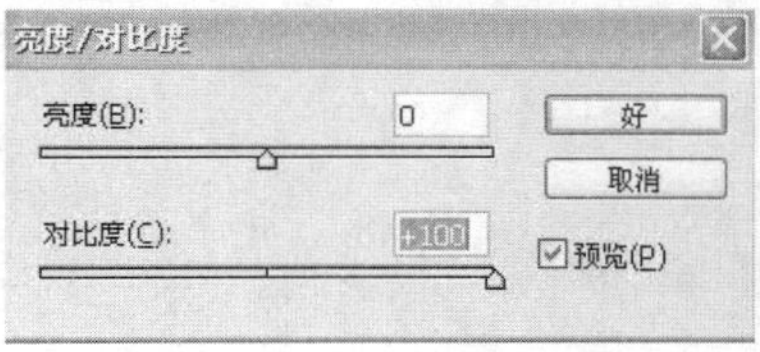


图 8-20l

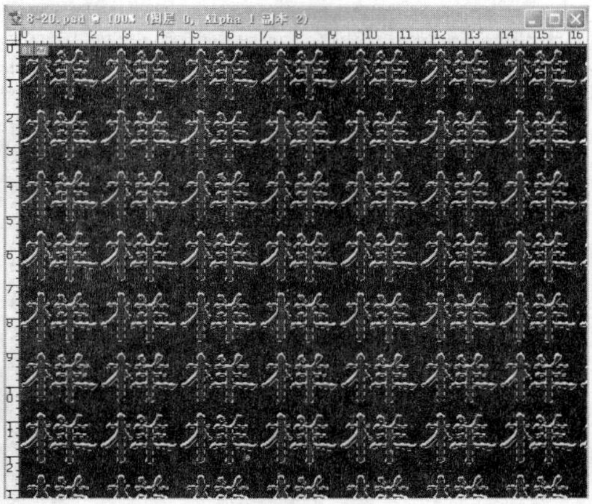

图 8-20m

第 11 步：在通道面板里，点击 RGB 通道，通道面板如图 8-20n 所示。把通道 Alpha1 副本拖入通道面板 按钮上，如图 8-20o 所示。

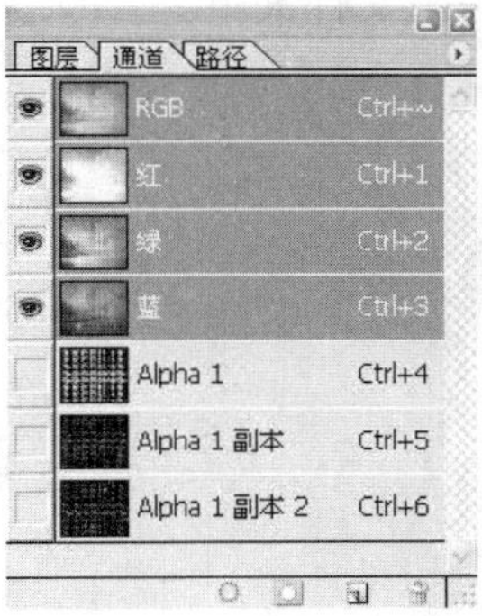


图 8-20n

图 8-20o

第 12 步：执行“图像”>“调整”>“亮度/对比度”命令，设置如图 8-20p 所示。

第 13 步：在通道面板里把通道 Alpha1 副本 2 拖入通道面板 按钮上，如图 8-20q 所示。

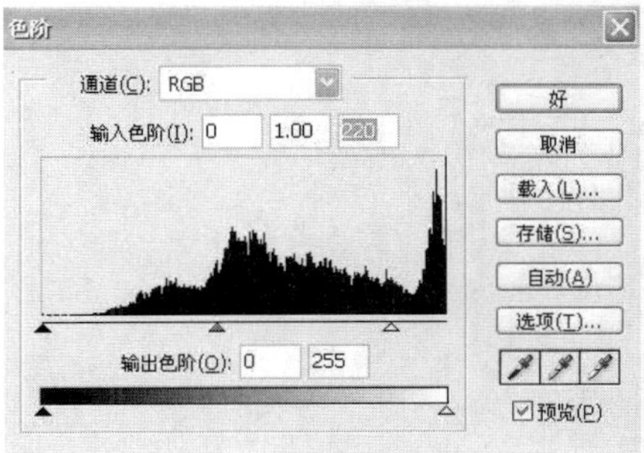


图 8-20p

图 8-20q

第 14 步：执行“图像”>“调整”>“亮度/对比度”命令，设置如图 8-20r 所示。

第 15 步：取消选区，图像最终效果如图 8-20s 所示。

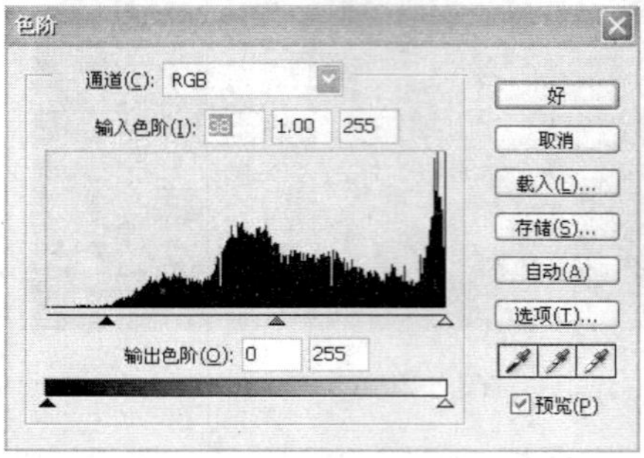


图 8-20r

图 8-20s

5. 保存文件

第 16 步：将最终效果以 Xps8-20.tif 为文件名保存在考生文件夹下。